联体别墅1

美式别墅1

联体别墅2

美式别墅2

欧式别墅1

欧式别墅2

现代别墅

乡村别墅

中式别墅

天工在线◎编著

CAD+3ds Max+Revit别墅设计图纸大全

别墅设计

经典 案例集锦

中国水利水电出版社
www.waterpub.com.cn
北京

内 容 提 要

　　本书结合当前流行的各种风格的别墅，集中展示了9套别墅设计工程图纸及其效果图，包括两套联体别墅、两套欧式别墅、一套现代别墅、两套美式别墅、一套中式别墅和一套乡村别墅。设计工程图纸包括建筑施工图和结构施工图，建筑施工图包括平面图、立面图和剖面图等，结构施工图包括平面布置图、梁配筋图、板配筋图等。

　　本书设计规范、案例经典，是从事建筑设计的工程技术人员的快捷参考手册，也是建筑设计相关专业在校学生和设计爱好者的学习手册，还可以作为那些梦想自己设计别墅的发烧友的经典蓝图。

图书在版编目（CIP）数据

别墅设计经典案例集锦 / 天工在线编著 . —北京：
中国水利水电出版社，2023.11
ISBN 978-7-5226-1802-9

Ⅰ . ①别… Ⅱ . ①天… Ⅲ . ①别墅—建筑设计—作品
集—中国—现代 Ⅳ . ① TU241.1

中国国家版本馆 CIP 数据核字（2023）第 176932 号

书　　名	别墅设计经典案例集锦 BIESHU SHEJI JINGDIAN ANLI JIJIN
作　　者	天工在线　编著
出版发行	中国水利水电出版社 （北京市海淀区玉渊潭南路 1 号 D 座　100038） 网址：http://www.waterpub.com.cn E-mail：zhiboshangshu@163.com 电话：（010）62572966-2205/2266/2201（营销中心）
经　　售	北京科水图书销售有限公司 电话：（010）68545874、63202643 全国各地新华书店和相关出版物销售网点
排　　版	北京智博尚书文化传媒有限公司
印　　刷	河北文福旺印刷有限公司
规　　格	260mm×203mm　横 16 开　14.75 印张　342 千字　2 插页
版　　次	2023 年 11 月第 1 版　2023 年 11 月第 1 次印刷
印　　数	0001—3000 册
定　　价	69.80 元

前　言

随着国民经济高速发展，人民生活水平不断改善，对很多人来说别墅不再是遥不可及的梦想。怎样选择自己心中理想的别墅风格，怎样动手设计自己心仪的别墅，是很多即将拥有别墅或梦想拥有别墅的人要面临的问题。是被动接受建筑商或开发商统一建造的千篇一律的别墅，还是按照自己理想中的模样定制或者自己动手设计一套别墅，是很多人要面对的选择。对于一位不太懂建筑专业知识的人来说，怎样才能拥有选择或自己设计心仪别墅的权力呢？仔细阅读本书，了解不同风格别墅的设计基本细节，你将成为一个把握自己别墅梦想的掌舵人。

本书结合当前流行的各种风格的别墅，集中展示了 9 套别墅设计工程图纸及其效果图，其中包括两套联体别墅、两套欧式别墅、一套现代别墅、两套美式别墅、一套中式别墅和一套乡村别墅。这些经典款式的别墅设计案例，总有一种能入您的"法眼"。

一、本书特点

◆ 案例全面，实例丰富

本书主要介绍了多种不同风格的别墅设计案例，包含了读者能想象到的大多数经典款式，案例众多，风格各异，能够满足不同读者的设计和选择需求。

◆ 内容合理，方便应用

本书包含的各种别墅设计案例图纸完整，细节一目了然，读者可以随时随地根据需要翻阅学习借鉴，甚至可以直接按照图纸进行施工建造。

◆ 超值赠送，资源丰富

为了方便读者学习借鉴，本书赠送所有案例的 AutoCAD 格式源文件。另外赠送 AutoCAD、3ds Max、Photoshop 以及 Revit 别墅设计教学视频以及相应源文件，帮助读者掌握本书所包含的别墅设计案例的具体设计方法。

◆ 服务周到，学习无忧

本书提供 QQ 群在线服务，供读者随时随地进行交流；同时提供公众号、网站下载等多渠道贴心服务。

二、本书学习资源列表及获取方式

本书提供了丰富的学习配套资源，具体如下。

◆ 配套资源

为方便读者学习，本书所有案例均提供 AutoCAD 和 Revit 格式源文件。

◆ 拓展资源

（1）AutoCAD 别墅设计教学视频 430 分钟。

（2）3ds Max 别墅设计教学视频 300 分钟。

（3）Revit 别墅设计教学视频 398 分钟。

（4）Photoshop 别墅设计后期处理教学视频 35 分钟。

以上资源的获取及联系方式如下（**注意：本书不提供光盘，以上提到的所有资源均需通过下面的方法下载后使用**）。

（1）读者使用手机微信的扫一扫功能扫描下面的微信公众号，或者在微信公众号中搜索"设计指北"，关注后输入 CAD1802 并发送到公众号后台，获取本书资源的下载链接，将该链接复制到计算机浏览器的地址栏中，根据提示进行下载。

（2）读者可加入 QQ 群 482568491（若群满，则会创建新群，请根据加群时的提示加入对应的群），与老师和其他读者进行在线交流与学习。

（3）如果在图书写作方面有好的建议，可将您的意见或建议发送至邮箱 zhiboshangshu@163.com，我们将根据您的意见或建议在后续图书中酌情进行调整，以更方便读者学习。

◆ 特别说明（新手必读）

要使用本书赠送的电子文件，请先在电脑中安装 AutoCAD、3ds Max 或 Revit 中文版 2022 版本或者 2022 以上版本的操作软件。您可以在上述软件的官网下载各软件试用版本（或购买正版），也可在网上商城、软件经销商处购买并安装软件。

为方便绘图及读者学习，本书中的所有表示长、宽、高等的字母均使用了正体。

三、关于作者

本书由天工在线组织编写。天工在线是一个 CAD/CAM/CAE 技术研讨、工程开发、培训咨询和图书创作的工程技术人员协作联盟，包含 40 多位专职和众多兼职 CAD/CAM/CAE 工程技术专家。

天工在线负责人由 Autodesk 中国认证考试中心首席专家担任，全面负责 Autodesk 中国官方认证考试大纲制定、题库建设、技术咨询和师资力量培训等工作，成员精通 Autodesk 系列软件。其创作的很多教材成为国内具有引导性的旗帜作品，在国内相关专业方向图书创作领域具有举足轻重的地位。

本书具体编写人员有刘昌丽、张亭、韩哲、孟培、卢园、胡仁喜、康士廷等，在此对他们的付出表示真诚的感谢。

四、致谢

本书能够顺利出版，是作者、编辑和所有审校人员共同努力的结果，在此表示深深的感谢。同时，祝福所有读者在通往优秀设计师的道路上一帆风顺。

编 者

目　录

第1章 联体别墅1

三维模型图

渲染效果图

1.1 建筑施工图

建筑设计说明（一）

一、工程设计的主要依据
1. 建设工程设计合同。
2. 用地红线图。
3. 国家及地方现行有关法规、规范、规定。

二、工程概况
1. 工程规模。
（1）建筑总高度：11.75m（共3层）。
（2）总建筑面积：455.15m²。
（3）建筑占地面积：300.00m²。
2. 本工程主体结构合理使用年限为50年。
3. 本工程建筑防火耐火等级为二级。
4. 本工程为混合结构，抗震设防烈度小于6度。

三、墙体
1. 墙体材料及厚度。
（1）外墙：200mm厚承重空心砖，强度等级MU10，M5混合砂浆砌筑。
（2）内墙：200mm厚非承重空心砖，强度等级与砂浆标号同外墙。

2. 墙身防潮做法：在标高—0.060m处设置墙身防潮层。
3. 外墙及顶层内墙砌体与钢筋混凝土梁、柱、墙交接处，均加钉钢丝网抹灰，每侧搭接宽度应大于或等于100mm。
4. 外墙与屋面交接处，均做200mm高C20素混凝土，宽度同墙。
5. 本工程窗台压顶做法为100mm厚C20素混凝土，内配2Φ10，箍筋Φ6@200。

四、墙面装修做法
1. 外墙装修做法：外墙装修选材与色彩详见各立面图中的标注。
2. 内墙粉刷：所有内墙阳角均做2000mm高水泥砂浆护墙角，卫生间内墙2600mm高的高级瓷砖贴面。

五、楼地面
1. 一层卫生间为防滑地砖地面，车库为细石混凝土地面，其余装饰地砖地面二次装修另定。
2. 楼层其余房间及走道楼梯为实木地面二次装修另定。
3. 卫生间地面均应向地漏找1%坡，露天平台地面均应向地漏找0.5%坡以方便排水。
4. 卫生间及其他用水房间的地面及墙面防水做法。
墙体基脚均用C20素混凝土现浇200mm高，宽度同墙厚。
加做一道防水层：300mm高墙面做2mm厚彩色涂膜防水层。

会签栏
建　筑
结　构
电　气
给排水
暖　通

建设单位	
项目名称	
子项名称	
图　名	建筑设计说明（一）
比　例：	
项目负责	
专业负责	
设　计	
校　对	
审　核	
审　定	
图　别	
图　号	建施01
总　数	
日　期	

建筑设计说明（二）

门窗表

名称	尺寸/mm×mm 宽×高	数量/个	备 注
M-1	1500×2100	2	不锈钢豪华防盗门
M-2	900×2100	16	夹板门
M-3	800×2100	18	塑钢门
M-4	3000×2800	2	电动门
C-1	1800×1800	6	铝合金欧式推拉窗
C-2	1500×1800	2	铝合金欧式推拉窗
C-3	1200×1800	8	铝合金欧式推拉窗
C-4	3000×5100	2	弧形欧式窗
C-5	1500×1500	2	铝合金欧式推拉窗
C-6	1800×1500	10	铝合金欧式推拉窗
C-7	760×1500	6	铝合金上下推拉窗

六、屋面

1. 屋面防水等级为II级，防水层耐用年限为10年，一道防水设防。

2. 露台做法。

（1）8mm厚150mm×150mm白色铺地砖面，1:1水泥砂浆嵌缝。

（2）2～3mm厚高分子黏结层。

（3）20mm厚1:3水泥砂浆找平层。

（4）保温层用挤塑聚苯乙烯泡沫板，厚35mm。

（5）20mm厚1:3水泥砂浆保护层。

（6）2mm厚聚合物水泥基防水涂料。

（7）钢筋混凝土现浇屋面板。

七、门窗

1. 本工程外窗气密性等级为3级。

2. 外门窗应由具有行业专业资质的单位承担设计和施工，门窗的尺寸、材质等参数见门窗表。

八、其他

1. 楼地板、屋面板铺设找平层前，应对立管、套管、地漏与楼板接缝之间严格按施工规程进行密封处理。

2. 雨水管采用Φ100PVC钙塑管。

3. 本工程其他设备专业预埋件、预留孔洞位置及尺寸，详见各专业有关图纸。

4. 本工程所采用的建筑制品及建筑材料应有国家或地方有关部门颁发的生产许可证及质量检验证明，材料的品种、规格、性能等应符合国家或行业相关质量标准。装修材料的材质、质感、色彩等应与设计人员协商决定。

会签栏 建筑 结构 电气 给排水 暖通

建设单位
项目名称
子项名称
图 名 建筑设计说明（二）
比 例:
项目负责
专业负责
设 计
校 对
审 核
审 定
图 别
图 号 建施02
总 数
日 期

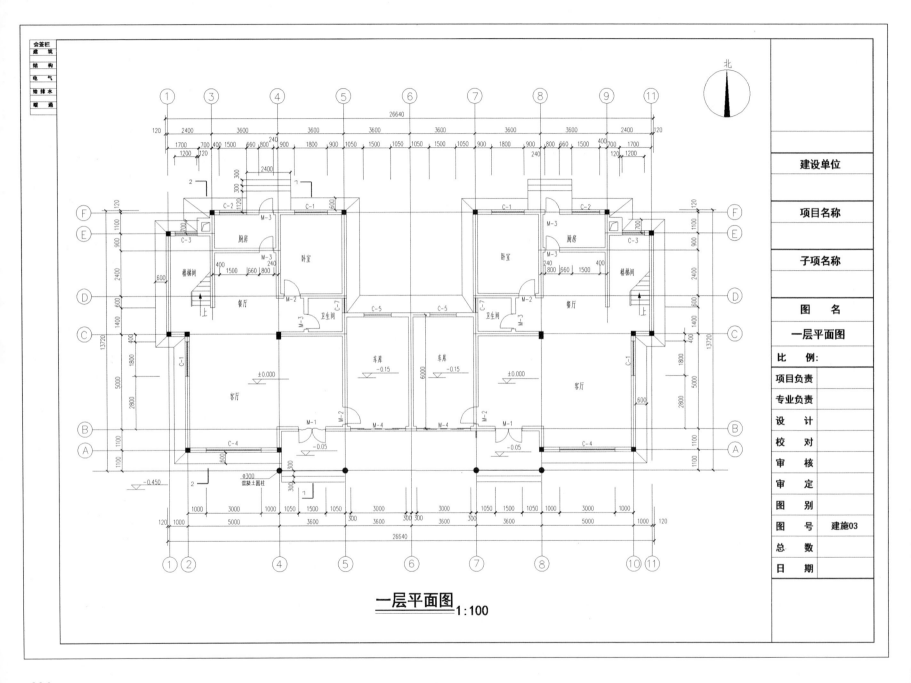

一层平面图 1:100

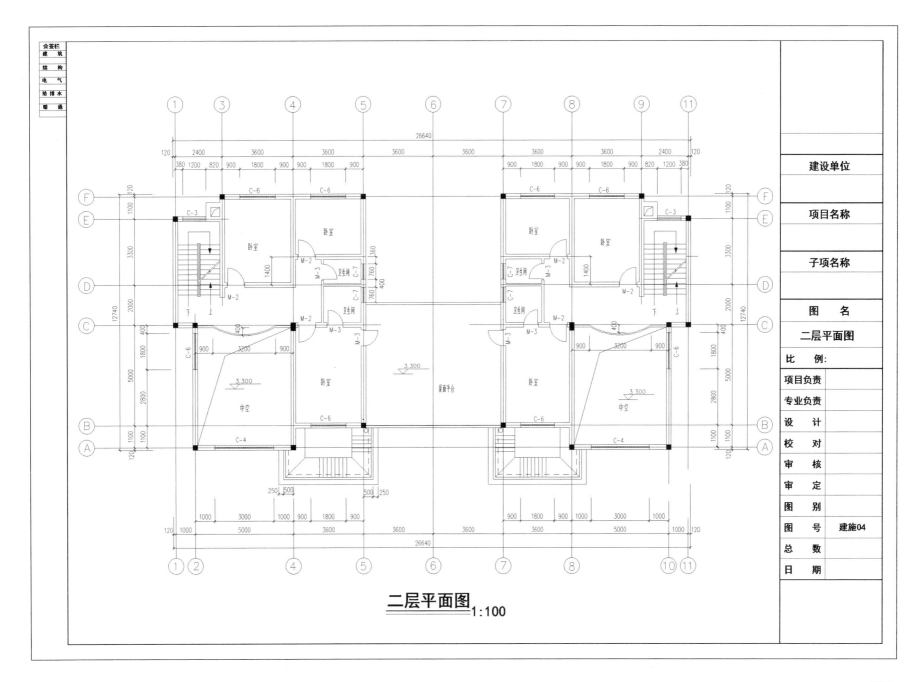

二层平面图 1:100

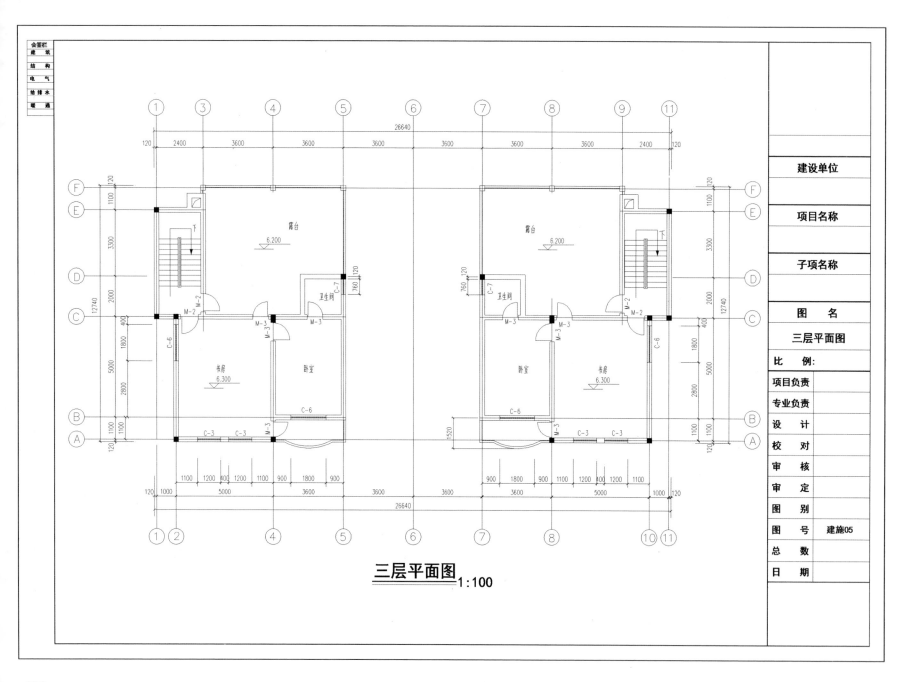

三层平面图 1:100

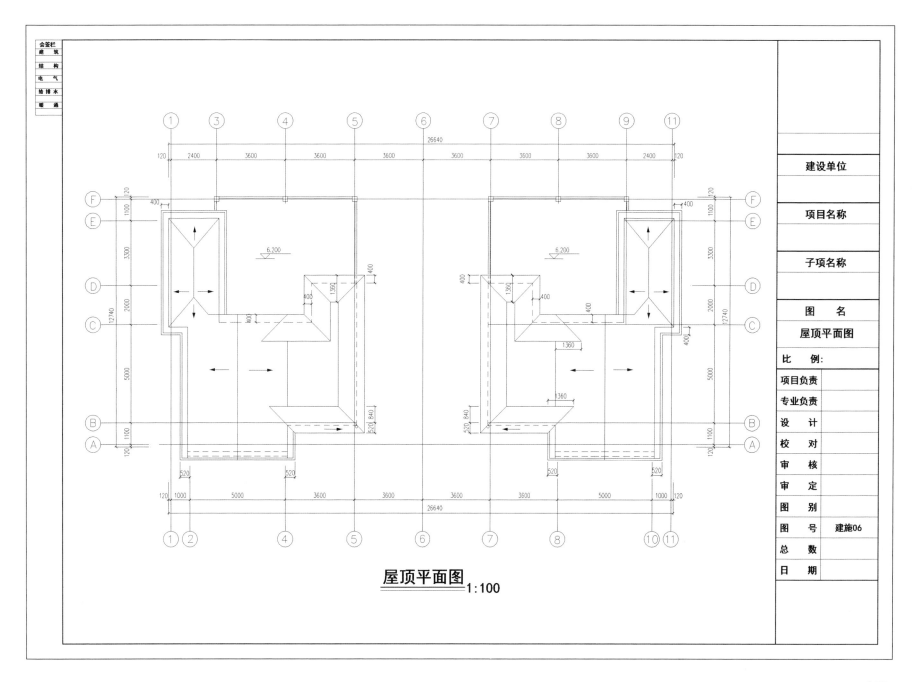

南立面图 1:100

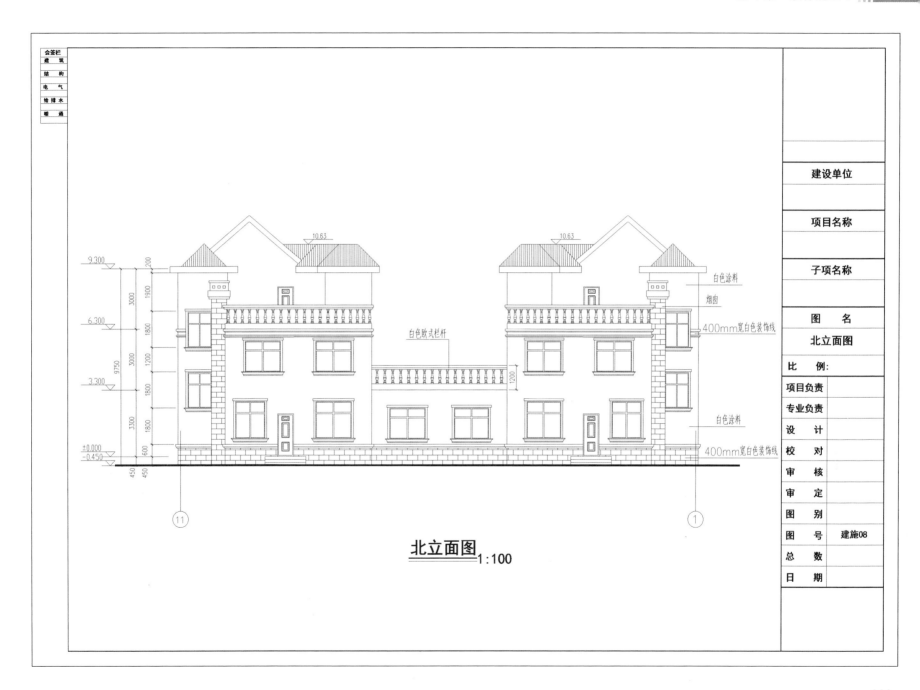

北立面图 1:100

10.63　10.63

白色涂料
烟囱
白色欧式栏杆
400mm宽白色装饰线
白色涂料
400mm宽白色装饰线

9.300
6.300
3.300
±0.000
-0.450

3000
3000
3300
600
450
450

1200
1900
1200
1800
1800
200
9750

11　1

会签栏	
建　筑	
结　构	
电　气	
给排水	
暖　通	

建设单位

项目名称

子项名称

图　名
北立面图

比　例:

项目负责
专业负责
设　计
校　对
审　核
审　定
图　别
图　号　建施08
总　数
日　期

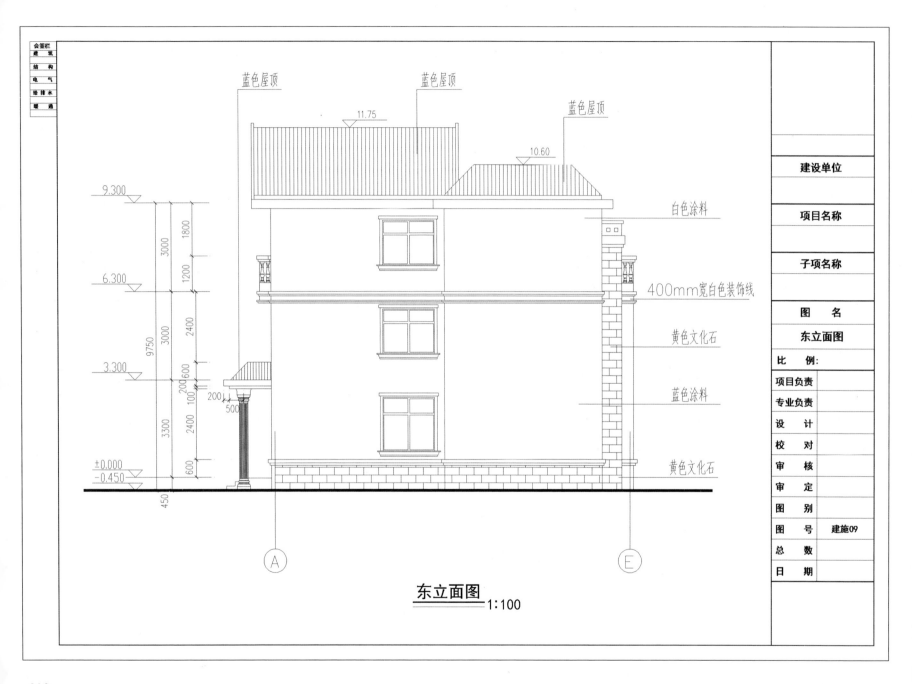

东立面图 1:100

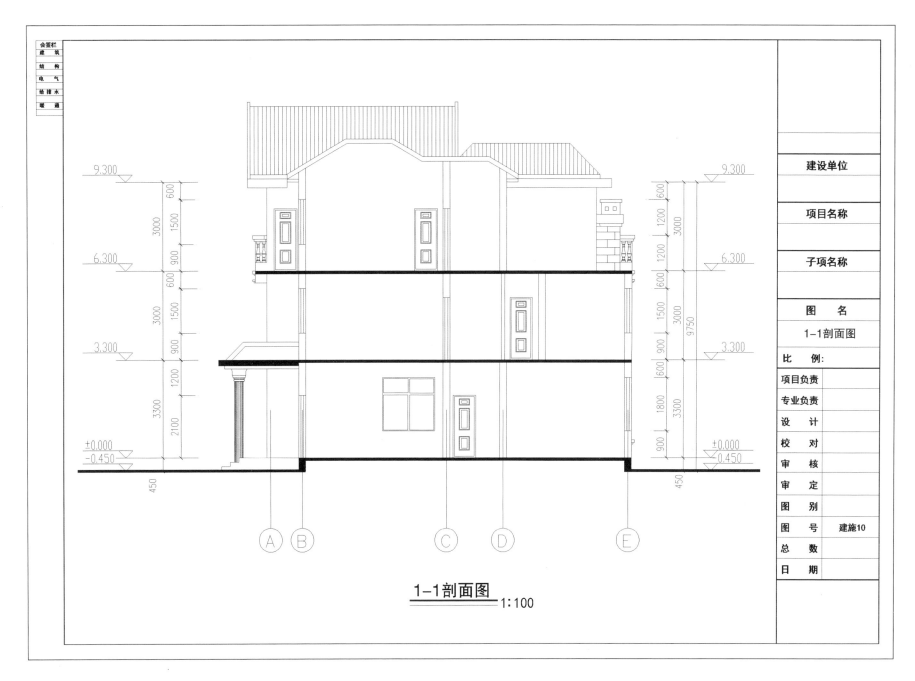

1-1剖面图 1:100

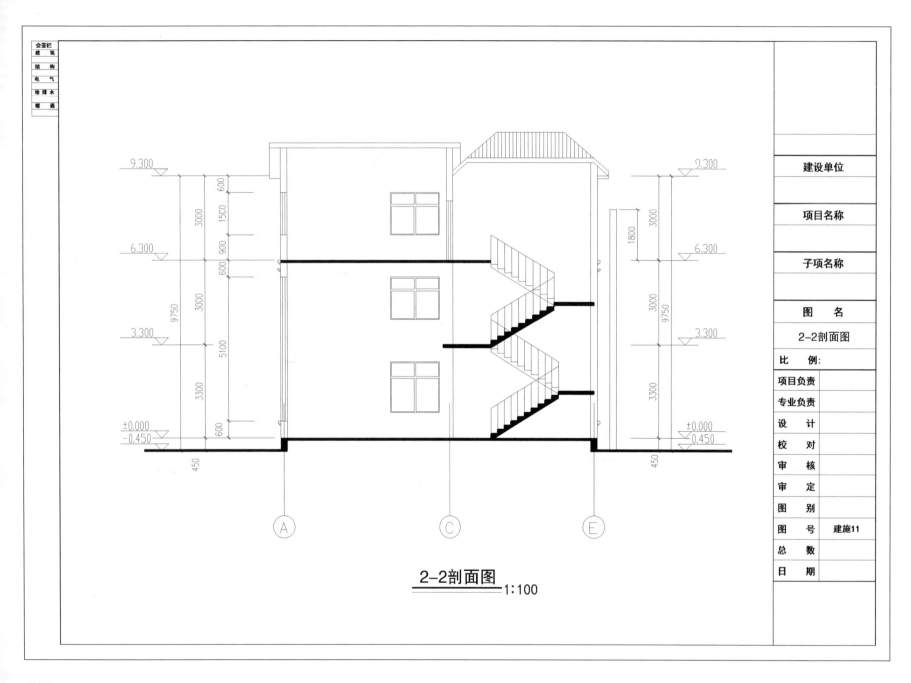

2-2剖面图 1:100

1.2　结构施工图

结构设计说明（一）

一、设计依据

1.《建筑结构荷载规范》（GB 50009—2012）。

2.《混凝土结构设计规范》（GB 50010—2010）。

3.《砌体结构设计规范》（GB 50003—2011）。

4.《建筑地基基础设计规范》（GB 50007—2011）。

二、设计标高

本工程设计标高±0.000m相当于绝对高程，平面坐标详见建施。本工程中所注结构标高均为建筑标高减30mm，屋面同建筑标高。

三、结构概况

1.本工程为多层混合结构，现浇混凝土楼、屋面。

2.本工程基础采用现浇钢筋混凝土墙下条形基础及柱下独立基础。

3.本工程合理使用年限为50年，建筑安全等级为二级，抗震设防烈度小于6度。

四、本工程设计活荷载标准值取值

房间为2.0kPa；楼梯为2.5kPa；不上人屋面为0.5kPa；上人屋面为2.0kPa；走廊为2.5kPa。

五、材料选用

1.混凝土等级。

梁、板、柱为C25；基础为C25；垫层为C10。

2.钢筋。

Φ为HPB235，fy=210N/mm²；Φ为HRB335，fy=300N/mm²，型钢为Q235。

3.焊条。

（1）钢板、型钢与HPR235钢之间焊接采用E43。

（2）HPB235与HPR235焊接采用E43。

（3）钢板、型钢与HPR235焊接之间采用E43。

（4）HRB335与HPR235焊接采用E50。

4.砌体。

（1）地下部分：采用240mm厚MU15机制标准砖、M10水泥砂浆眠砌。

（2）地上部分：承重墙6.30m以下采用240mm厚MU10机制标准砖、M7.5混合砂浆砌筑；6.30m以上采用240mm厚MU10机制标准砖、M10混合砂浆砌筑。

（3）框架填充墙及内隔墙顶部应斜砌砖与梁或板底顶紧，不得悬空。

（4）本工程按施工质量控制等级为B级。

六、基础工程

1.基槽开挖应采取必要的降排水和安全措施。

2.本工程基础承载力按fak=160kN/m²（特征值）设计，不符合另行处理。

3.防潮层20mm厚，1:2水泥砂浆，掺5%防水剂。

七、钢筋混凝土构造要求

1.混凝土保护层厚度。

室内楼板为15mm；室内梁和露天屋面梁的下部筋为25mm；柱为30mm；屋面板及阳台板为25mm；露天屋面梁的上部筋为35mm；基础梁及基础下部钢筋为40mm；钢筋混凝土工程均应采用水泥砂浆块或混凝土垫块，准确控制主筋保护层厚度。

2.钢筋接头。

（1）框梁、柱纵向钢筋应采用焊接接头（也可采用机械连接接头），在同一截面内钢筋接头数不应超过纵向钢筋根数的50%。

（2）柱纵向钢筋接头位置不得在节点区内。

（3）梁的负筋接头应在跨中L/3区段内（L为梁净跨长），梁的正筋接头应在支座附近。

（4）悬臂梁主筋不允许有接头。

3.箍筋。

（1）箍筋形式，按设计图要求制作。

（2）间距：按设计图要求采，梁柱端部第一个箍筋距柱、梁端头<50mm。

4.楼板和屋面板在外沿阳角须布置平行于该板角平分线的附加构造钢筋7Φ8@150，长为0.5Lo。

5.楼板预留孔洞。当边长或直径≤300mm时，板中受力钢筋应绕过孔洞口不得切断；当边长或直径>300mm时，应按结施图加筋补强，若图中未注明，洞口每边均配3Φ12加强筋置于板底，每端长出洞边500mm。

6.构造柱或框架柱与墙体连接时，应在柱内预理2Φ6钢筋伸入墙内1000mm，竖向间距500mm。

结构设计说明（二）

7. 施工时应保证阳台栏板与墙体或构造柱有可靠的连接，墙与阳台栏板连接处设拉结筋Φ6@200，埋入板内200mm、墙内600mm，另加弯钩。

8. 圈梁与其他梁相连时应从圈梁伸出钢筋入其他梁与其主筋搭接48d。

9. 在顶层东、西两端开间墙体竖向每隔500mm加设2Φ6钢筋（灰缝中水平放置）。

10. 在顶层东、西两端开间窗两侧加两个混凝土柱，尺寸200mmX240mm，主筋4Φ12，分布筋Φ6@200，柱长3000mm。

八、砖砌体填充墙及构造要求

1. 柱与砖墙连接做法详见图1。

2. 支撑在砌体上的梁，当梁下无构造柱时应设梁垫，做法见图2。

3. 隔墙与承重墙之间连接做法详见图3。

4. 当洞顶与结构梁（或板）底的距离小于上述各类过梁高度时过梁须与结构梁（或板）浇成整体，详见图4。

九、施工注意事项

1. 钢筋的质量应符合现行国家标准的要求，钢筋焊接在各参数选定并经强度、质量检验合格后方可正式焊接，施工中应严格遵守焊接操作工艺要求，健全检查制度，以保证焊接质量。

2. 结构施工时，钢筋替换应经设计院相关设计人员同意，并按照国家的实际屈服强度进行换算。

3. 跨度L≥6m的梁，模板起拱高度为L/800，悬臂梁梁端模板起拱高度为L/400。

4. 混凝土构件上固定门窗（含玻璃幕墙）的预埋铁件、栏杆、吊顶预埋件均参照有关建筑施工图纸。

十、预留预埋要求

凡结构施工图中所有的预留洞，预埋件必须预先与建筑、水、电等专业图纸进行核对。建筑、水、电等专业图纸有预留洞、预埋件，而结构施工图中没有，则以建筑、水、电图纸为准进行预留预埋。所有预留洞、预埋件必须核对无误才可浇筑振捣混凝土。

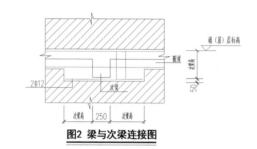

图2 梁与次梁连接图

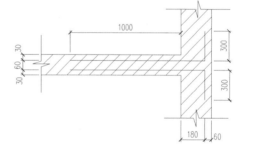

图3 隔墙与承重墙之间拉结筋图

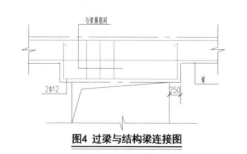

图4 过梁与结构梁连接图

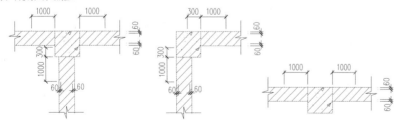

图1 钢筋混凝土柱与砖墙拉结详图

建设单位	
项目名称	
子项名称	
图 名	结构设计说明（二）
比 例：	
项目负责	
专业负责	
设 计	
校 对	
审 核	
审 定	
图 别	
图 号	结施02
总 数	
日 期	

会签栏：建筑 结构 电气 给排水 暖通

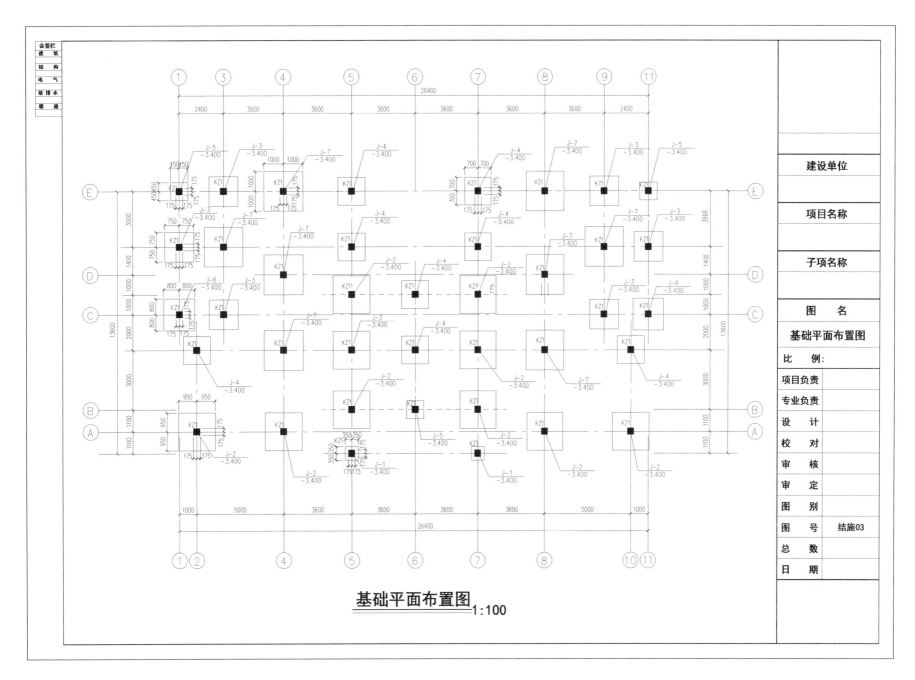

基础平面布置图 1:100

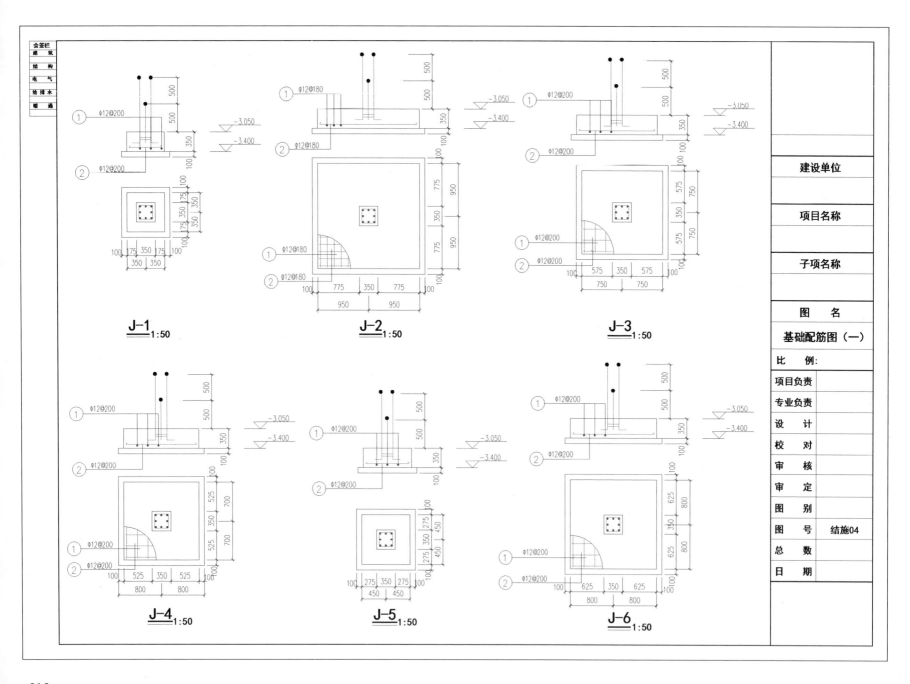

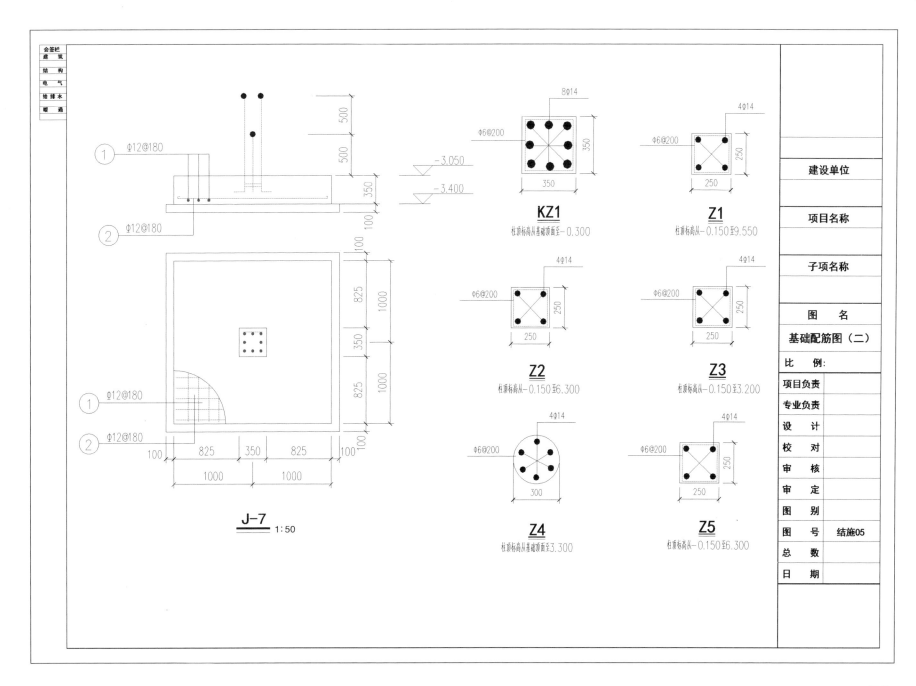

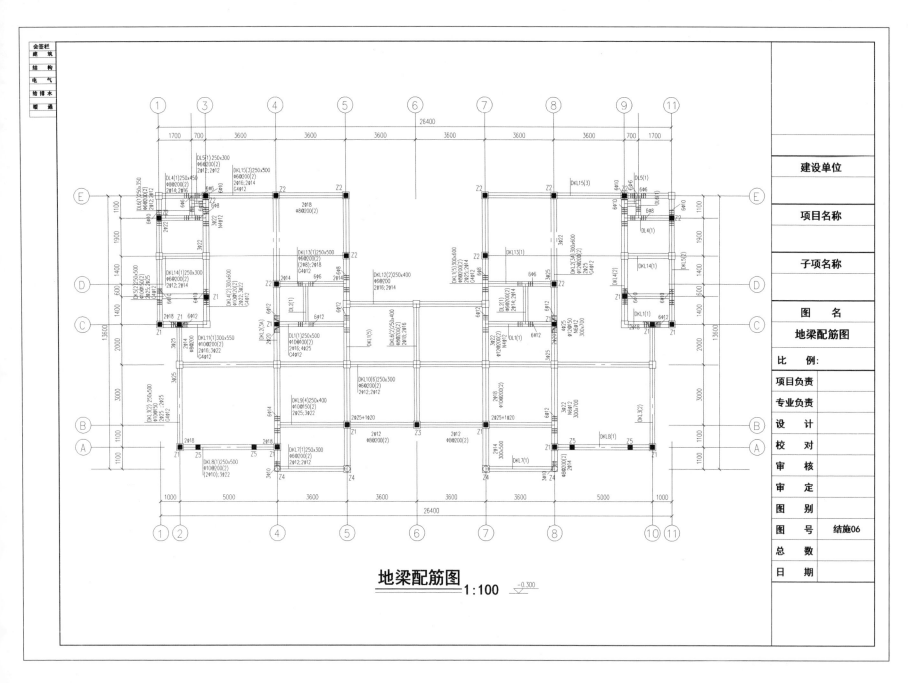

地梁配筋图 1:100 ▽-0.300

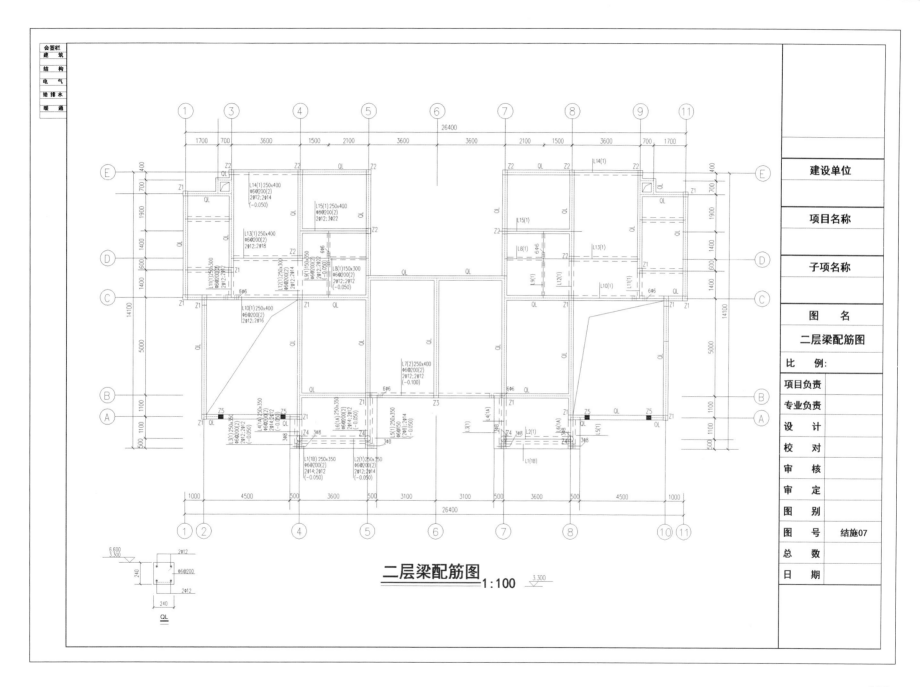

二层梁配筋图 1:100

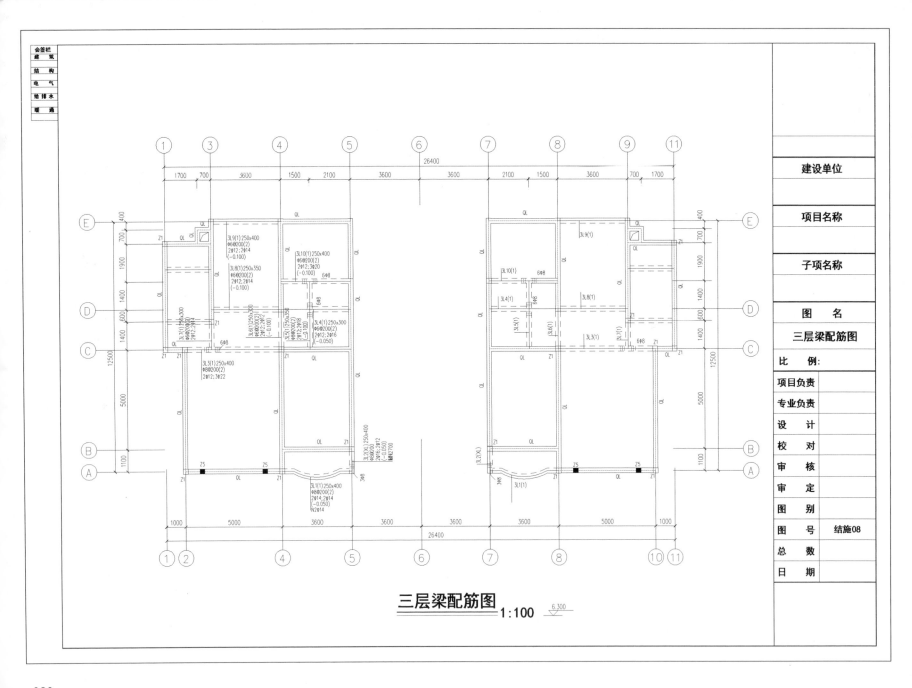

三层梁配筋图 1:100

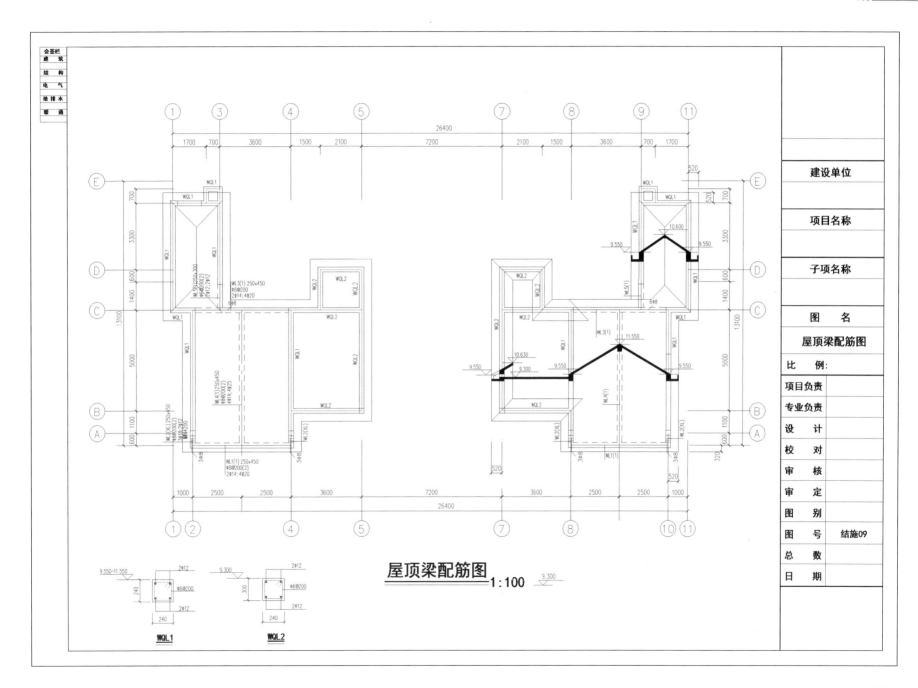

屋顶梁配筋图 1:100

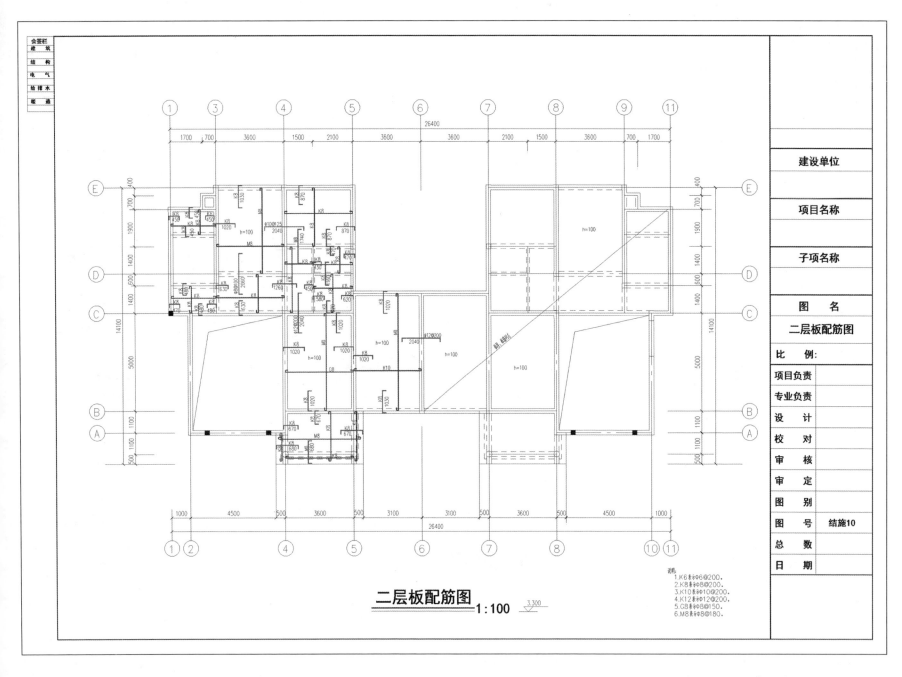

二层板配筋图
——————————1:100   3.300

说明:
1.K6表示Φ6@200.
2.K8表示Φ8@200.
3.K10表示Φ10@200.
4.K12表示Φ12@200.
5.G8表示Φ8@150.
6.M8表示Φ8@180.

建设单位	
项目名称	
子项名称	
图　名	
	二层板配筋图
比　例:	
项目负责	
专业负责	
设　计	
校　对	
审　核	
审　定	
图　别	
图　号	结施10
总　数	
日　期	

会签栏
建筑
结构
电气
给排水
暖通

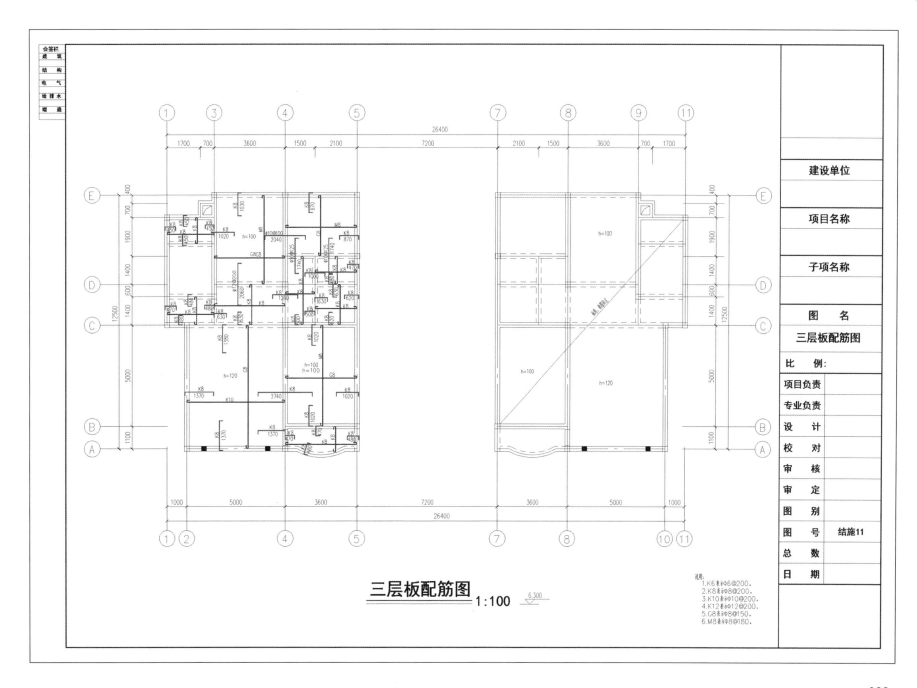

三层板配筋图 1:100

说明:
1. K6表示Φ6@200.
2. K8表示Φ8@200.
3. K10表示Φ10@200.
4. K12表示Φ12@200.
5. G8表示Φ8@150.
6. M8表示Φ8@180.

会签栏
建　筑
结　构
电　气
给排水
暖　通

建设单位

项目名称

子项名称

图　名
三层板配筋图

比　例:

项目负责
专业负责
设　计
校　对
审　核
审　定
图　别
图　号　结施11
总　数
日　期

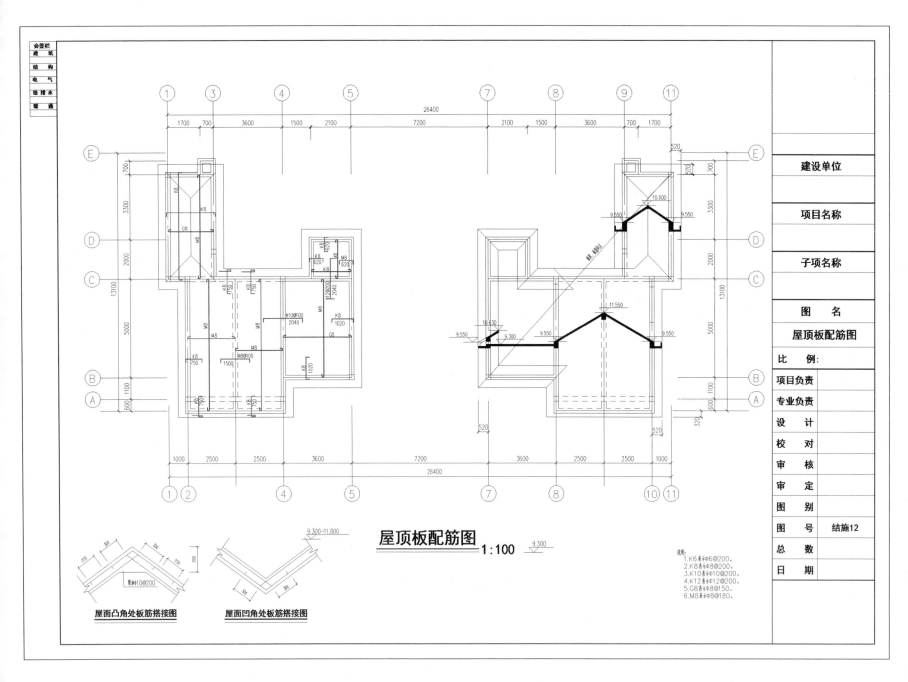

屋顶板配筋图 1:100

屋面凸角处板筋搭接图   屋面凹角处板筋搭接图

说明：
1.K6表示Φ6@200。
2.K8表示Φ8@200。
3.K10表示Φ10@200。
4.K12表示Φ12@200。
5.G8表示Φ8@150。
6.M8表示Φ8@180。

建设单位	
项目名称	
子项名称	
图　　名	
	屋顶板配筋图
比　　例：	
项目负责	
专业负责	
设　　计	
校　　对	
审　　核	
审　　定	
图　　别	
图　　号	结施12
总　　数	
日　　期	

会签栏
建　筑
结　构
电　气
给排水
暖　通

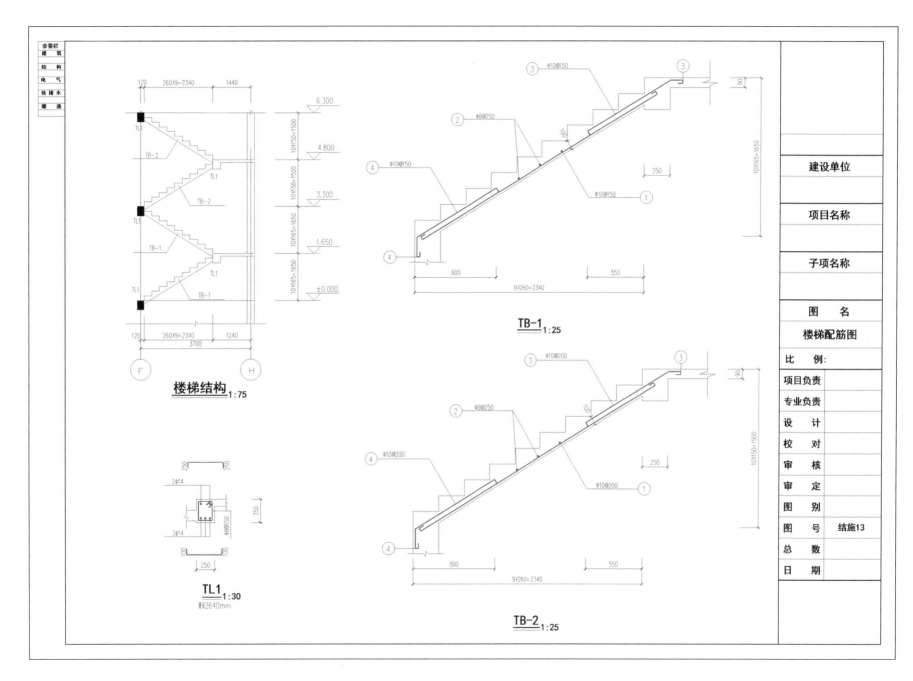

楼梯结构 1:75

TL1 1:30
梁长2640mm

TB-1 1:25

TB-2 1:25

建设单位	
项目名称	
子项名称	
图　名	
	楼梯配筋图
比　例:	
项目负责	
专业负责	
设　计	
校　对	
审　核	
审　定	
图　别	
图　号	结施13
总　数	
日　期	

会签栏
建　筑
结　构
电　气
给排水
暖　通

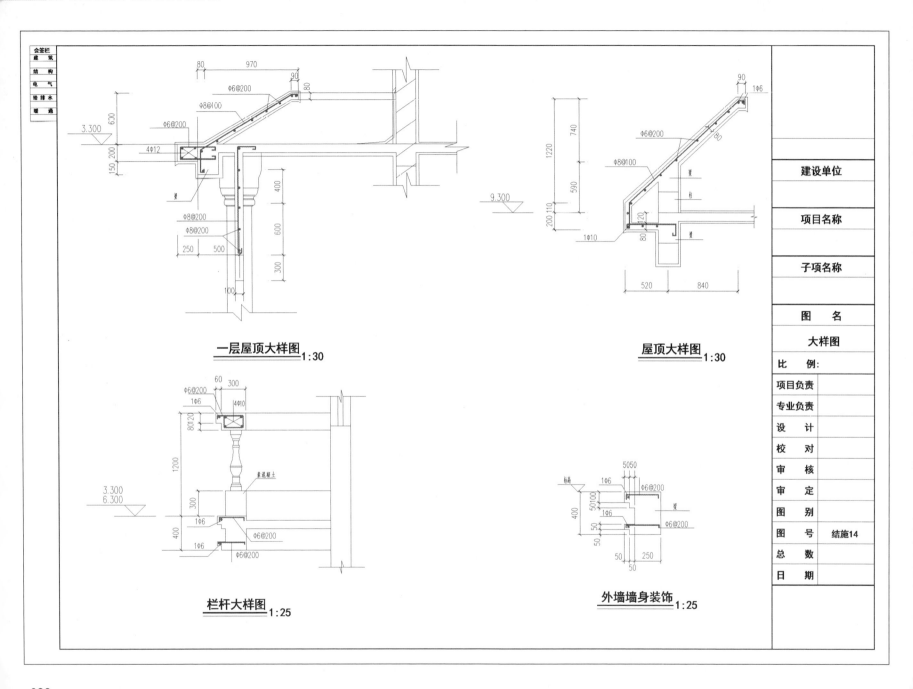

一层屋顶大样图 1:30

屋顶大样图 1:30

栏杆大样图 1:25

外墙墙身装饰 1:25

	会签栏	
建 筑		
结 构		
电 气		
给 排 水		
暖 通		

建设单位	
项目名称	
子项名称	
图 名	大样图
比 例:	
项目负责	
专业负责	
设 计	
校 对	
审 核	
审 定	
图 别	
图 号	结施14
总 数	
日 期	

第 2 章 联体别墅 2

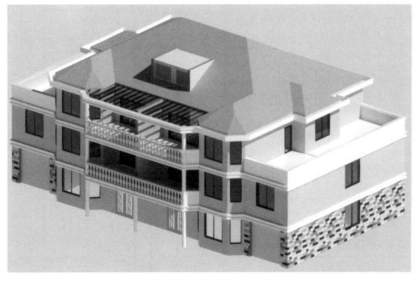

三维模型图

渲染效果图

2.1 建筑施工图

建筑设计说明

一、设计总纲

1. 本施工图设计以业主批准的初步设计为主要依据，并参照：
   (1)《民用建筑设计统一标准》(GB 50352—2019)。
   (2)《建筑设计防火规范》(GB 50016—2014)。
   (3)《住宅设计规范》(GB 50096—2011)。
   (4) 国家颁布的有关法规和规范。
2. 本施工图标高以米 (m) 为单位，其他尺寸以毫米 (mm) 为单位。
3. 建筑年限：本建筑为一般性民用建筑，二级，耐久年限为50~100年。
4. 屋面防水等级为Ⅱ级。

二、施工用料做法要求

1. 墙基。
   除按结构要求外，均砌240mm墙MU10机制砖，M10水泥砂浆砌筑。
2. 墙基防潮层。
   -0.06m处采用20mm厚C20混凝土，内掺防水剂。由于地基深浅不一，根据最低下一层地坪下0.06m处做防潮层。
3. 墙体。
   (1) ±0.000m以上采用240mm厚多孔黏土砖，M10混合砂浆砌筑。
   (2) 非承重墙采用120mm厚中空PVC灌膜水泥隔墙。
4. 楼面。
   (1) 卫生间及厨房建筑设计标高均高低20mm，结构面上20mm厚1：2水泥砂浆找平。
   (2) 其余房间台构面上均为20mm厚1：2水泥砂浆找平。
   (3) 露台比室内地坪低20mm，面层做法客户自理，20mm厚1：2.5水泥砂浆结合层，3mm厚三元乙丙，1：3水泥砂浆找平20mm厚，现浇板[露台下层为房间(车库除外)，则在现浇板上另加25mm厚挤塑板保温层]。
5. 内墙面。
   (1) 室内墙均为20mm厚1：1：6混合砂浆找平，内墙阳角以及门窗洞转角处50mm宽1：2水泥砂浆，护角线高1.8m。
   (2) 踢脚：所有内墙均做150mm高水泥踢脚线，楼梯间、门厅做150mm高水泥踢脚线。
6. 平顶。
   (1) 结构板底15mm厚1：3水泥砂浆粉刷，6mm厚混合砂浆找平，纯筋灰草面，刷白色，一律不做吊顶。
   (2) 卧室、客厅、餐厅、储藏室、厨房、卫生间的毛坯平顶1：1：8刮糙后做1：8水泥纸筋粉平，刷白二度。
7. 外墙。
   (1) 外墙面基层为需用外墙界面处理后再做粉刷。
   (2) 墙面粉刷面20mm厚1：1：4混合砂浆分两次找平，特充分凝结硬化后喷刷高级涂料。
   (3) 石料外墙面20mm厚1：2水泥砂浆找平，结合层处贴石料。

8. 屋面：一律为有组织排水。
   (1) 蓝灰色瓦。
   (2) 25mm厚1：2.5水泥砂浆掺107胶，内设φ6号镀锌钢丝一层，网格25mm×25mm。
   (3) 25mm厚挤塑保温板层。
   (4) 3mm厚三元乙丙。
   (5) 20mm厚1：2.5水泥砂浆找平层。
   (6) 现浇钢筋混凝土屋面板。
9. 楼梯栏杆、露台栏杆一律留预埋件(-5mm×100mm×100mm铁脚φ6长6100mm水平距离800mm，楼梯间每4级预留一块)。住户业主在装饰时应控制栏杆高度室内为900mm、室外为1050mm。
10. 门窗。
    (1) 本工程外窗气密性等级为3级。
    (2) 外门窗应由具有行业专业资质的单位承担设计和施工，门窗的尺寸、材质等参见门窗表。

三、验收规则

本工程使用的材料规则、施工要求等均依照国家现行建筑安装施工规范执行。

门窗表

名称	尺寸/mm×mm 宽X高	数量/个	备注
M1	1800X2100	2	不锈钢豪华防盗门
M2	900X2100	34	夹板门
M3	3600X2100	4	推拉门
M4	700X2100	6	铝塑门
M5	2900X3000	2	电动门
C1	1800X2000	30	铝合金推拉窗
C2	1000X2000	18	铝合金推拉窗
C3	1500X1200	2	百叶窗

会签栏	
建 筑	
结 构	
电 气	
给 排 水	
暖 通	

建设单位	
项目名称	
子项名称	
图 名	
	建筑设计说明
比 例	
项目负责	
专业负责	
设 计	
校 对	
审 核	
审 定	
图 别	
图 号	建施01
总 数	
日 期	

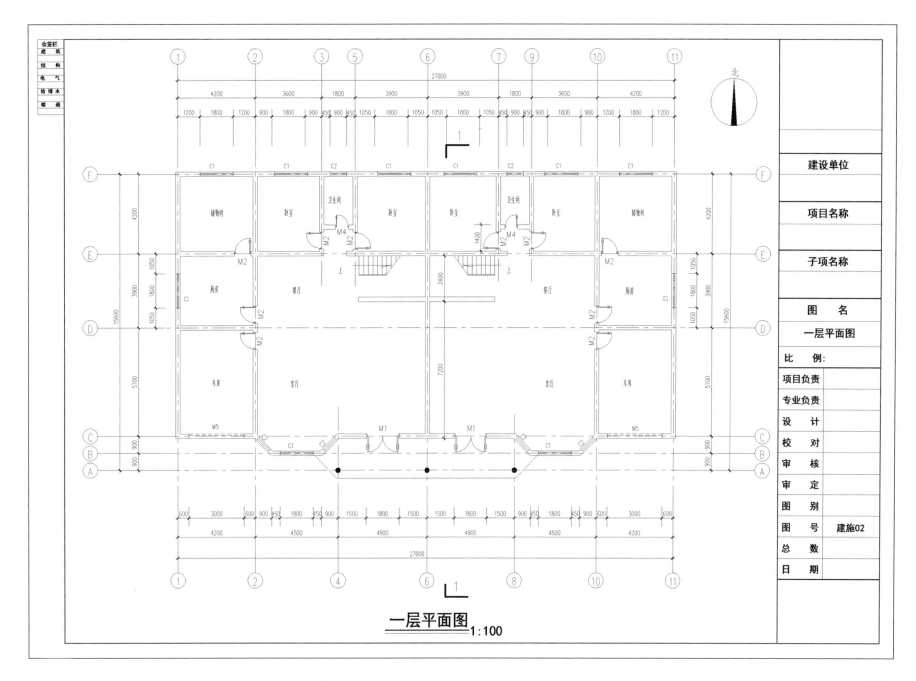

一层平面图 1:100

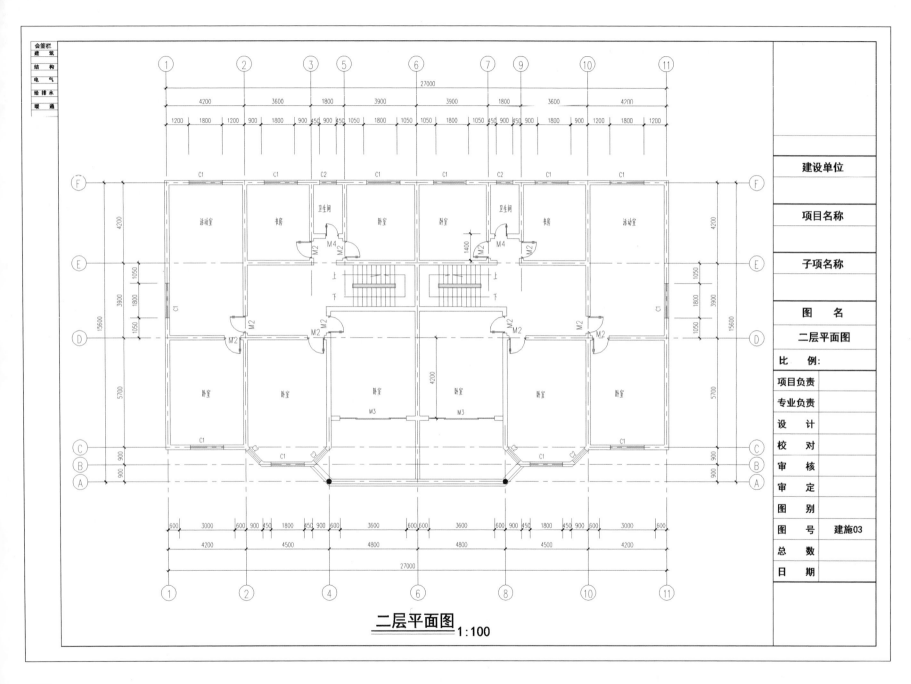

二层平面图 1:100

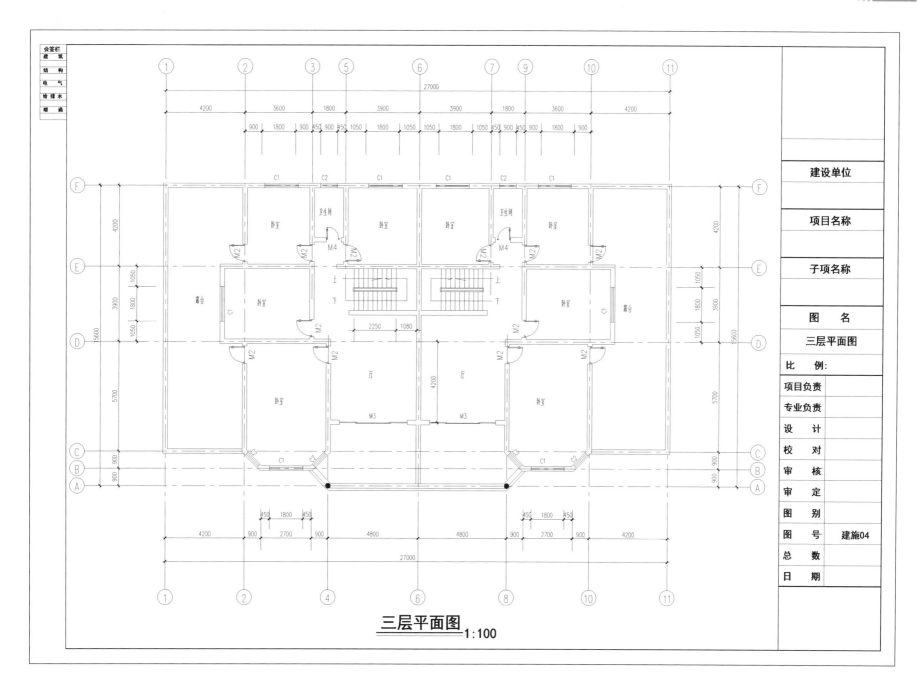

三层平面图 1:100

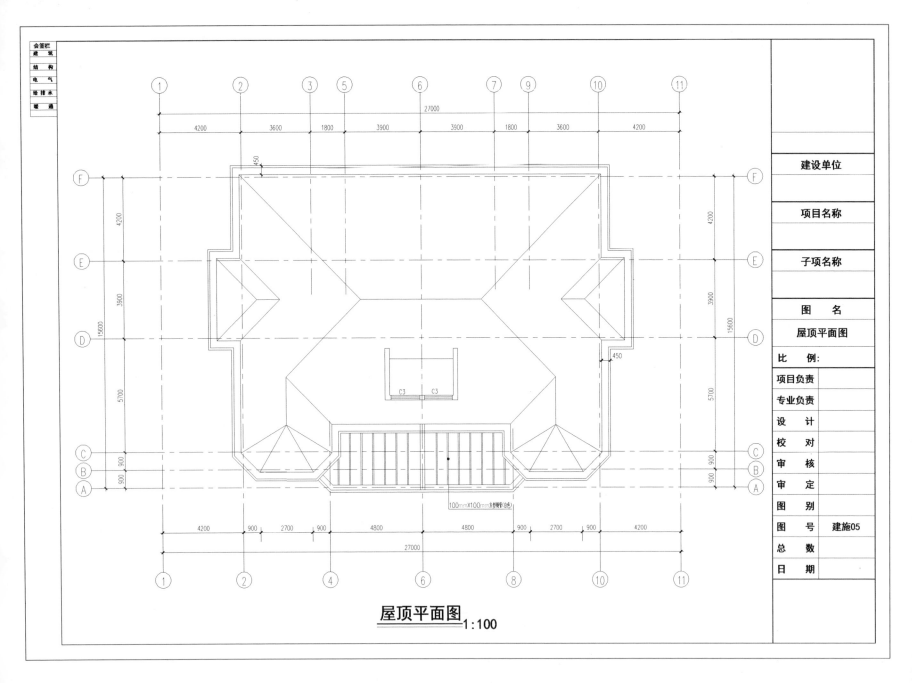

屋顶平面图 1:100

南立面图
1:100

建设单位	
项目名称	
子项名称	
图　　名	
南立面图	
比　　例:	
项目负责	
专业负责	
设　　计	
校　　对	
审　　核	
审　　定	
图　　别	
图　　号	建施06
总　　数	
日　　期	

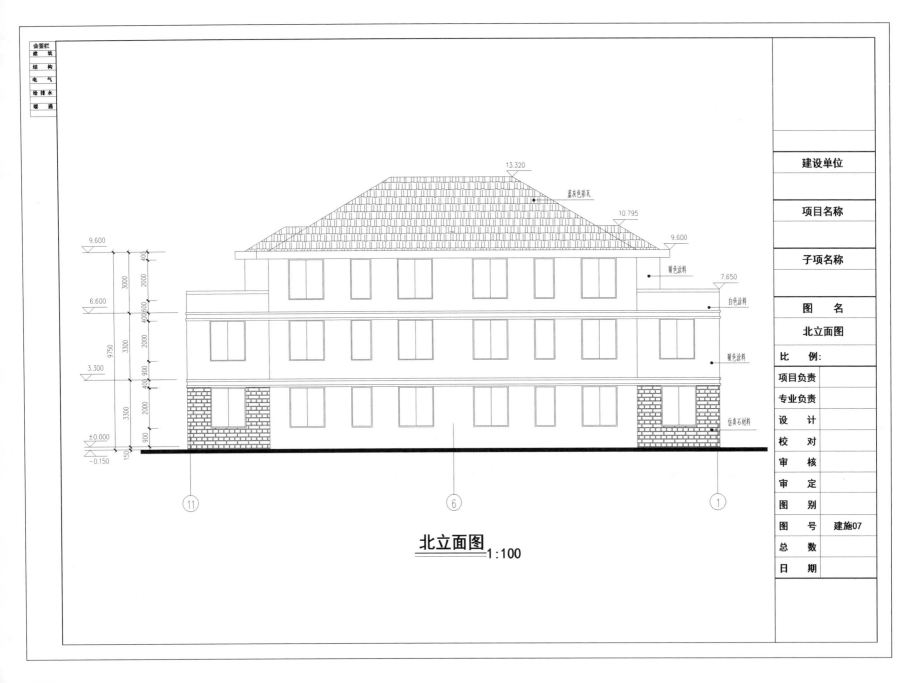

北立面图 1:100

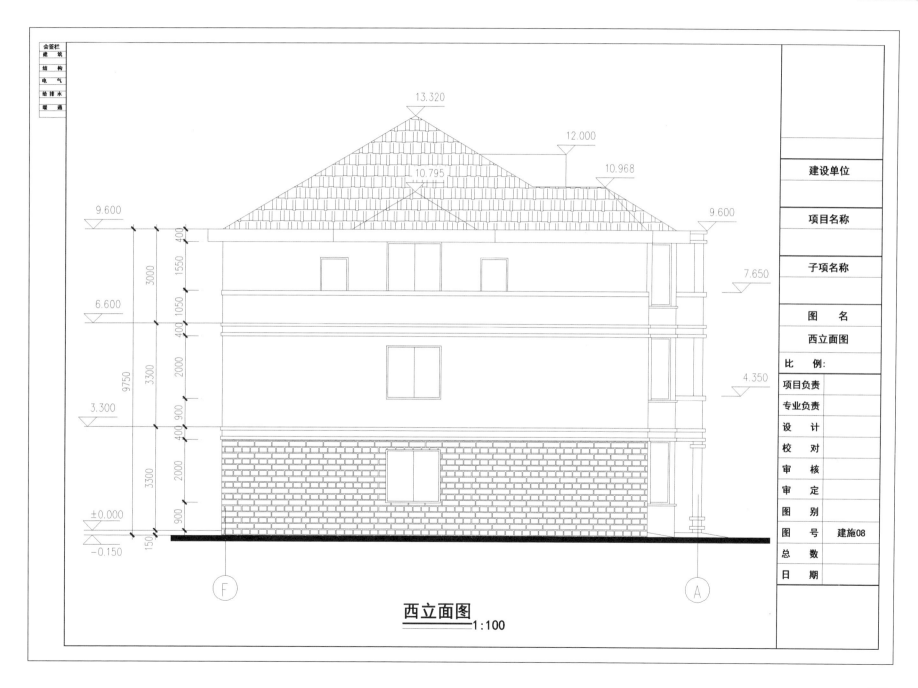

西立面图
1:100

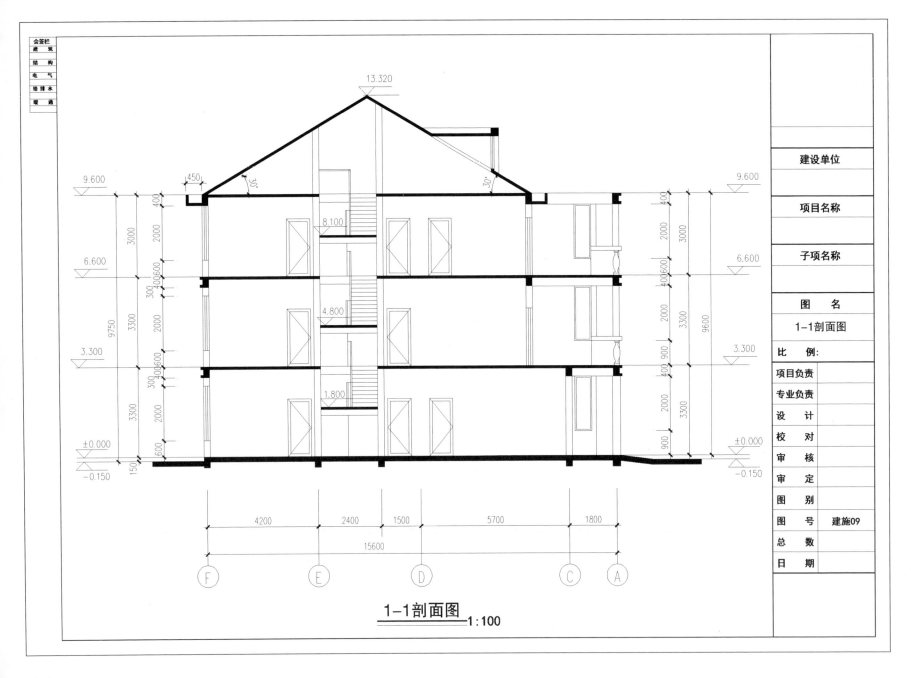

1-1剖面图 1:100

2.2　结构施工图

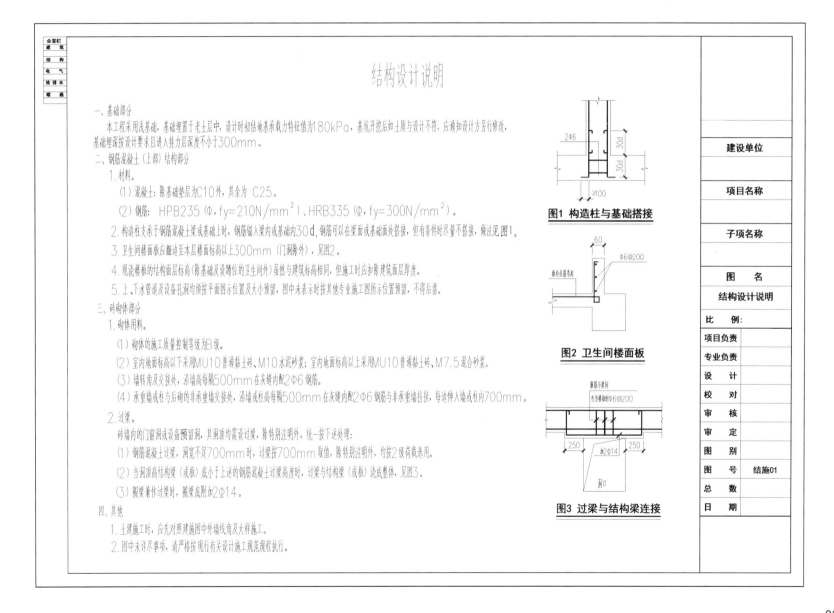

结构设计说明

一、基础部分

本工程采用浅基础，基础埋置于老土层中，设计时初估地基承载力特征值为180kPa，基坑开挖后如土质与设计不符，应通知设计方另行修改，基础埋深按设计要求且进入持力层深度不小于300mm。

二、钢筋混凝土（上部）结构部分

1. 材料。

(1) 混凝土：除基础垫层为C10外，其余为 C25。

(2) 钢筋：HPB235 （Φ，fy=210N/mm²）、HRB335 （Φ，fy=300N/mm²）。

2. 构造柱支承于钢筋混凝土梁或基础上时，钢筋锚入梁内或基础内30d，钢筋可以在梁面或基础面处搭接，但有条件时尽量不搭接，做法见图1。

3. 卫生间楼面板应翻边至本层楼面标高以上300mm（门洞除外），见图2。

4. 现浇楼板的结构面层标高（除基础及设蹲位的卫生间外）虽然与建筑标高相同，但施工时应扣除建筑面层厚度。

5. 上、下水管道及设备孔洞均须按平面图示位置及大小预留，图中未表示时按其他专业施工图所示位置预留，不得后凿。

三、砖砌体部分

1. 砌体用料。

(1) 砌体的施工质量控制等级为B级。

(2) 室内地面标高以下采用MU10普通黏土砖、M10水泥砂浆；室内地面标高以上采用MU10普通黏土砖、M7.5混合砂浆。

(3) 墙转角及交接处，沿墙高每隔500mm在灰缝内配2Φ6钢筋。

(4) 承重墙或柱与后砌的非承重墙交接处，沿墙或柱高每隔500mm在灰缝内配2Φ6钢筋与非承重墙拉结，每边伸入墙或柱内700mm。

2. 过梁。

砖墙内的门窗洞或设备预留洞，其洞顶均需设过梁，除特别注明外，统一按下述处理：

(1) 钢筋混凝土过梁，洞宽不足700mm时，过梁按700mm取值，除特别注明外，均按2级荷载选用。

(2) 当洞顶高结构梁（或板）底小于上述的钢筋混凝土过梁高度时，过梁与结构梁（或板）浇成整体，见图3。

(3) 圈梁兼作过梁时，圈梁底附加2Φ14。

四、其他

1. 土建施工时，应先对照建施图中外墙线角及大样施工。

2. 图中未详尽事项，请严格按现行有关设计施工规范规程执行。

图1　构造柱与基础搭接

图2　卫生间楼面板

图3　过梁与结构梁连接

会签栏	
建　筑	
结　构	
电　气	
给排水	
暖　通	

建设单位	
项目名称	
子项名称	
图　名	
结构设计说明	
比　例：	
项目负责	
专业负责	
设　计	
校　对	
审　核	
审　定	
图　别	
图　号	结施01
总　数	
日　期	

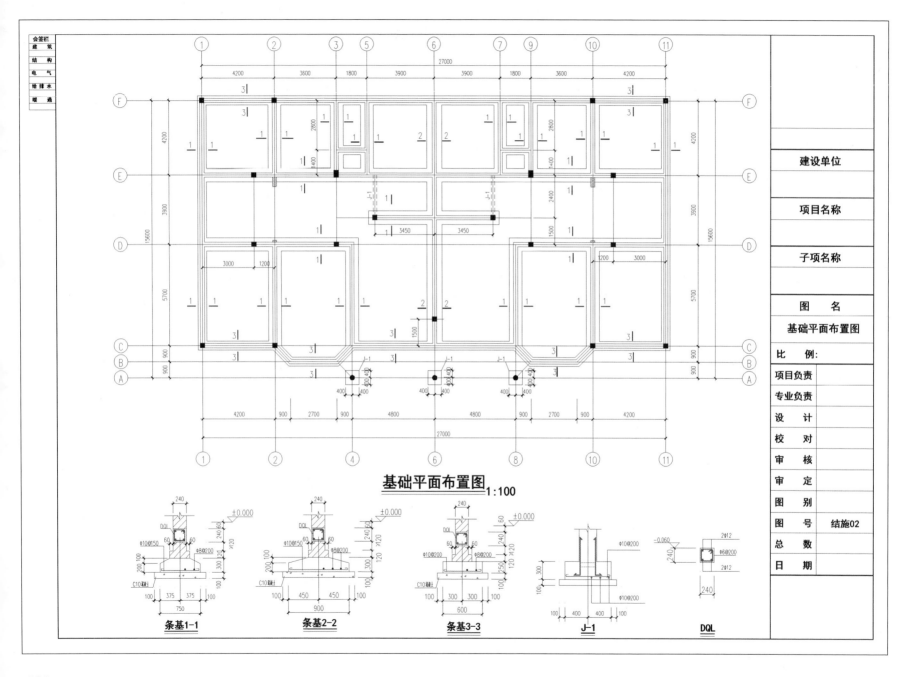

基础平面布置图 1:100

条基1-1 条基2-2 条基3-3 J-1 DQL

建设单位

项目名称

子项名称

图　名
基础平面布置图

比　例:

项目负责

专业负责

设　计

校　对

审　核

审　定

图　别

图　号　结施02

总　数

日　期

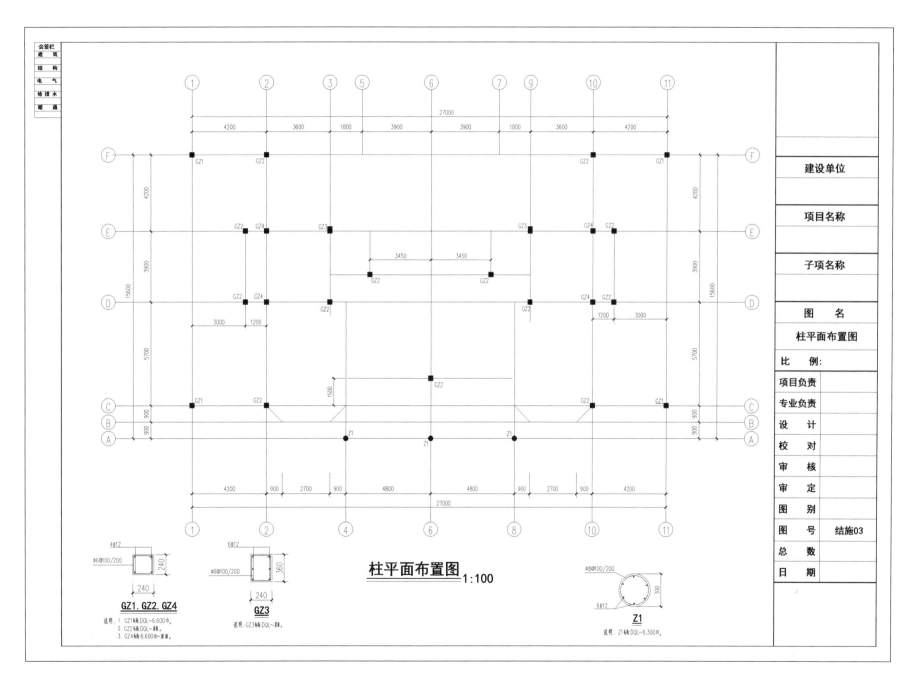

柱平面布置图 1:100

GZ1、GZ2、GZ4

4φ12
φ6@100/200
240
240
说明：1. GZ1栏DQL~6.600m。
2. GZ2栏DQL~顶面。
3. GZ4栏6.600m~屋面。

GZ3

6φ12
φ6@100/200
240
360
说明：GZ3栏DQL~顶面。

Z1

φ8@100/200
6φ12
300
说明：Z1栏DQL~6.300m。

会签栏	
建　筑	
结　构	
电　气	
给排水	
暖　通	

建设单位

项目名称

子项名称

图　名
柱平面布置图

比　例:

项目负责

专业负责

设　计

校　对

审　核

审　定

图　别

图　号　结施03

总　数

日　期

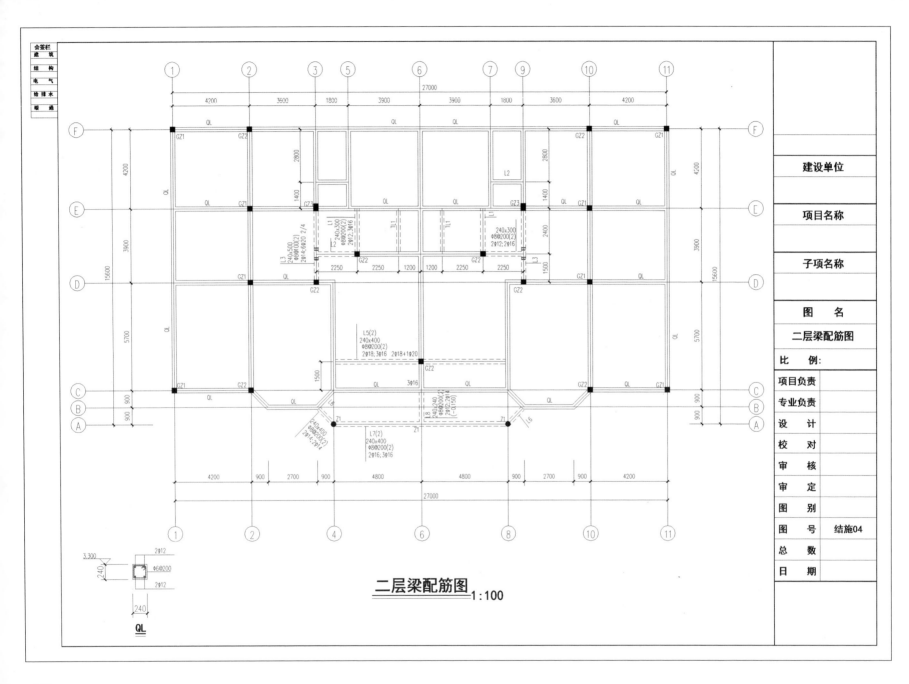

二层梁配筋图 1:100

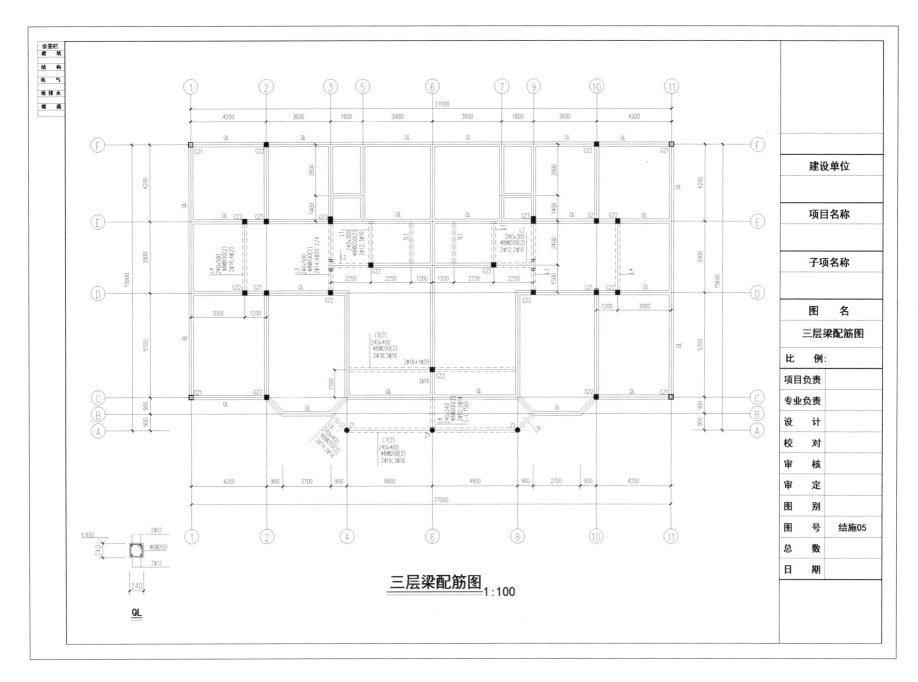

三层梁配筋图 1:100

QL

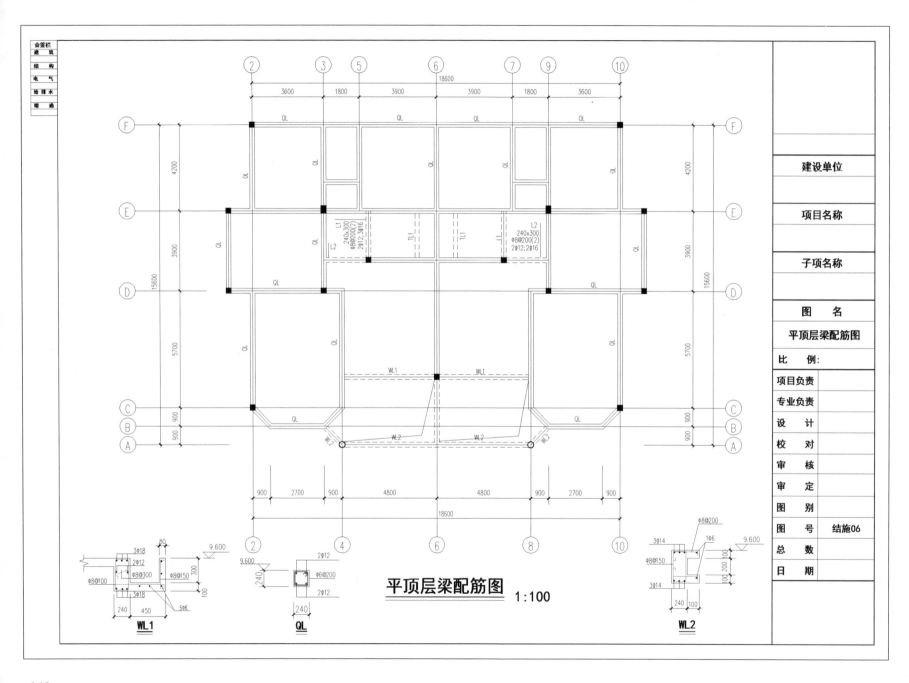

平顶层梁配筋图 1:100

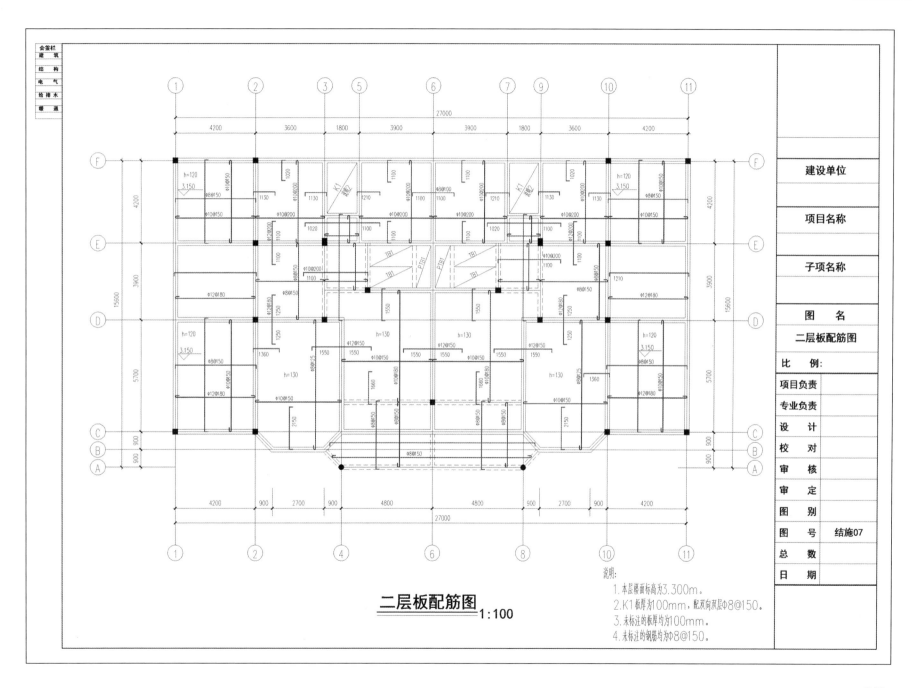

二层板配筋图 1:100

说明:
1. 本层楼面标高为3.300m。
2. K1板厚为100mm, 配双向双层Φ8@150。
3. 未标注的板厚均为100mm。
4. 未标注的钢筋均为Φ8@150。

会签栏
| 建　筑 |
| 结　构 |
| 电　气 |
| 给排水 |
| 暖　通 |

建设单位
项目名称
子项名称

图　名
二层板配筋图

比　例:	
项目负责	
专业负责	
设　计	
校　对	
审　核	
审　定	
图　别	
图　号	结施07
总　数	
日　期	

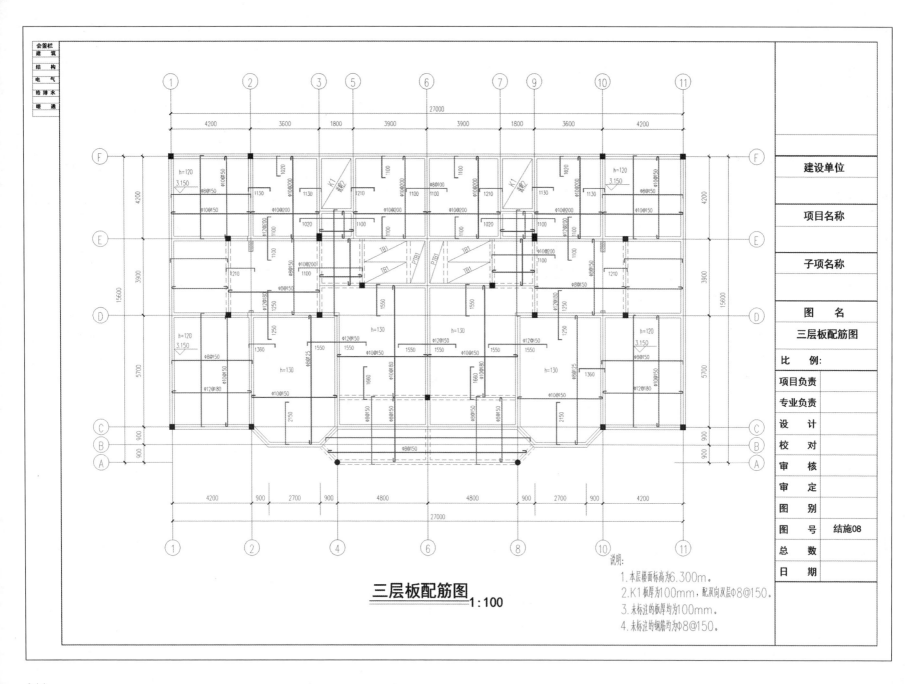

三层板配筋图 1:100

说明:
1. 本层楼面标高为6.300m。
2. K1板厚为100mm,配双向双层Φ8@150。
3. 未标注的板厚均为100mm。
4. 未标注的钢筋均为Φ8@150。

建设单位	
项目名称	
子项名称	
图 名	三层板配筋图
比 例:	
项目负责	
专业负责	
设 计	
校 对	
审 核	
审 定	
图 别	
图 号	结施08
总 数	
日 期	

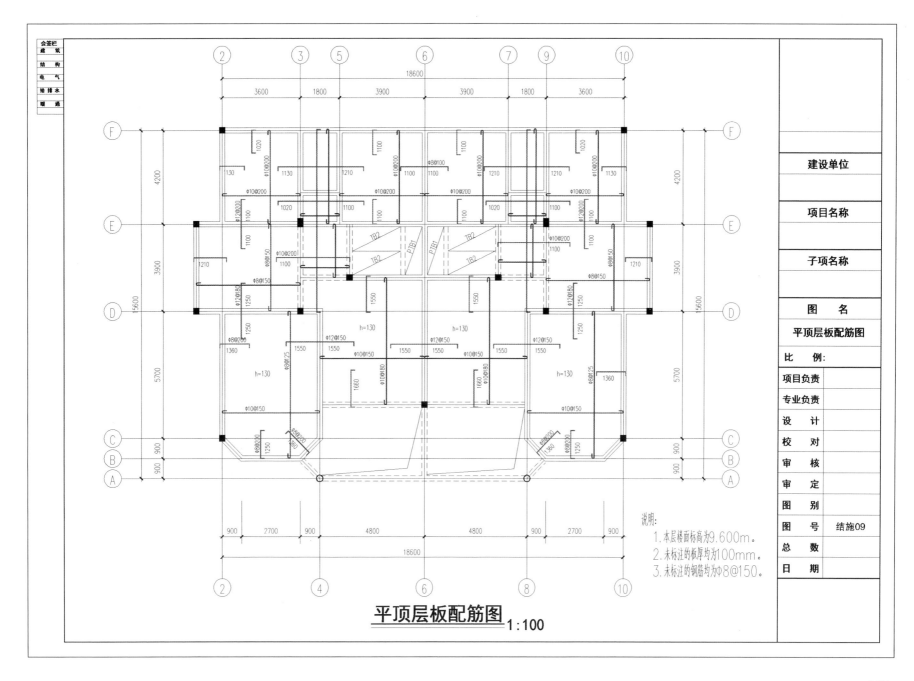

平顶层板配筋图 1:100

说明:
1. 本层楼面标高为9.600m。
2. 未标注的板厚均为100mm。
3. 未标注的钢筋均为Φ8@150。

会签栏
建　筑
结　构
电　气
给排水
暖　通

建设单位

项目名称

子项名称

图　名
平顶层板配筋图

比　例:

项目负责

专业负责

设　计

校　对

审　核

审　定

图　别

图　号　结施09

总　数

日　期

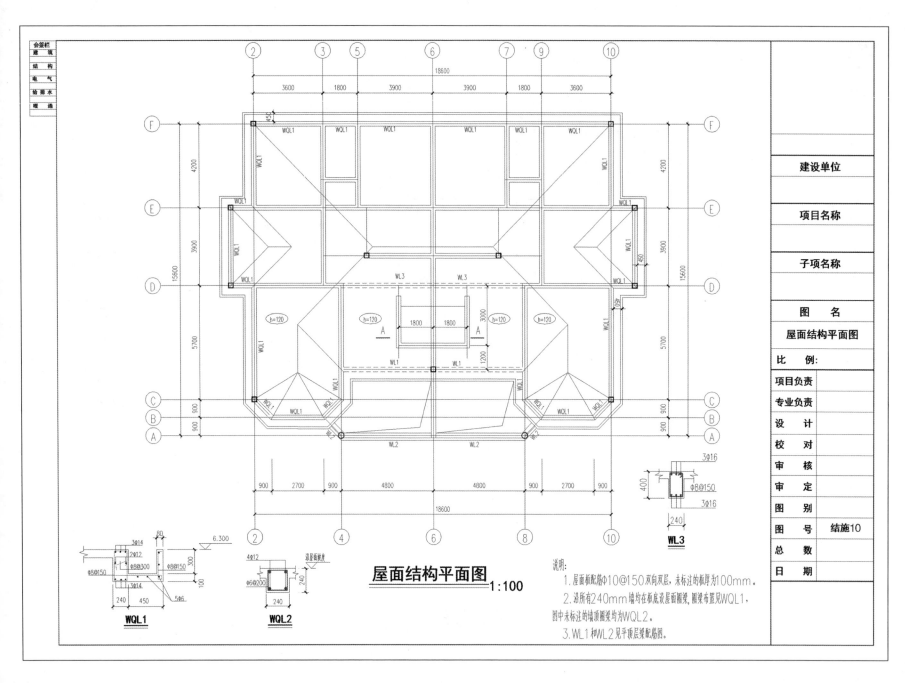

屋面结构平面图 1:100

WQL1

WQL2

WL3

说明:
1. 屋面板配筋Φ10@150双向双层, 未标注的板厚为100mm。
2. 沿所有240mm墙均在板底设屋面圈梁, 圈梁布置见WQL1, 图中未标注的墙顶圈梁均为WQL2。
3. WL1和WL2见平顶层梁配筋图。

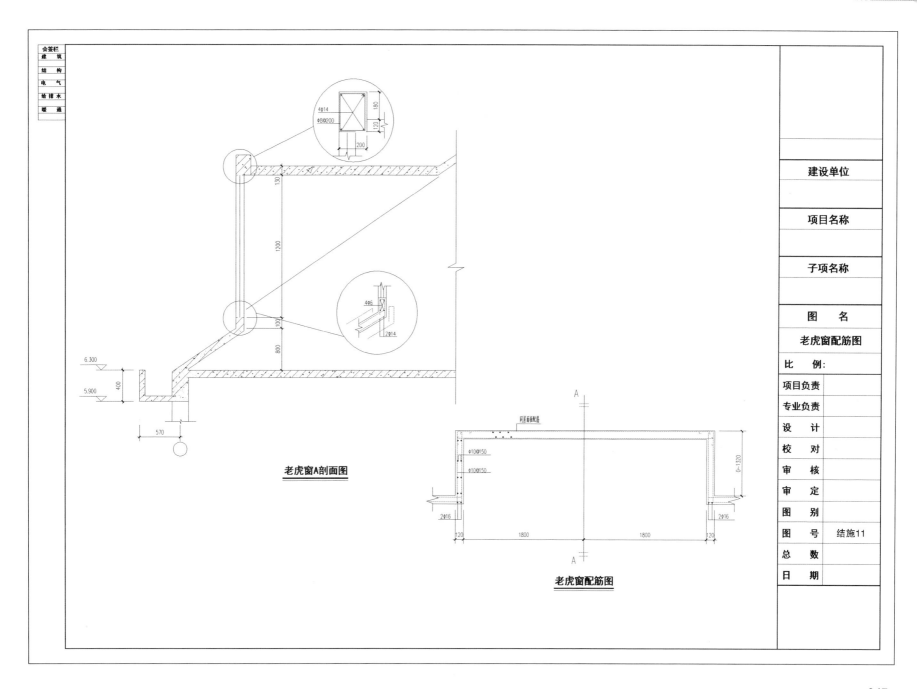

老虎窗A剖面图

老虎窗配筋图

会签栏
建 筑
结 构
电 气
给排水
暖 通

建设单位

项目名称

子项名称

图 名	
老虎窗配筋图	
比 例:	
项目负责	
专业负责	
设 计	
校 对	
审 核	
审 定	
图 别	
图 号	结施11
总 数	
日 期	

别墅设计经典案例集锦

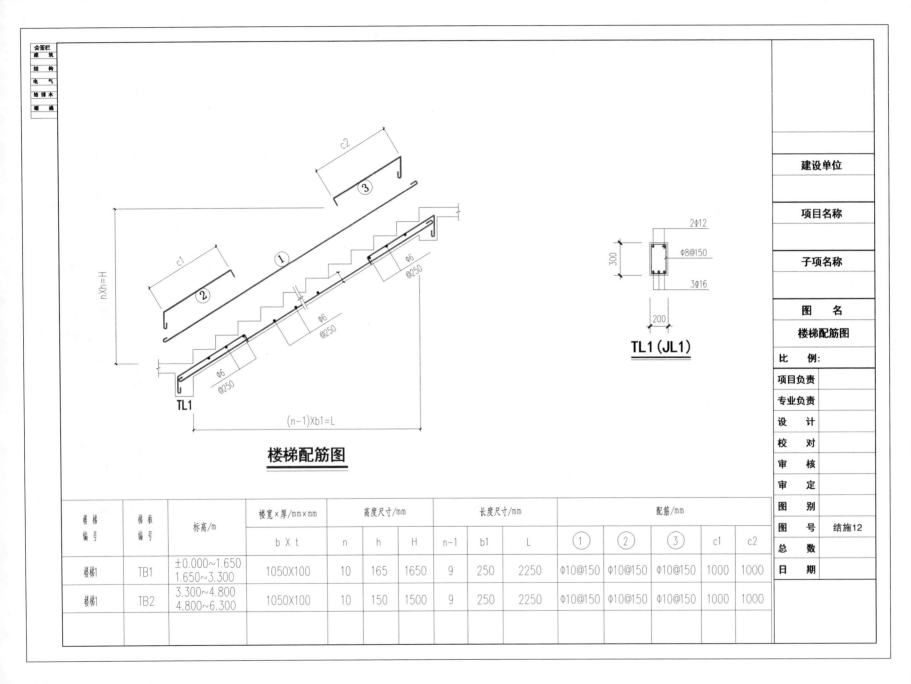

楼梯配筋图

TL1 (JL1)

会签栏
建　筑
结　构
电　气
给排水
暖　通

建设单位

项目名称

子项名称

图　　名
楼梯配筋图

比　　例:

项目负责
专业负责
设　计
校　对
审　核
审　定
图　别
图　号　结施12
总　数
日　期

楼梯编号	梯板编号	标高/m	楼宽×厚/mm×mm		高度尺寸/mm			长度尺寸/mm			配筋/mm				
			b X t		n	h	H	n-1	b1	L	①	②	③	c1	c2
楼梯1	TB1	±0.000~1.650 1.650~3.300	1050X100		10	165	1650	9	250	2250	Φ10@150	Φ10@150	Φ10@150	1000	1000
楼梯1	TB2	3.300~4.800 4.800~6.300	1050X100		10	150	1500	9	250	2250	Φ10@150	Φ10@150	Φ10@150	1000	1000

第 3 章 欧式别墅 1

三维模型图

渲染效果图

3.1 建筑施工图

建筑设计说明

一、工程设计的主要依据
1. 建设工程设计合同。
2. 用地红线图。
3. 国家及地方现行有关法规、规范、规定。

二、工程概况
1. 工程规模
(1) 建筑总高度：13.75m（共4层）。
(2) 总建筑面积：946.71m²。
(3) 建筑占地面积：295.1m²。
2. 本工程主体结构合理使用年限为50年。
3. 本工程建筑防火耐火等级为二级。
4. 本工程上部结构体系为框架结构，抗震设防烈度为7度。

三、墙体
1. 墙体材料及厚度。
(1) 外墙：190mm厚承重空心砖，强度等级MU10，M5混合砂浆砌筑。
(2) 内墙：190mm厚非承重空心砖，强度等级与砂浆标号同外墙。
2. 墙身防潮做法：在标高-0.060m处设置墙身防潮层。
3. 砌体与钢筋混凝土梁、柱结结，详见结构设计说明。
4. 门窗过梁：详见结构设计说明。
5. 外墙及顶层内墙砌体与钢筋混凝土梁、柱、墙交接处，均加钉钢丝网抹灰，每侧搭接宽度应不小于100mm。
6. 外墙与屋面交接处，均做200mm高C20素混凝土，宽度同墙。
7. 本工程窗台丘顶面做法为100mm厚C20素混凝土，内配2Φ10，箍筋Φ6@200。

四、墙面装修做法
1. 外墙装修做法：外墙装修选材与色彩详见立面图标注。
2. 内墙粉刷：所有内墙阳角均做2000mm高水泥砂浆护墙角，卫生间内墙2600mm高，用高级瓷砖贴面。

五、楼地面
1. 一层卫生间为防滑地砖地面，车库为细石混凝土地面，其余装饰地砖地面二次装修另定。
2. 楼层其余房间及走道楼梯地面二次装修另定。
3. 卫生间地面均向地漏找1%坡，露天平台地面均向地漏找0.5%坡以方便排水。
4. 卫生间防滑地砖下增设一道2mm厚聚合物水泥基防水涂料并和墙体防水涂料连成一体。

5. 卫生间及其他用水房间的地面及墙面防水做法。墙体基脚均用C20素混凝土现浇200mm高，宽度同墙厚。加做一道防水层：300mm高墙面做2mm厚彩色涂膜防水层。

六、屋面
1. 屋面防水等级为Ⅲ级，防水层耐用年限为10年，一道防水设防。平屋面或坡屋面与墙身交接面均须设泛水，泛水离结构板面600mm高。
2. 露台做法。
(1) 8mm厚150mm×150mm红色铺地砖面，1:1水泥砂浆嵌缝。
(2) 2~3mm厚高分子黏结层。
(3) 20mm厚1:3水泥砂浆找平层。
(4) 保温层用挤塑聚苯乙烯泡沫板，厚35mm。
(5) 20mm厚1:3水泥砂浆保护层。
(6) 2mm厚聚合物水泥基防水涂料。
(7) 钢筋混凝土现浇屋面板。
3. 找平层。
卷材防水屋面的找平层排水坡度详见建施图；天沟、檐沟的纵向坡不小于1%，沟底水落差不得超过200mm；找平层设分隔缝。水泥砂浆找平层纵横缝间距不超过6m，基层与突出屋面结构的交接处以及基层的转角处。
4. 防水层的裸露部位应加设相应的保护层。屋面水落口周围直径500mm范围内的坡度应不小于5%，均应做成圆锥形，圆锥半径为50mm，内部排水的水落口周围，找平层应做成略低的回坑。

七、门窗
1. 门窗型材为白塑钢框，无色透明玻璃。
2. 本工程外窗气密性等级为3级。
3. 外门窗应由具有行业专业资质的单位承担设计和施工，门窗的尺寸、材质等，应根据工程项目的使用要求及国家规范进行设计确定，具体参数见门窗表。

八、其他
1. 楼地板、屋面板铺设找平层前，应对立管、套管、地漏与楼板接缝之间严格按施工规程进行密封处理。
2. 雨水管采用Φ100PVC钙管。
3. 本工程其他设备专业预埋件、预留孔洞位置及尺寸，详见各专业有关图纸。
4. 本工程所采用的建筑制品及建筑材料应有国家或地方有关部门颁发的生产许可证及质量检验证明，材料的品种、规格、性能等应符合国家或行业相关质量标准。装修材料的材质、质感、色彩等应与设计人员协商决定。

会签栏
建 筑
结 构
电 气
给 排 水
暖 通

建设单位

项目名称

子项名称

图	名
建筑设计说明	

比　　例：
项目负责
专业负责
设　　计
校　　对
审　　核
审　　定
图　　别
图　　号　建施01
总　　数
日　　期

门窗表

名称	洞口尺寸/mm×mm 宽 X 高	数量/个 架空层	1层	2层	3层	阁楼层	备注
M2427	2400x2700		1	1	2		阳台双扇双开平开门
M2042	2000x4200		1				入户豪华双开平开门
M2021	2000x2100	1					架空层双开平开门
M1021	1000x2100	1	3	3	3		硬木装饰平开门
M0921	900x2100		3	3	3		硬木装饰平开门
M0721	700x2100	1	3	3	4		硬木装饰平开门
M3323	3300x2300	1					电动车库卷帘门
C2421	2400x2100		1	1			推拉窗
C2121	2100x2100		5	5	5		推拉窗
C2115	2100x1500	1					推拉窗
C1521	1500x2100		1	1	1		推拉窗
C1515	1500x1500	1			1	2	推拉窗
C1214	1200x1400		2	2	2		推拉窗
C1207	1200x700	2					推拉窗
C1014	1000x1400		1	1			推拉窗
C1007	1000x700	1					推拉窗
C0914	900x1400	1	1	1	1	1	推拉窗
老虎窗	异形					3	详见建施15
弧形玻璃幕墙	固定幕墙						1层和2层均有,立面分隔详建筑施工图

会签栏
建　筑
结　构
电　气
给排水
暖　通

建设单位

项目名称

子项名称

图　名
门窗表

比　例:

项目负责
专业负责
设　计
校　对
审　核
审　定
图　别
图　号　建施02
总　数
日　期

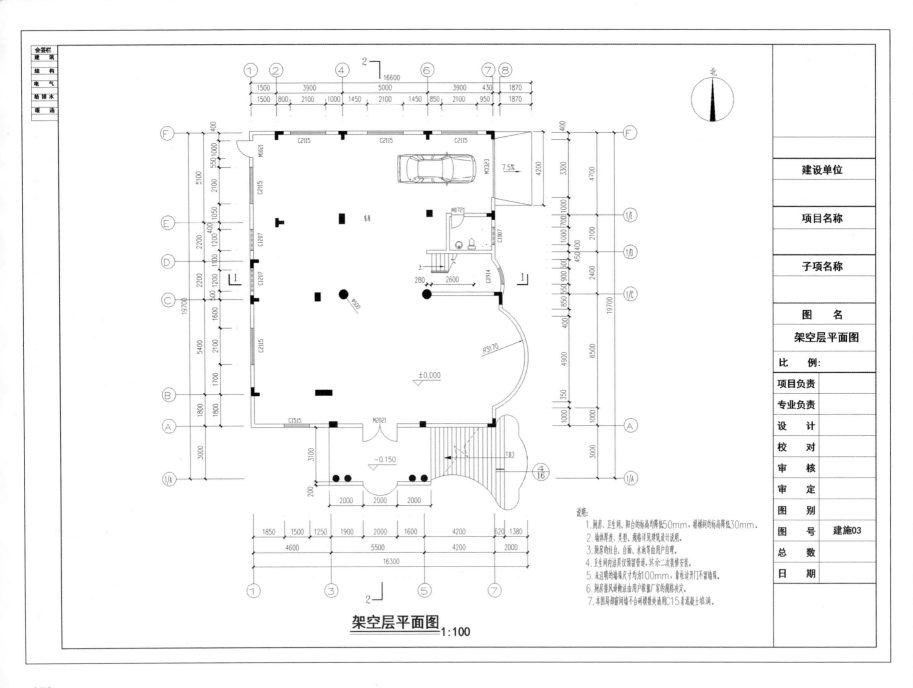

架空层平面图 1:100

说明：
1. 厨房、卫生间、阳台的标高均降低50mm，楼梯间的标高降低30mm。
2. 墙体厚度、类型、规格详见建筑设计说明。
3. 厨房的灶台、台面、水池等由用户自理。
4. 卫生间内洁具仅预留管道，其余二次装修安装。
5. 未注明的墙垛尺寸均为100mm，靠柱边开门不留墙垛。
6. 厨房排风道做法由用户根据厂家的规格决定。
7. 本图局部窗间墙不合砖模数处油用C15素混凝土填满。

会签栏	
建 筑	
结 构	
电 气	
给排水	
暖 通	

建设单位	
项目名称	
子项名称	
图 名	架空层平面图
比 例：	
项目负责	
专业负责	
设 计	
校 对	
审 核	
审 定	
图 别	
图 号	建施03
总 数	
日 期	

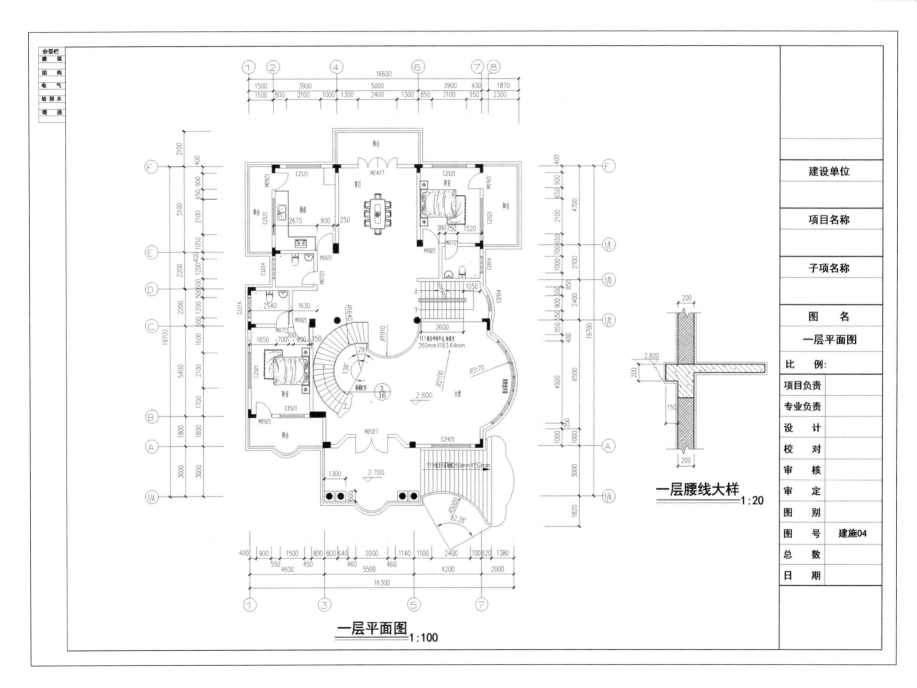

一层平面图 1:100

一层腰线大样 1:20

会签栏	
建 筑	
结 构	
电 气	
给 排 水	
暖 通	

建设单位	
项目名称	
子项名称	

图 名	
一层平面图	
比 例:	
项目负责	
专业负责	
设 计	
校 对	
审 核	
审 定	
图 别	
图 号	建施04
总 数	
日 期	

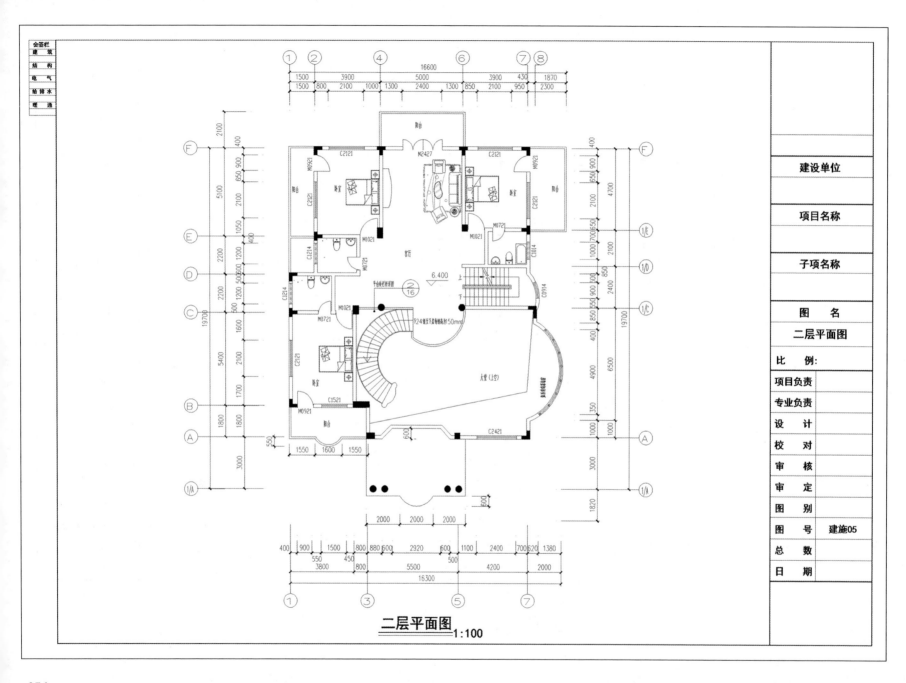

二层平面图 1:100

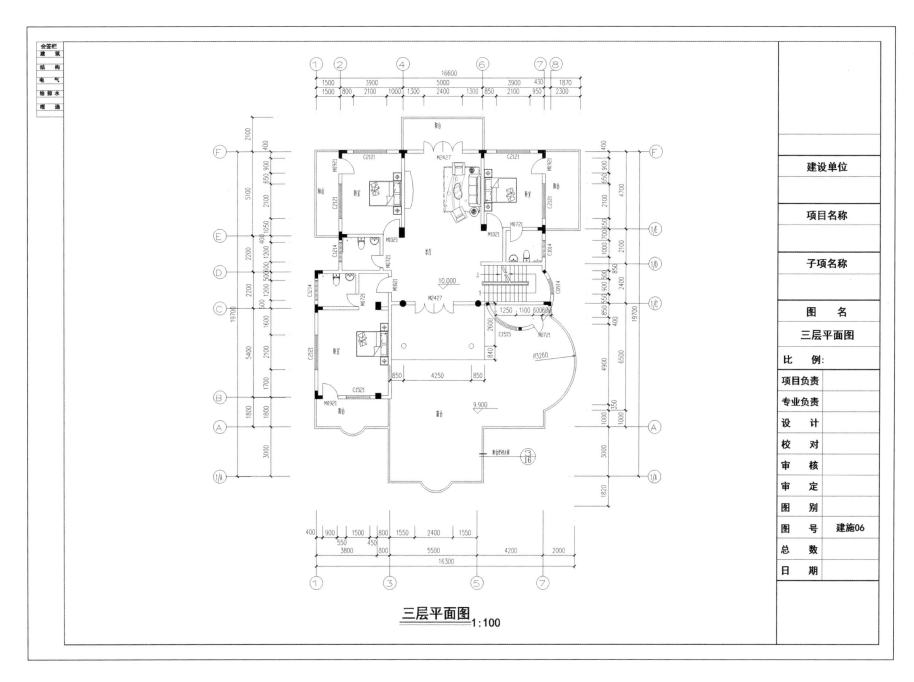

三层平面图 1:100

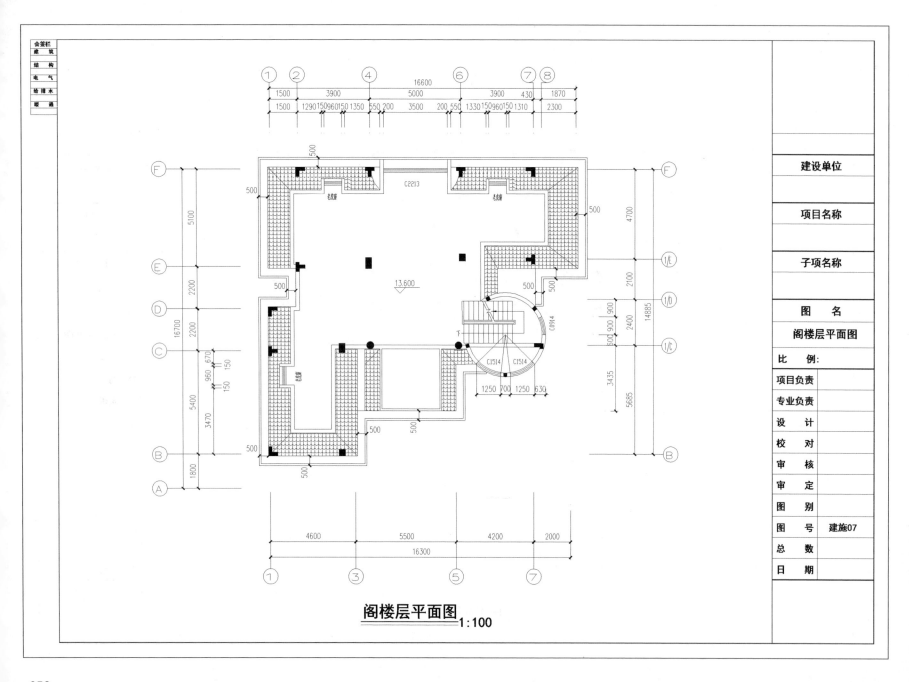

阁楼层平面图 1:100

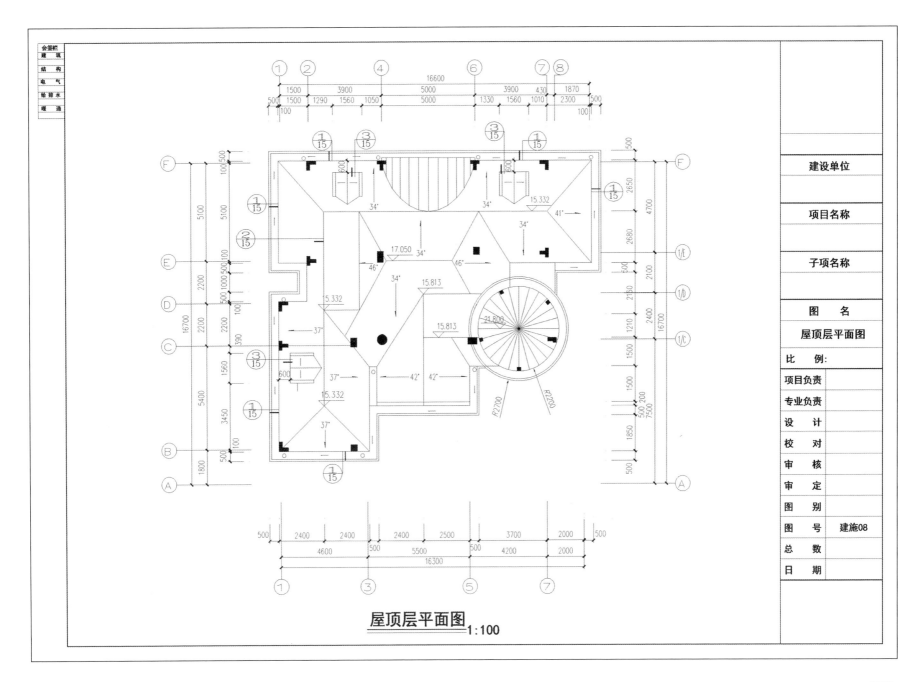

屋顶层平面图 1:100

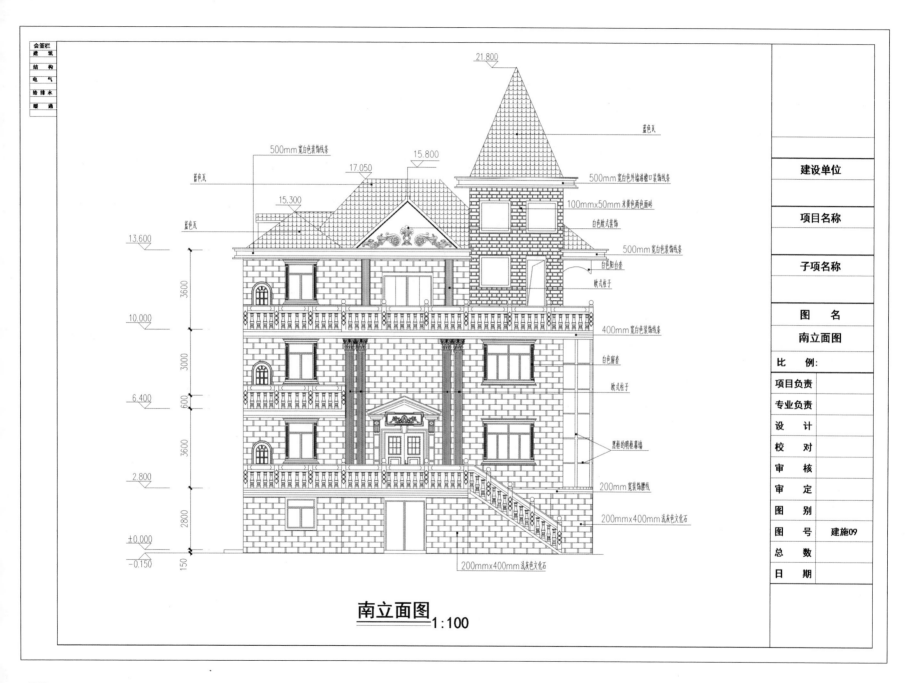

南立面图 1:100

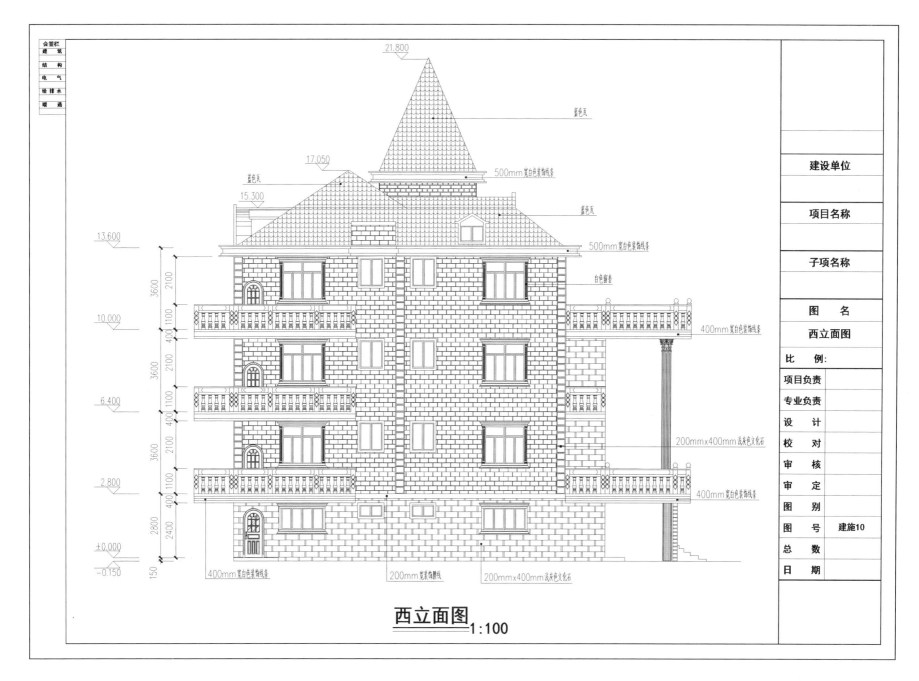

21.800

蓝色瓦

17.050

蓝色瓦

500mm宽白色装饰线条

15.300

蓝色瓦

500mm宽白色装饰线条

13.600

白色窗套

10.000

400mm宽白色装饰线条

6.400

200mmx400mm洗灰色文化石

2.800

400mm宽白色装饰线条

±0.000
-0.150

400mm宽白色装饰线条　　200mm宽装饰腰线　　200mmx400mm洗灰色文化石

3600　2100
400　1100
3600　2100
400　1100
3600　2100
400　1100
2800　2400
150

西立面图 1:100

会签栏	
建　筑	
结　构	
电　气	
给排水	
暖　通	

建设单位	
项目名称	
子项名称	
图　名	
西立面图	
比　例:	
项目负责	
专业负责	
设　计	
校　对	
审　核	
审　定	
图　别	
图　号	建施10
总　数	
日　期	

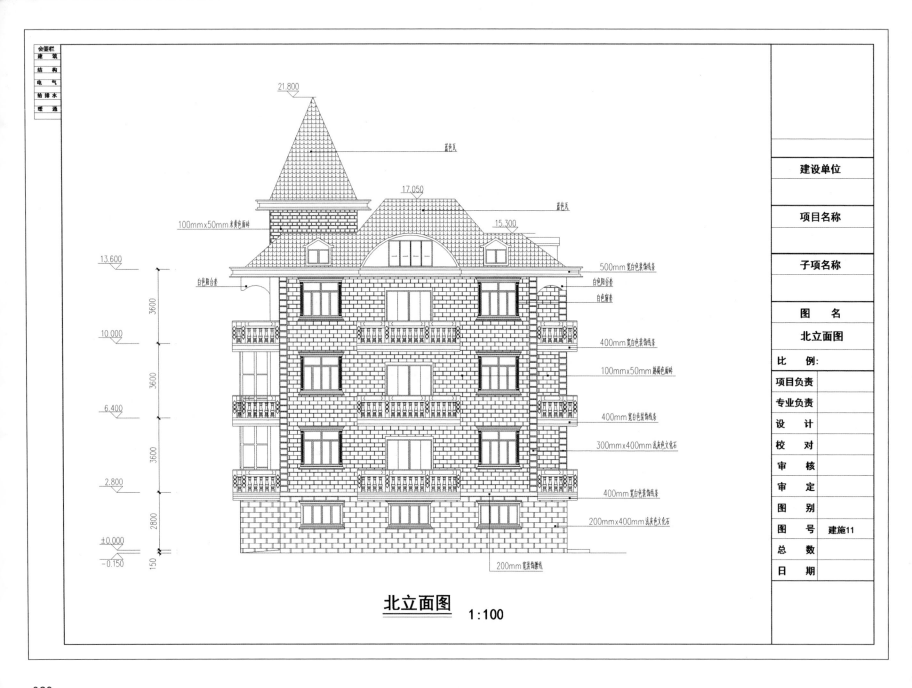

北立面图 1:100

21.800
蓝色瓦

17.050

蓝色瓦

15.300

100mm×50mm米黄色面砖

13.600

白色阳台套

500mm宽白色装饰线条

白色阳台套
白色窗套

3600

10.000

400mm宽白色装饰线条

100mm×50mm浅褐色面砖

3600

6.400

400mm宽白色装饰线条

300mm×400mm浅灰色文化石

3600

2.800

400mm宽白色装饰线条

200mm×400mm浅灰色文化石

2800

±0.000

200mm宽装饰磨线

-0.150
150

会签栏	
建　筑	
结　构	
电　气	
给 排 水	
暖　通	

建设单位	
项目名称	
子项名称	
图　　名	
北立面图	
比　　例：	
项目负责	
专业负责	
设　　计	
校　　对	
审　　核	
审　　定	
图　　别	
图　　号	建施11
总　　数	
日　　期	

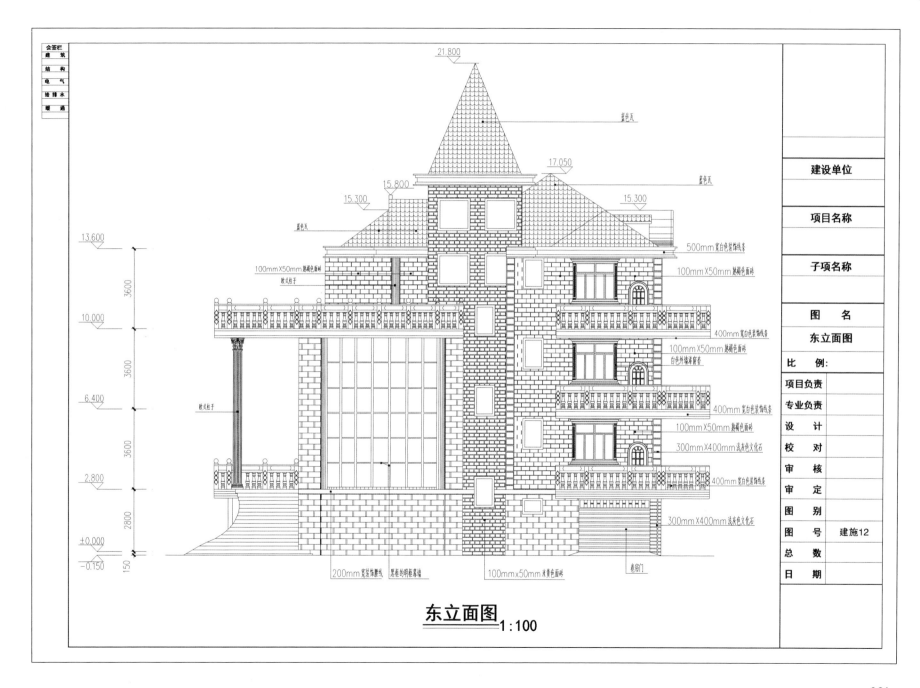

东立面图
1:100

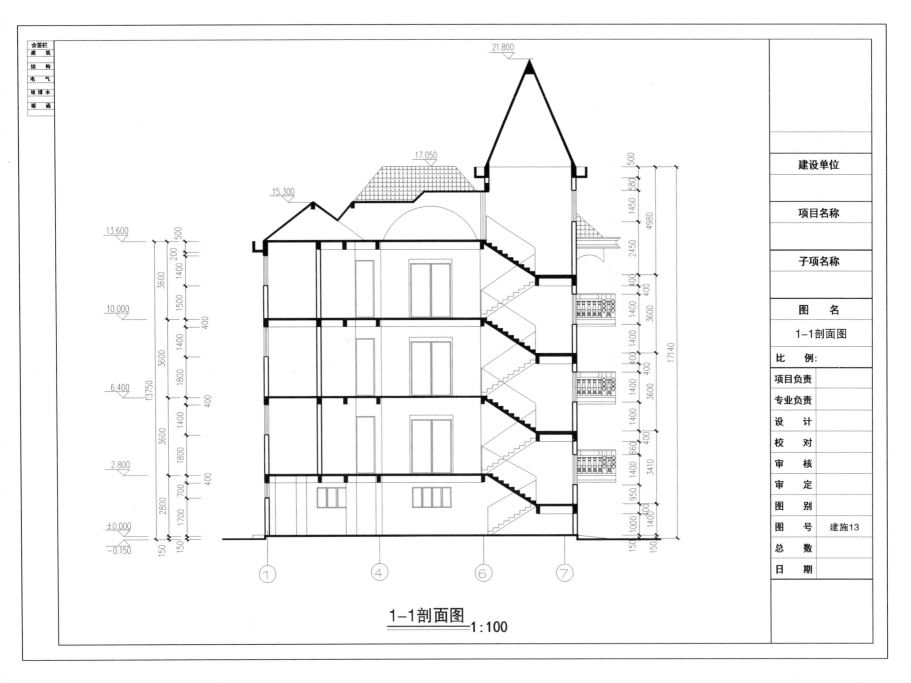

1-1剖面图
1:100

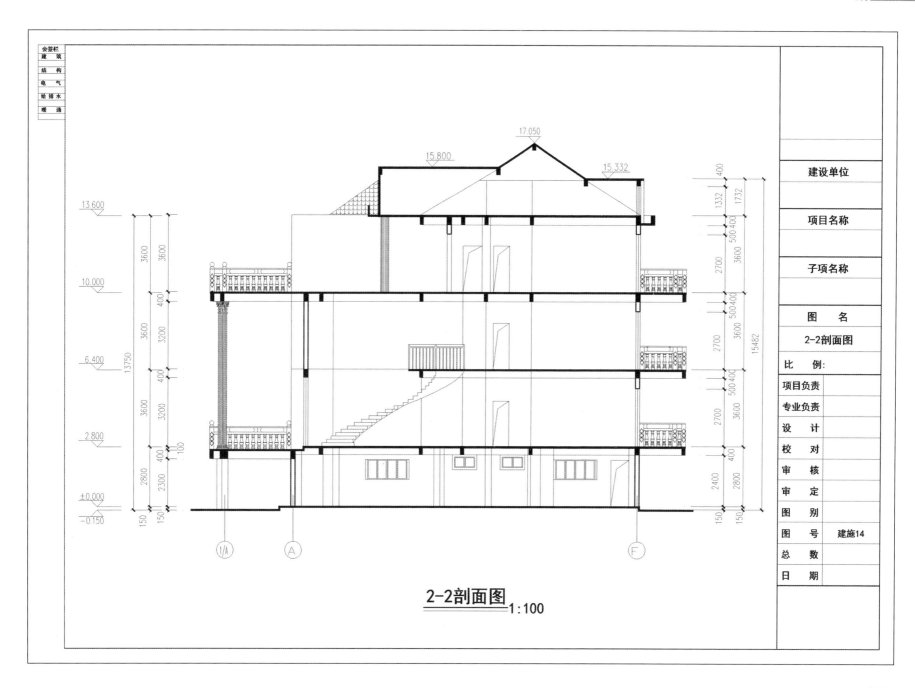

2-2剖面图 1:100

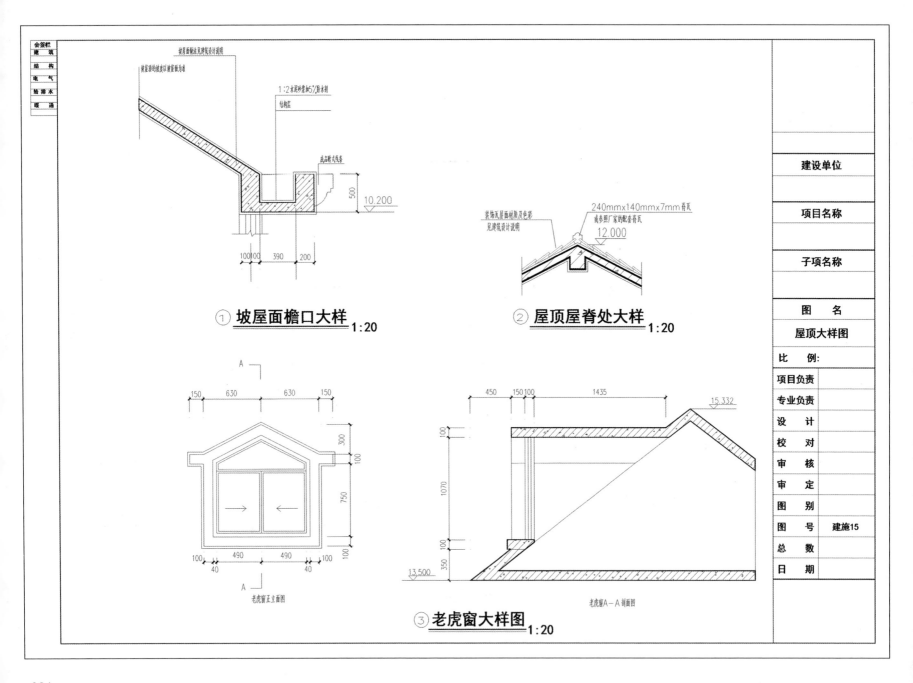

① 坡屋面檐口大样 1:20

② 屋顶屋脊处大样 1:20

③ 老虎窗大样图 1:20

老虎窗正立面图

老虎窗A—A剖面图

会签栏	
建 筑	
结 构	
电 气	
给排水	
暖 通	

建设单位	
项目名称	
子项名称	
图 名	屋顶大样图
比 例：	
项目负责	
专业负责	
设 计	
校 对	
审 核	
审 定	
图 别	
图 号	建施15
总 数	
日 期	

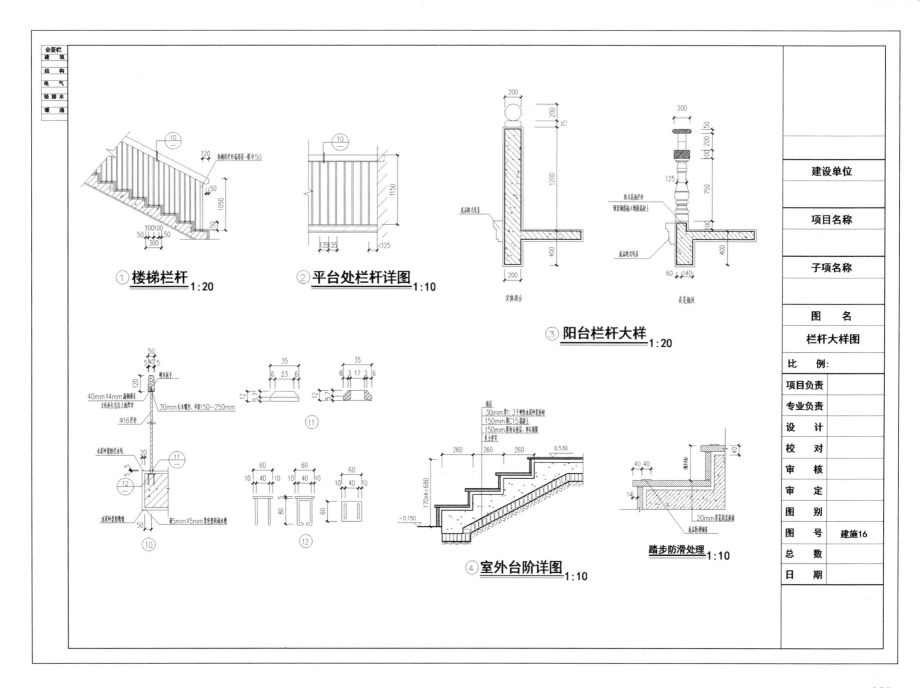

① 楼梯栏杆 1:20

② 平台处栏杆详图 1:10

③ 阳台栏杆大样 1:20

④ 室外台阶详图 1:10

踏步防滑处理 1:10

建设单位	
项目名称	
子项名称	
图　名	栏杆大样图
比　例	
项目负责	
专业负责	
设　计	
校　对	
审　核	
审　定	
图　别	
图　号	建施16
总　数	
日　期	

3.2 结构施工图

结构设计说明（一）

一、标准

采用本制图规则时，除按本图有关规定外，还应符合国家现行有关规范、规程和标准。

二、材料选用及要求

1. 混凝土。

（1）承重结构混凝土（各楼层梁、板、柱）强度等级均见各楼层平面图。

（2）所有屋面、局部露天部分及其上面的水箱采用密实性混凝土，其强度等级为C25，其中水箱的设计抗渗等级为S6。

（3）构造柱、压顶梁、过梁、栏板等，除结构施工图中特别注明者外均采用C20。

（4）基础采用C25钢筋混凝土，基础垫层：100mm厚的C10素混凝土垫层。

（5）梁柱（含剪力墙暗柱与连梁、转换层大梁）等节点钢筋过密的部位，须采用同强度等级的细石混凝土振捣密实。

2. 钢材。

（1）Φ表示HPB235钢筋；Φ表示HRB335钢筋；Φ表示HRB400钢筋；抗震等级为一级或二级的框架结构，其纵向受力钢筋采用普通钢筋时，钢筋的抗拉强度实测值与屈服强度实测值的比值不应小于1.25，且钢筋的屈服强度实测值与强度标准值的比值不应大于1.3。钢筋混凝土结构及预应力混凝土结构所用的钢筋、钢丝、钢绞线应符合《混凝土结构工程施工质量验收规范》（GB 50204 — 2015）及国家有关规范。

（2）当采用进口热轧变形钢筋时，应符合我国有关规范。

（3）受力预埋件的锚筋应采用HPB235、HRB335或HRB400，严禁采用冷加工钢筋。吊环应采用HPB235钢筋制作，严禁使用冷加工钢筋。吊环埋入混凝土的深度不应小于30d，并应焊接或绑扎在钢筋骨架上。

（4）施工中任何钢筋的替换，均应经设计单位同意后方可替换。

（5）严禁采用改制钢材。

（6）纵向受压钢筋当采用搭接连接时，其受压搭接长度不应小于纵向受拉钢筋搭接长度的0.70倍，且在任何情况下不应小于200mm。

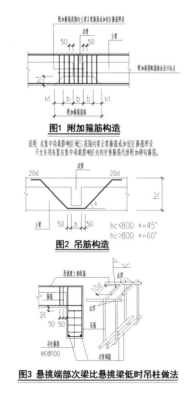

图1 附加箍筋构造

说明：在集中荷载影响区域S范围内的梁正常箍筋或加密区箍筋照设，不允许布置在集中荷载影响区内的受弯箍筋代替附加横向箍筋。

图2 吊筋构造

hc≤800 α=45°
hc>800 α=60°

图3 悬挑端部次梁比悬挑梁低时吊柱做法

Φ6@100

会签栏
建筑
结构
电气
给排水
暖通

建设单位

项目名称

子项名称

图 名　结构设计说明（一）

比 例：
项目负责
专业负责
设 计
校 对
审 核
审 定
图 别
图 号　结施01
总 数
日 期

结构设计说明 (二)

（7）轴心受拉及小偏心受拉杆件的纵向受力钢筋不得采用绑扎搭接接头。当受拉钢筋的直径 d>28mm 及受压钢筋的直径 d>32mm 时，不应采用绑扎搭接接头。

（8）同一构件中相邻纵向受力钢筋的绑扎搭接接头宜相互错开，钢筋绑扎搭接接头连接区段的长度为 1.3 倍搭接长度。

（9）在纵向受力钢筋搭接接头范围内应配置箍筋，其直径不应小于搭接钢筋较大直径的 0.25 倍。当钢筋受拉时，箍筋间距不应大于搭接钢筋较小直径的 5 倍，且不应大于 100mm；当钢筋受压时，箍筋间距不应大于搭接钢筋较小直径的 10 倍，且不应大于 200mm，当受压钢筋直径 d>25mm 时，尚应在搭接接头两个端面外 100mm 范围内各设置两个箍筋。

（10）板中分布钢筋的保护层厚度不应小于表中相应数值减 10mm，且不应小于 10mm；梁、柱和构造钢筋的保护层厚度不应小于 15mm。

（11）钢板和型钢采用 Q235 等级 B（C、D）的碳素结构钢，Q345 等级 B（C、D、E）的低合金高强度结构钢。

三、其他

1. 本工程图中所有的 Φ6 筋现场可采用 Φ6.5 筋代替施工。

2. 凡板短跨 Ln>3.4m 时，板四角板面负筋加长、加密，加长、加密范围为 Ln/4。当板厚>120mm 时边凸出梁迹>300mm 时，柱边板角均加设板面附加钢筋。

3. 板上小于 300mm×300mm 的孔洞本施工图均未标注，施工时应配合有关图纸预留。

4. 屋面及楼层露天部分板面钢筋若未拉通，则板面另加 Φ6@250 方格板钢筋网，并与四周支座负筋搭接 250mm。

5. 有关附加箍筋、梁上吊箍（筋）、悬挑端部次梁比悬挑梁低时吊柱做法、梁侧向纵向构造筋及拉筋、次梁底比主梁底低时吊柱做法、穿梁管洞洞边加强做法，参见图 1~图 6。

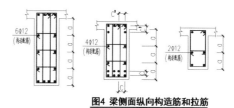

图4 梁侧面纵向构造筋和拉筋

说明：
1. 当梁平法施工图中未注明侧面筋且梁的腹板高度 hw≥450 时，常按图4 构造配筋（对T 形梁 hw = 梁高－板厚；对矩形截面 hw = 有效高度）。
2. 拉筋直径同箍筋，其间距为框架梁非加密区或非框架梁所在的箍筋间距的两倍。
3. 梁纵筋净距：上纵筋 C'>30 且>1.5d'（d'为上纵筋最大直径），下纵筋 C>25 且>d（d为下纵筋最大直径）。

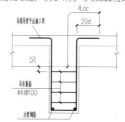

图5 次梁底比主梁底低时吊柱做法

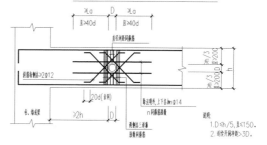

图6 穿梁管洞洞边加强做法

说明：
1. D<h/5，且<150.
2. 连续开洞净距>3D.

建设单位	
项目名称	
子项名称	
图　名	结构设计说明（二）
比　例：	
项目负责	
专业负责	
设　计	
校　对	
审　核	
审　定	
图　别	
图　号	结施02
总　数	
日　期	

会签栏
建筑
结构
电气
给排水
暖通

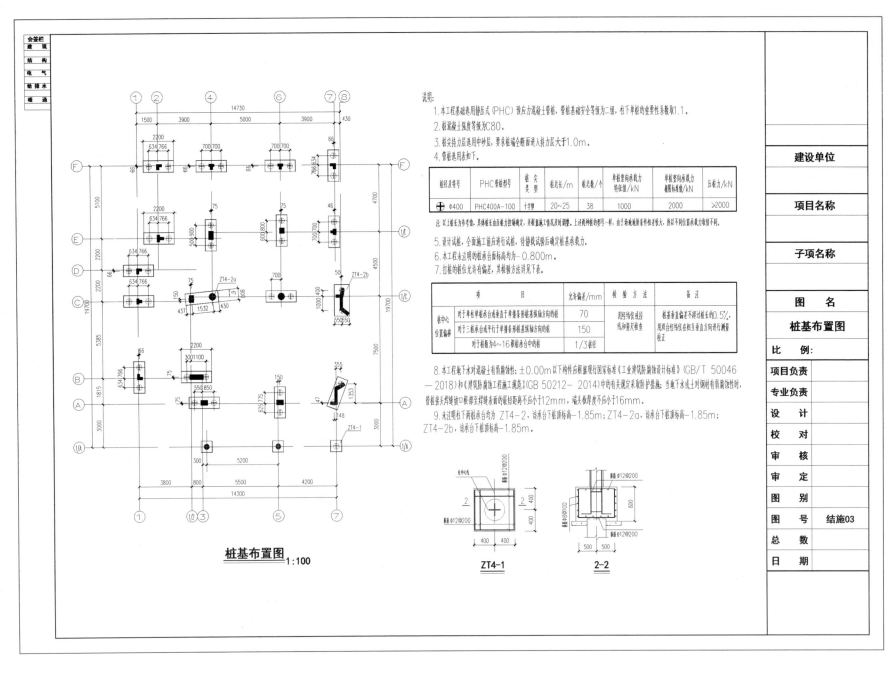

桩基布置图 1:100

ZT4-1

2-2

说明:
1. 本工程基础选用静压式(PHC)预应力混凝土管桩,管桩基础安全等级为二级,柱下单桩的重要性系数取1.1。
2. 桩混凝土强度等级为C80。
3. 桩尖持力层选用中砂层,要求桩端全断面进入持力层大于1.0m。
4. 管桩选用表如下。

桩径及符号	PHC管桩型号	桩尖类型	桩总长/m	桩总数/个	单桩竖向承载力特征值/kN	单桩竖向承载力极限标准值/kN	压桩力/kN
Φ400	PHC400A-100	十字型	20~25	38	1000	2000	>2000

注:以上桩长为参考值,具体桩长由压桩力控制确定,并根据施工情况及时调整。上述两种型号的桩型号一样,由于场地地质条件相差较大,所以不同位置承载力取值不同。

5. 设计试桩,全面施工前应进行试桩,待静载试验后确定桩基承载力。
6. 本工程未注明的桩承台面标高均为-0.800m。
7. 打桩的桩位允许有偏差,其检验方法详见下表。

项 目	允许偏差/mm	桩 墩 方 法	备 注
桩中心位置偏差 对于单桩单桩承台或垂直于单排条形桩基纵轴方向的桩	70	用经纬仪或拉线和望远镜检查	桩基垂直偏差不超过桩长的0.5%,即用两台经纬仪在相互垂直方向进行测量校正
对于三桩承台或平行于单排条形桩基纵轴方向的桩	150		
对于桩数为4~16根桩承台中的桩	1/3桩径		

8. 本工程地下水对混凝土有弱腐蚀性;±0.00m以下构件应根据现行国家标准《工业建筑防腐蚀设计标准》(GB/T 50046－2018)和《建筑防腐蚀工程施工规范》(GB 50212－2014)中的有关规定采取防护措施;当地下水或土对钢材有弱腐蚀性时,管桩接头焊缝坡口根部至焊缝表面的最短距离高不应小于12mm,端头厚度不应小于16mm。

9. 未注明桩下两桩承台均为 ZT4-2,该承台下桩顶标高-1.85m;ZT4-2a,该承台下桩顶标高-1.85m;ZT4-2b,该承台下桩顶标高-1.85m。

建设单位

项目名称

子项名称

图 名

桩基布置图

比 例:

项目负责

专业负责

设 计

校 对

审 核

审 定

图 别

图 号 结施03

总 数

日 期

会签栏
建 筑
结 构
电 气
给 排 水
暖 通

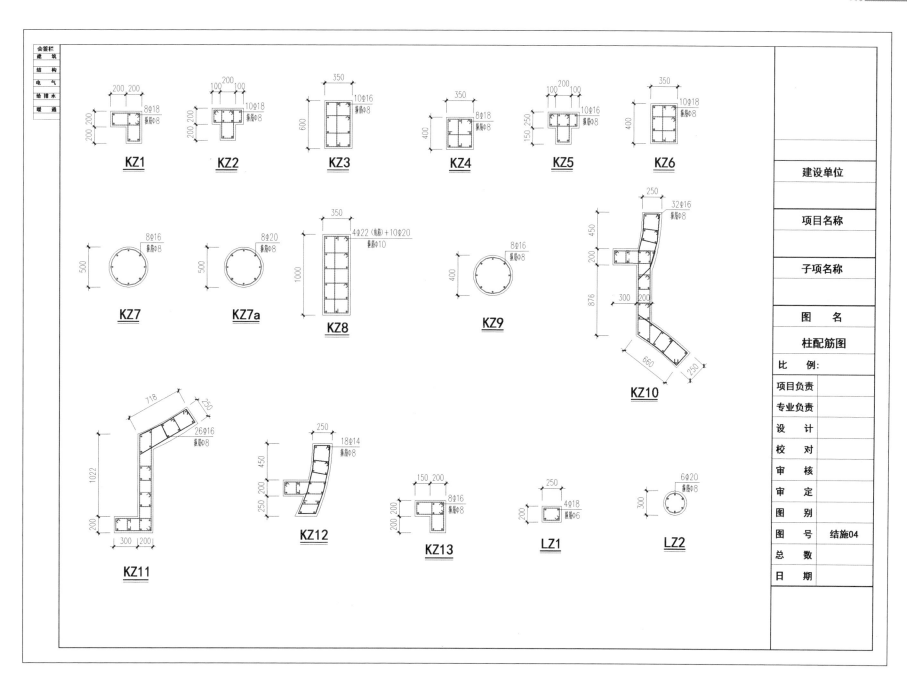

柱配筋图

建设单位	
项目名称	
子项名称	
图　名	
柱配筋图	
比　例:	
项目负责	
专业负责	
设　计	
校　对	
审　核	
审　定	
图　别	
图　号	结施04
总　数	
日　期	

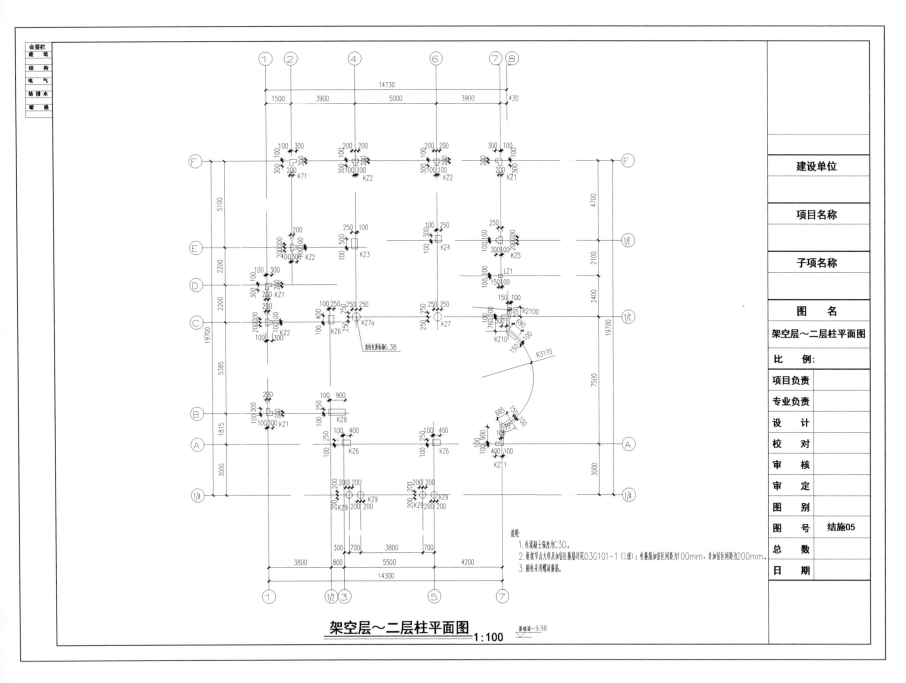

架空层～二层柱平面图 1:100

基础面~9.98

说明:
1. 柱混凝土强度为C30。
2. 框架节点大样及加密区做法详见03G101-1(三维);柱箍筋加密区间距为100mm,非加密区间距为200mm。
3. 圆柱采用螺旋箍筋。

会签栏
建 筑
结 构
电 气
给 排 水
暖 通

建设单位

项目名称

子项名称

图 名
架空层～二层柱平面图

比 例:

项目负责

专业负责

设 计

校 对

审 核

审 定

图 别

图 号 结施05

总 数

日 期

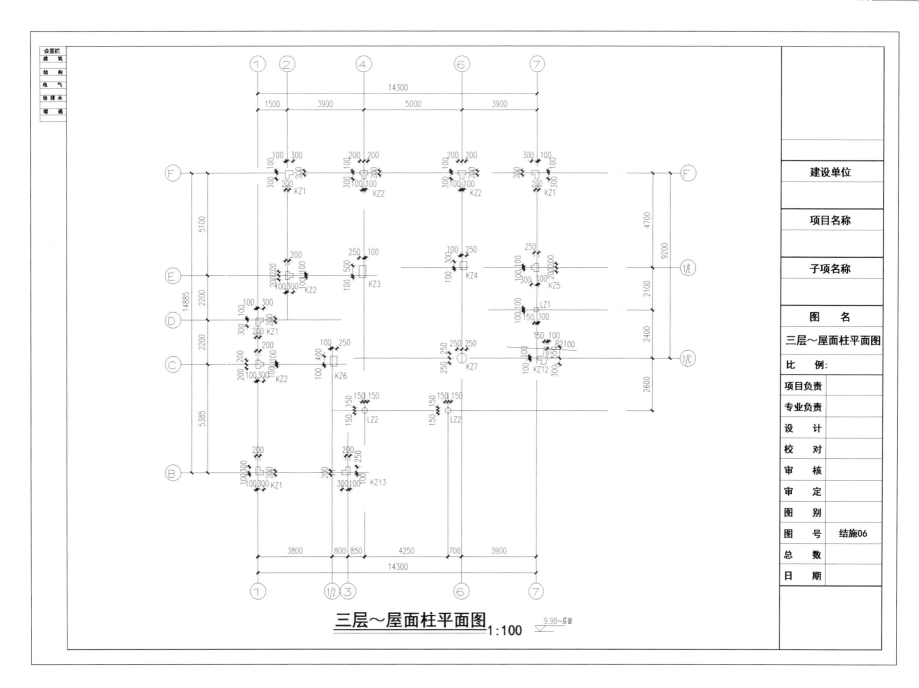

三层～屋面柱平面图 1:100

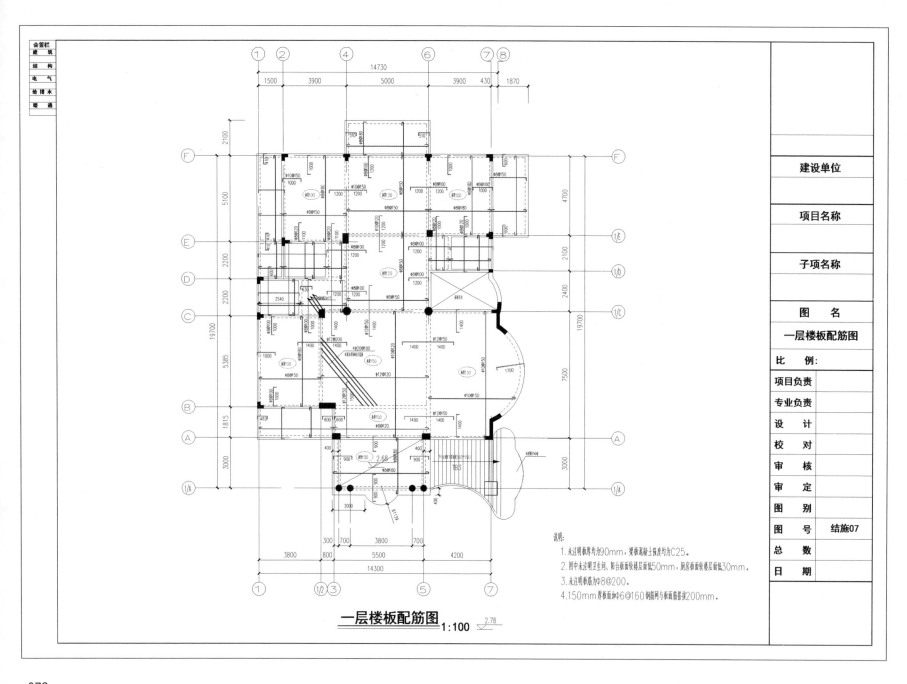

一层楼板配筋图 1:100

说明:
1. 未注明板厚均为90mm, 梁板混凝土强度均为C25。
2. 图中未注明卫生间、阳台板面较楼层面低50mm, 厨房板面较楼层面低30mm。
3. 未注明板筋为Φ8@200。
4. 150mm厚板面加Φ6@160钢筋网与板面筋搭接200mm。

建设单位	
项目名称	
子项名称	
图　　名	
	一层楼板配筋图
比　　例:	
项目负责	
专业负责	
设　　计	
校　　对	
审　　核	
审　　定	
图　　别	
图　　号	结施07
总　　数	
日　　期	

会签栏
建　筑
结　构
电　气
给排水
暖　通

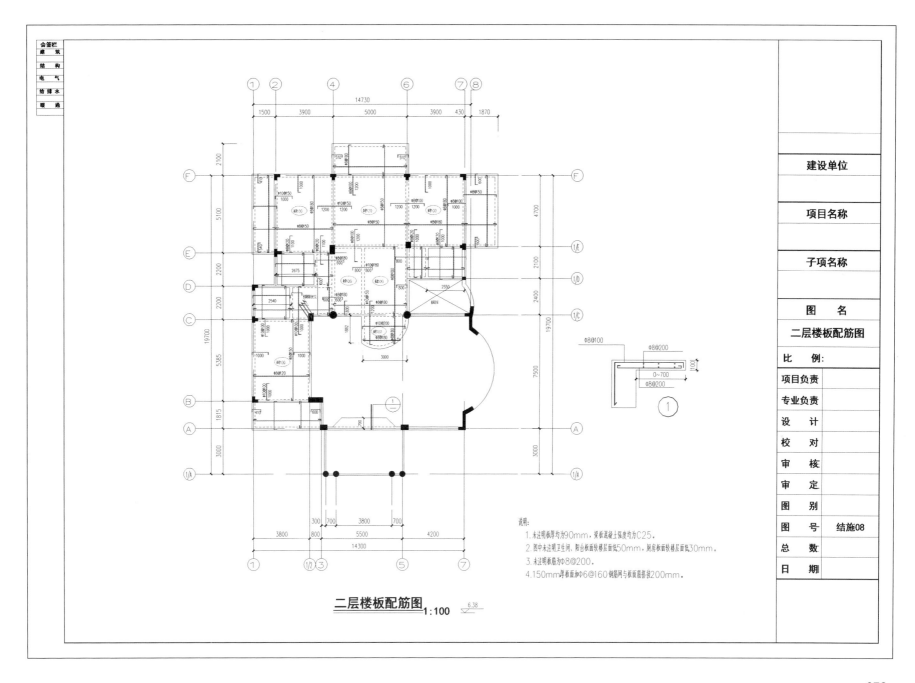

二层楼板配筋图 1:100

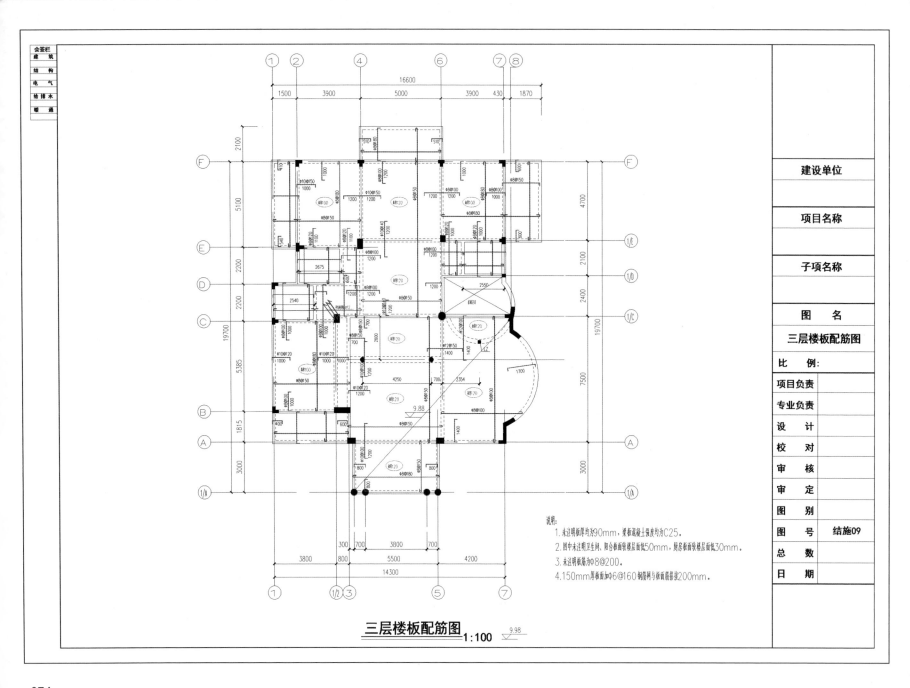

三层楼板配筋图 1:100

说明：
1. 未注明板厚均为90mm，梁板混凝土强度均为C25。
2. 图中未注明卫生间、阳台板面较楼层面低50mm，厨房板面较楼层面低30mm。
3. 未注明板筋为Φ8@200。
4. 150mm厚板面加Φ6@160钢筋网与板面筋搭接200mm。

会签栏	
建 筑	
结 构	
电 气	
给排水	
暖 通	

建设单位	
项目名称	
子项名称	
图 名	三层楼板配筋图
比 例：	
项目负责	
专业负责	
设 计	
校 对	
审 核	
审 定	
图 别	
图 号	结施09
总 数	
日 期	

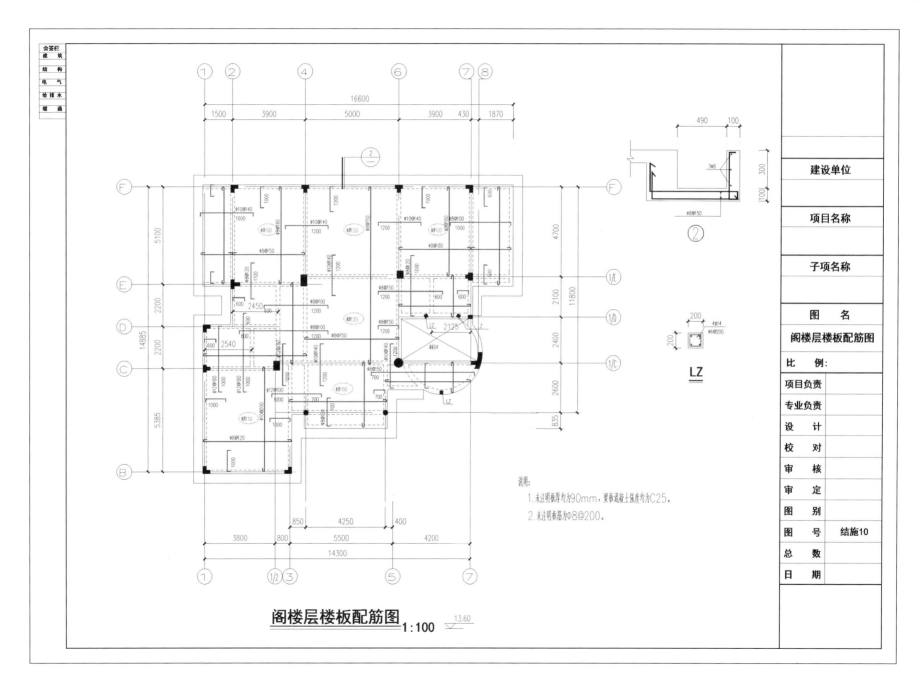

说明：
1. 未注明板厚均为90mm，梁板混凝土强度均为C25。
2. 未注明板筋为Φ8@200。

阁楼层楼板配筋图 1:100

建设单位

项目名称

子项名称

图　名
阁楼层楼板配筋图

比　例：
项目负责
专业负责
设　计
校　对
审　核
审　定
图　别
图　号　结施10
总　数
日　期

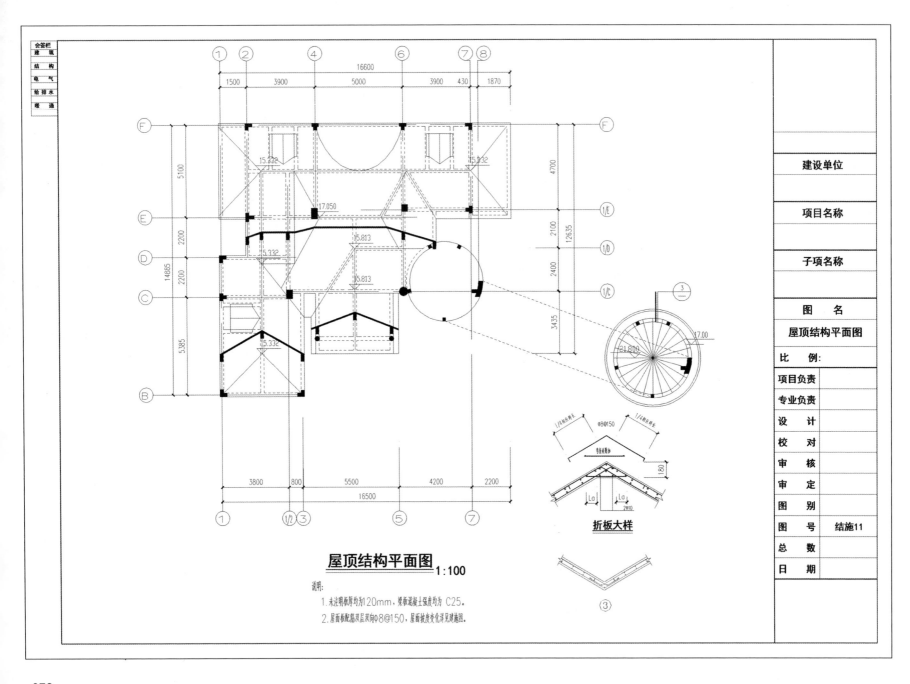

屋顶结构平面图 1:100

说明:
1. 未注明板厚均为120mm,梁板混凝土强度均为 C25。
2. 屋面板配筋双层双向Φ8@150,屋面坡度变化详见建施图。

折板大样

会签栏
建 筑
结 构
电 气
给排水
暖 通

建设单位	
项目名称	
子项名称	
图 名	屋顶结构平面图
比 例:	
项目负责	
专业负责	
设 计	
校 对	
审 核	
审 定	
图 别	
图 号	结施11
总 数	
日 期	

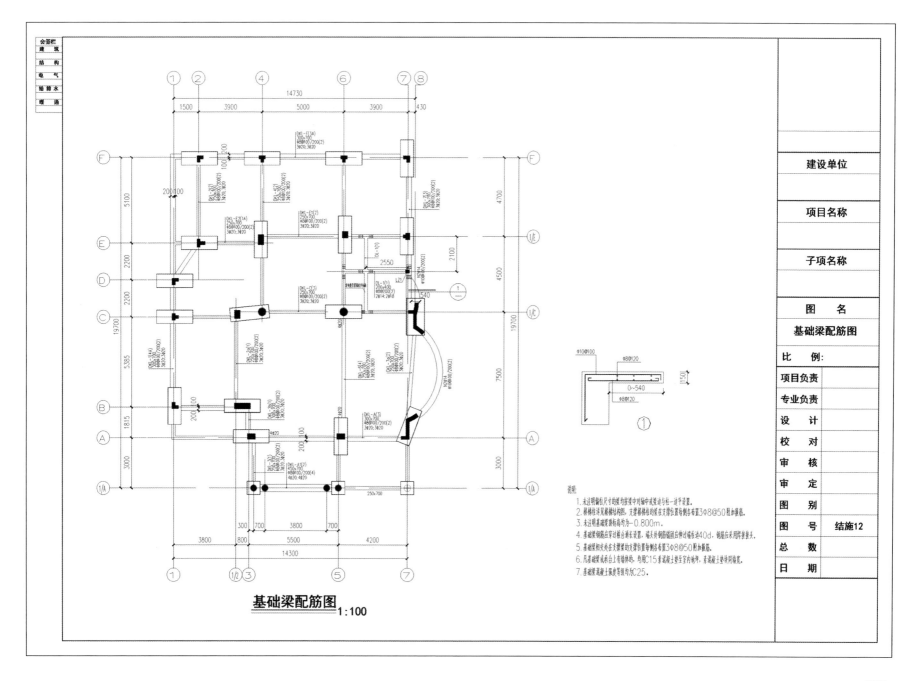

基础梁配筋图 1:100

说明：
1. 未注明轴位尺寸的梁均按梁中对轴中或梁边与柱一边平齐设置。
2. 楼梯柱详见楼梯结构图，支撑楼梯柱的梁在支撑位置每侧各布置3Φ8@50附加箍筋。
3. 未注明基础梁顶标高均为-0.800m。
4. 基础梁钢筋应穿过承台锚固设置，端头处钢筋锚固应伸过端柱边40d，钢筋应采用焊接接头。
5. 基础梁相交处在支撑梁的支撑位置每侧各布置3Φ8@50附加箍筋。
6. 凡基础梁或承台上有墙体时，均按C15素基础混凝土墙至室内地坪，素混凝土垫块同墙宽。
7. 基础梁混凝土强度等级均为C25。

建设单位

项目名称

子项名称

图 名
基础梁配筋图

比 例:

项目负责

专业负责

设 计

校 对

审 核

审 定

图 别

图 号 结施12

总 数

日 期

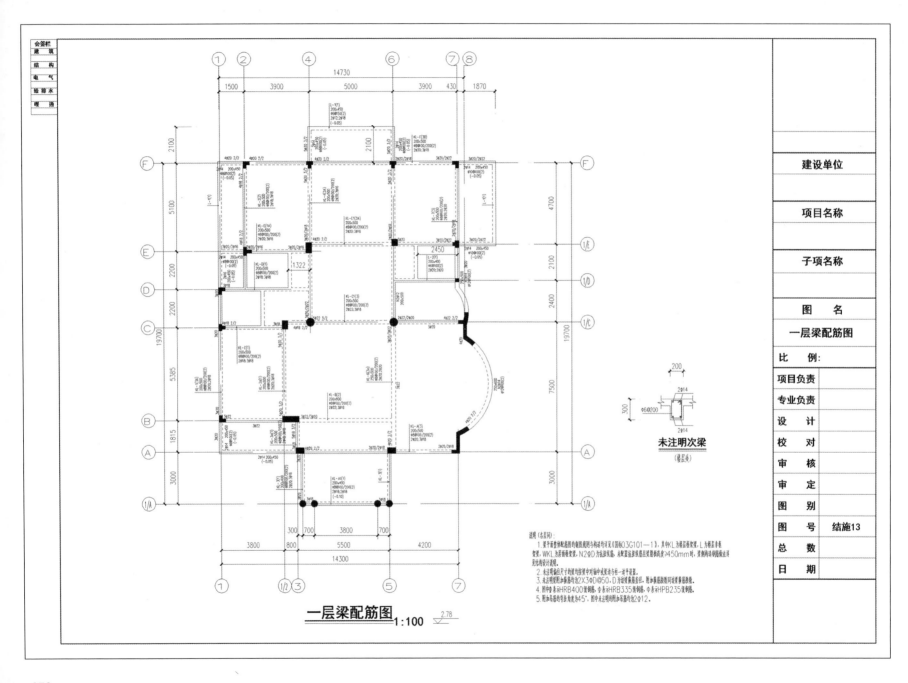

一层梁配筋图 1:100

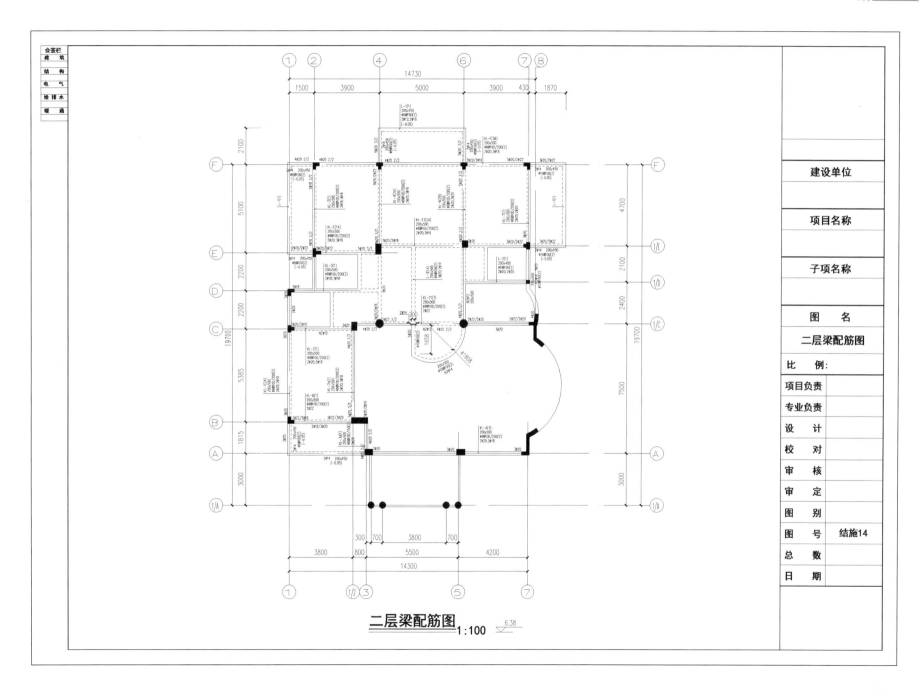

二层梁配筋图 1:100

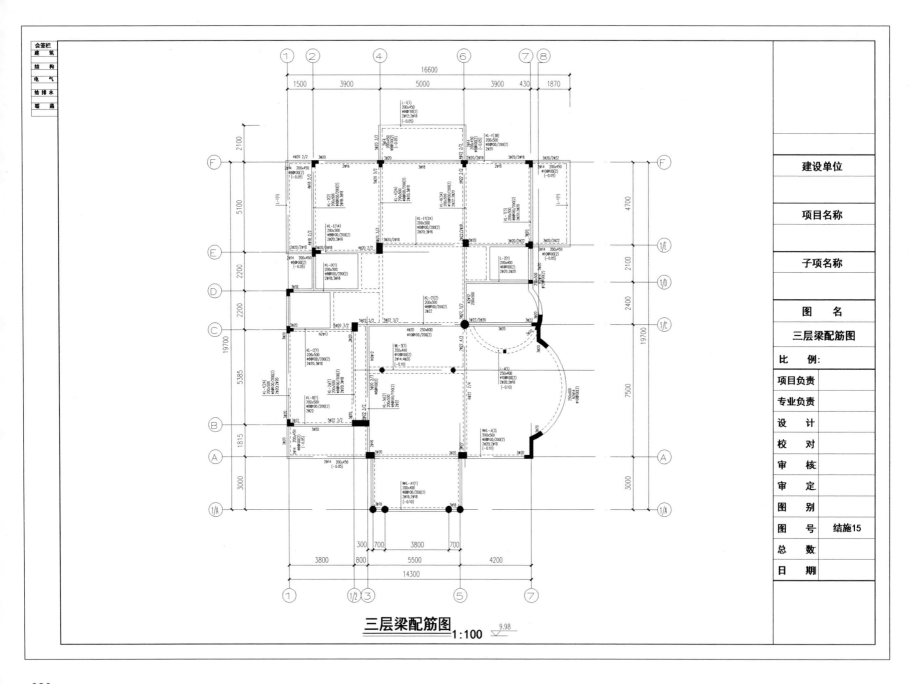

三层梁配筋图 1:100

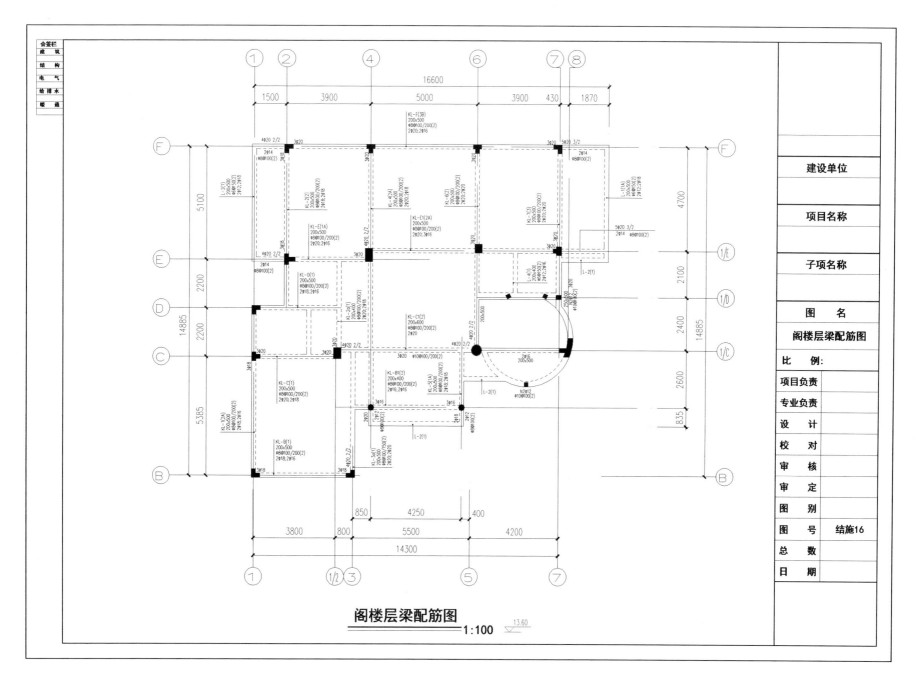

阁楼层梁配筋图
1:100

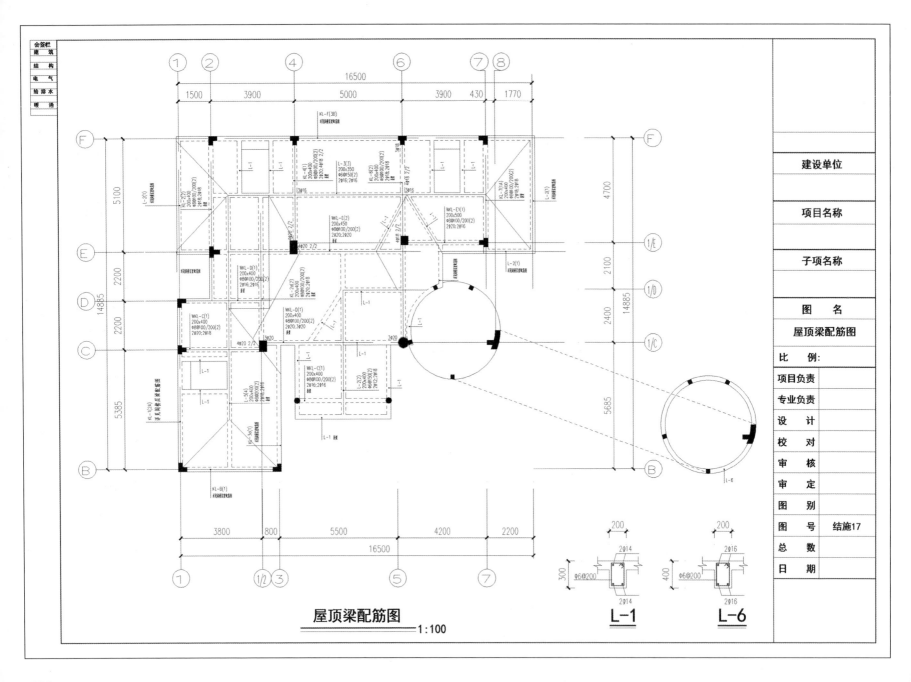

屋顶梁配筋图

1:100

L-1

L-6

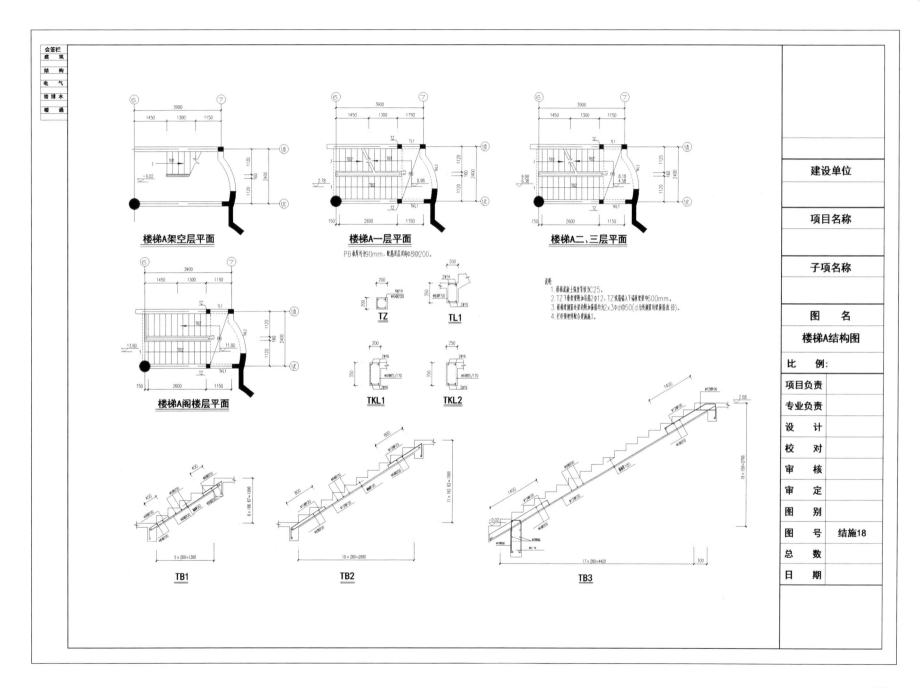

楼梯A架空层平面

楼梯A一层平面

PB板厚均为90mm，配筋双层双向Φ8@200。

楼梯A二、三层平面

楼梯A阁楼层平面

TZ

TL1

TKL1

TKL2

说明:
1. 楼梯混凝土强度等级为C25。
2. TZ下柱配附加箍2Φ12，TZ纵筋锚入下端梁支座中600mm。
3. 楼梯梯段斜梁纵向附加箍筋均为2x3Φd@50(d为所预置钢筋箍直径)。
4. 栏杆预埋件配合建筑施工1。

TB1

TB2

TB3

建设单位

项目名称

子项名称

图　名
楼梯A结构图

比　例:

项目负责
专业负责
设　计
校　对
审　核
审　定
图　别
图　号　结施18
总　数
日　期

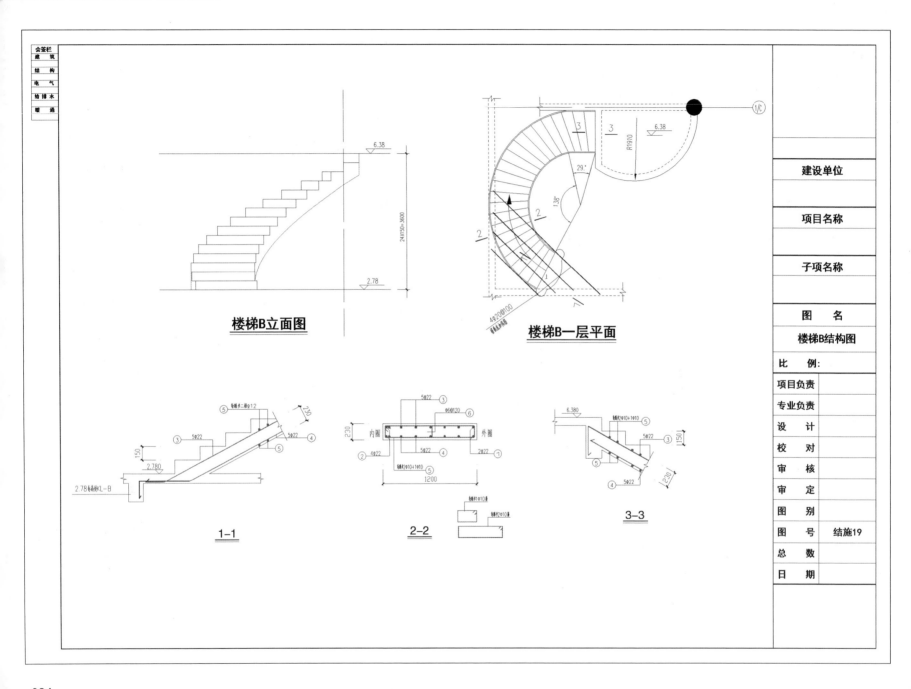

楼梯B立面图

楼梯B一层平面

1-1

2-2

3-3

第 4 章　欧式别墅 2

三维模型图

渲染效果图

4.1 建筑施工图

建筑设计说明

一、设计依据

1. 设计合同书。
2. 有关部门批准的方案设计、用地红线图及业主认可的方案图。
3. 国家及地方现行有关法规、规范、规定。

二、工程概况

1. 工程规模。
   (1) 建筑占地面积: 112.5m²。
   (2) 总建筑面积: 224.58m²。
   (3) 建筑层数: 3层。
   (4) 建筑总高度: 10.3m。
2. 建筑等级为三级。
3. 主体结构合理使用年限为50年。
4. 建筑防火分类为丙类,防火耐火等级为二级。
5. 本工程为框架结构,抗震设防烈度为7度,抗震等级为三级。
6. 室内、外高差为300mm,室内地面设计标高±0.000m。
7. 计量单位(除注明外):本设计图纸尺寸均以毫米(mm)为单位,标高及总平面以米(m)为单位。

三、墙体

1. 墙体材料及厚度。
   (1) 外墙、楼梯墙:180mm厚承重混凝土空心砌块,强度等级MU10,M5.0混合砂浆砌筑。
   (2) 内隔墙:100mm厚非承重混凝土空心砌块,强度等级MU10,M5.0混合砂浆砌筑。
2. 墙体在地面以下-0.05m处设墙身防潮层。
3. 内墙柱阳角及门洞均用1:2水泥砂浆做100mm宽护角,2.0m高。
4. 所有填充墙楼板面上耐三皮蒸压粉煤灰实心砖,首层±0.000m标高以下填充墙体均为蒸压煤灰实心砖MU10。
5. 砖墙与钢筋混凝土柱及构造柱拉结见结构施工图,在墙顶应用标准砖侧砖封砌,防止雨水灌漏渗透。

四、楼地面

1. 凡有出水口及地漏的楼地面均做1%坡度坡向地漏或出水口。
2. 卫生间及其他用水房间的地面及墙面防水做法。墙体基脚均用C20素混凝土现浇200mm高,宽度同墙厚。楼面加做2mm厚合成高分子防水涂膜防水层,沿墙面反上高度为400mm。

五、屋面

1. 屋面防水等级为Ⅲ级,一道设防。防水层选用2mm厚合成高分子防水涂膜防水层。屋面工程的防水层应由经资质审查合格的防水专业队伍进行施工。
2. 屋面防水保温做法见大样图。
3. 找平层。
   找平层设分隔缝,水泥砂浆的找平层纵横缝间距<6m,基层与突出屋面结构的交接处和基层的转角处均应做成圆弧形,圆弧半径为100mm,内部排水的水落口周围,找平层应做成略低的凹坑。
4. 屋面自防水措施:基层混凝土浇灌时应达到密实混凝土,防水混凝土设计抗渗等级为S6。

六、门窗

1. 本工程门窗型号、数量洞口尺寸等见门窗表。
   外门窗除特殊注明外,均立墙中;内门窗除注明外,一般门窗立墙中,所有内窗均立墙中。本工程外窗采用断热铝合金窗,本色普通玻璃。
2. 外门窗应由具有行业专业资质的单位承担设计和施工,门窗的构造、玻璃厚度等应根据工程项目的使用要求以及国家规范要求进行设计确定。

七、其他

1. 在预留洞、预埋件及安装管线设备等施工中,各专业施工队应应密切配合,避免疏漏,如有矛盾应及时通知建设及设计单位,协商调整后方可继续施工。
2. 外墙砌块与不同材料(如混凝土梁、板柱)的界面应采用纤维防裂砂浆和玻纤网布加强,详细做法:在墙体与不同材料的交界处,抹灰前沿缝长方向先抹一道5mm厚纤维防裂砂浆找平(1:3水泥砂浆掺入抗裂纤维,掺量为0.9kg/m),再将宽度为250mm的耐碱玻纤网格布均匀压入砂浆层中。
3. 本工程中采用的建筑制品及建筑材料,均应有国家有关部门颁发的生产许可证及质量检验证书。
4. 图纸或说明中未详尽处,须严格执行国家有关规范、规定,确需设计院确认时,要及时通知设计院补充图纸文件。

建设单位	
项目名称	
子项名称	
图 名	建筑设计说明
比 例:	
项目负责	
专业负责	
设 计	
校 对	
审 核	
审 定	
图 别	
图 号	建施01
总 数	
日 期	

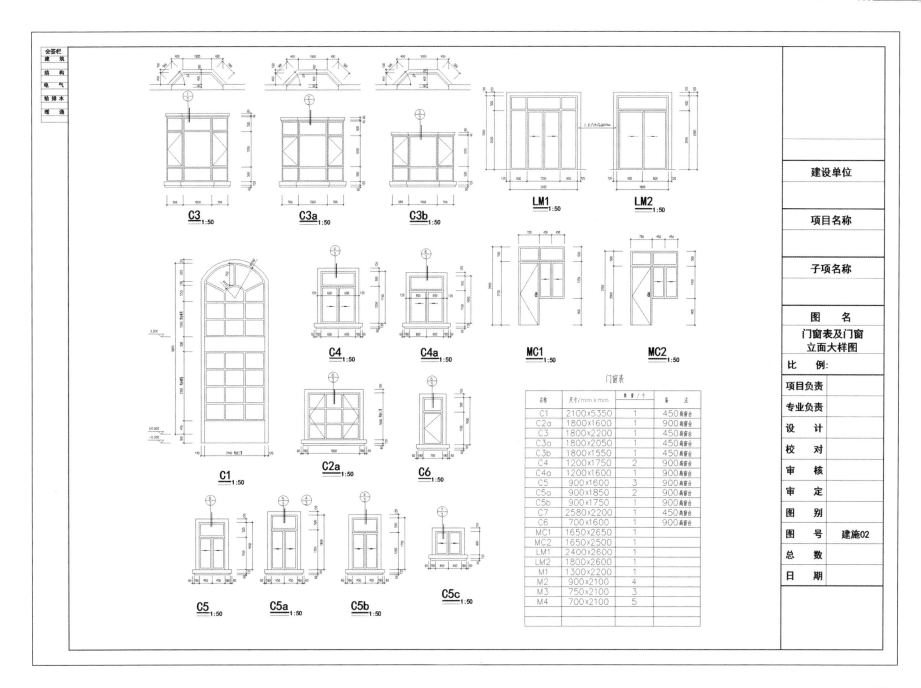

门窗表

名称	尺寸/mm×mm	数量/个	备注
C1	2100×5350	1	450高窗台
C2a	1800×1600	1	900高窗台
C3	1800×2200	1	450高窗台
C3a	1800×2050	1	450高窗台
C3b	1800×1550	1	450高窗台
C4	1200×1750	2	900高窗台
C4a	1200×1600	1	900高窗台
C5	900×1600	3	900高窗台
C5a	900×1850	2	900高窗台
C5b	900×1750	1	900高窗台
C7	2580×2200	1	450高窗台
C6	700×1600	1	900高窗台
MC1	1650×2650	1	
MC2	1650×2500	1	
LM1	2400×2600	1	
LM2	1800×2600	1	
M1	1300×2200	1	
M2	900×2100	4	
M3	750×2100	3	
M4	700×2100	5	

会签栏
建 筑
结 构
电 气
给 排 水
暖 通

建设单位

项目名称

子项名称

图 名
门窗表及门窗
立面大样图

比 例:

项目负责

专业负责

设 计

校 对

审 核

审 定

图 别

图 号　建施02

总 数

日 期

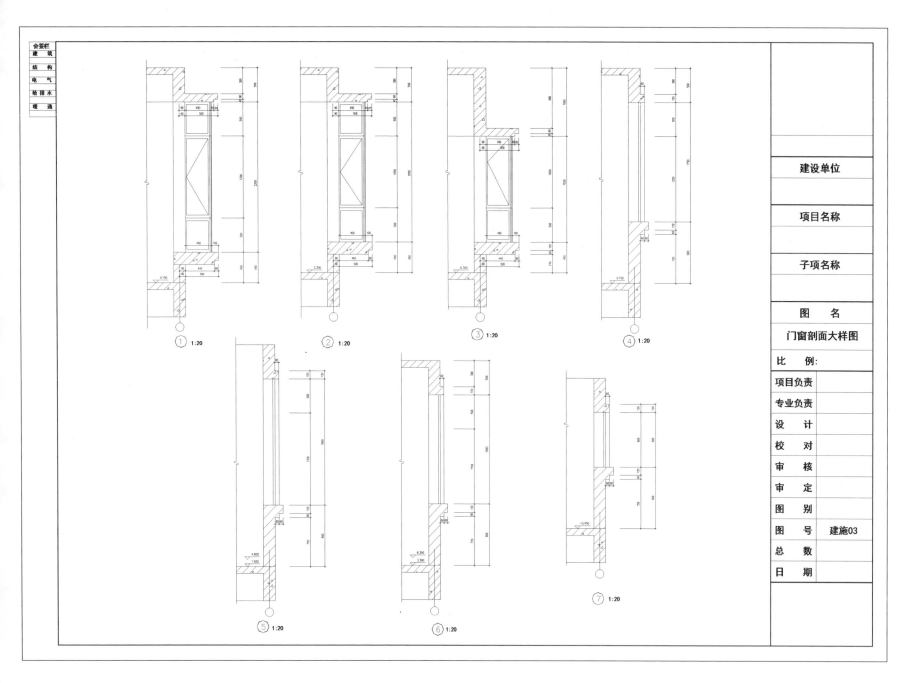

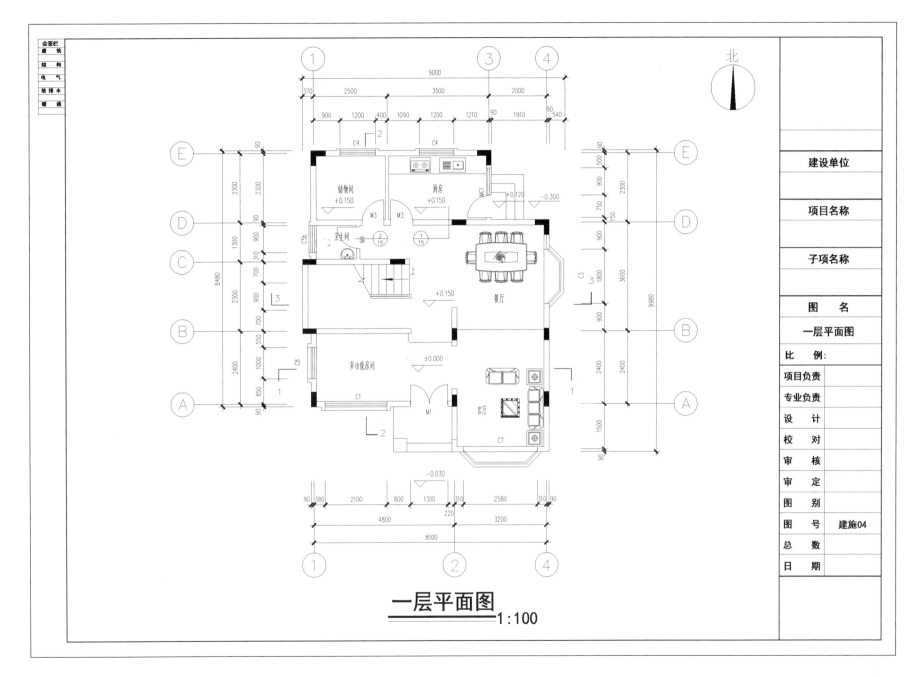

一层平面图
1:100

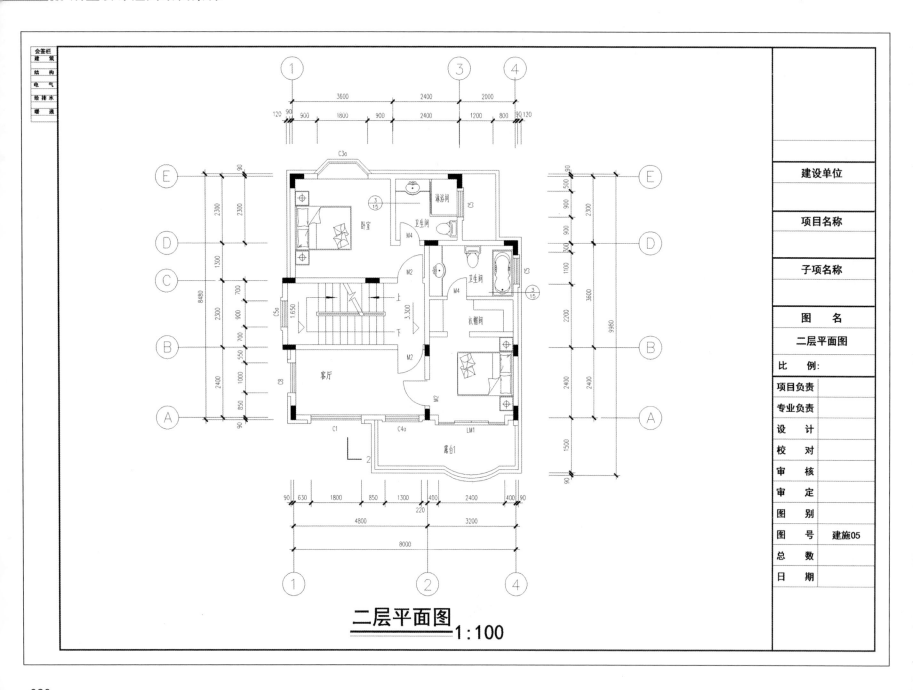

二层平面图
1:100

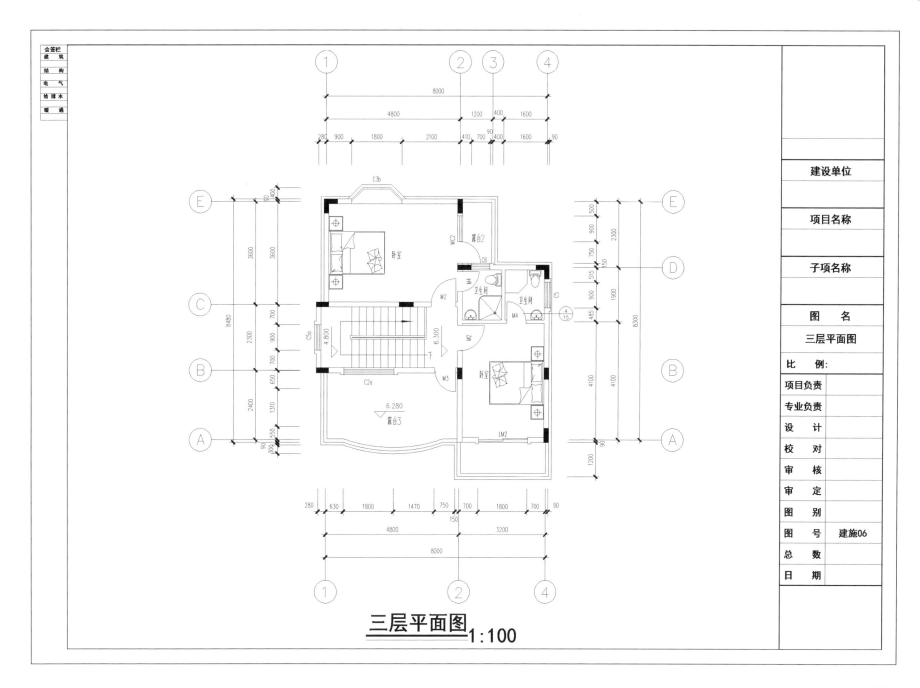

三层平面图 1:100

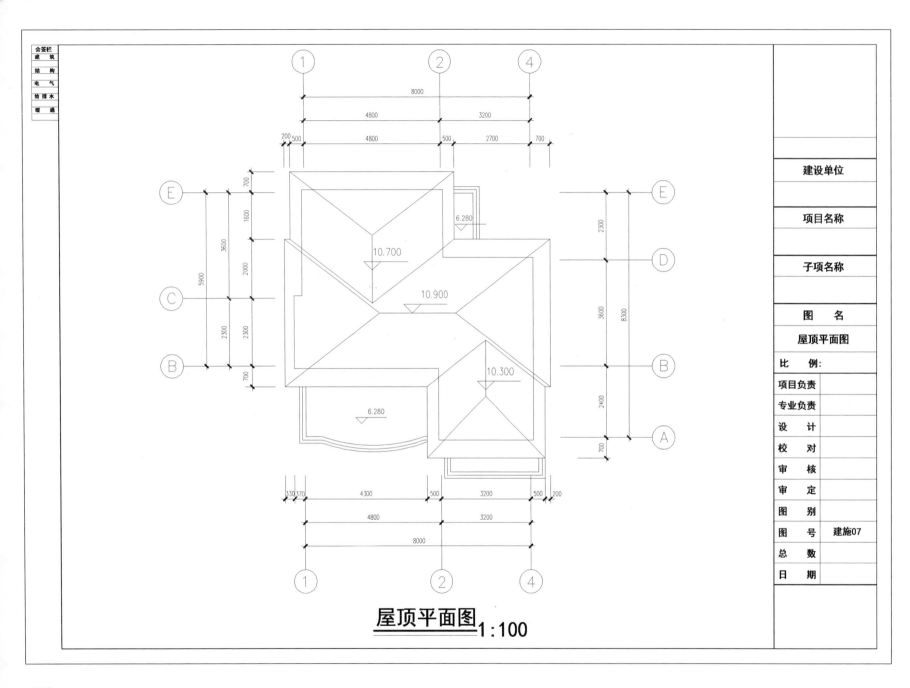

屋顶平面图 1:100

建设单位	
项目名称	
子项名称	
图 名	
屋顶平面图	
比 例:	
项目负责	
专业负责	
设 计	
校 对	
审 核	
审 定	
图 别	
图 号	建施07
总 数	
日 期	

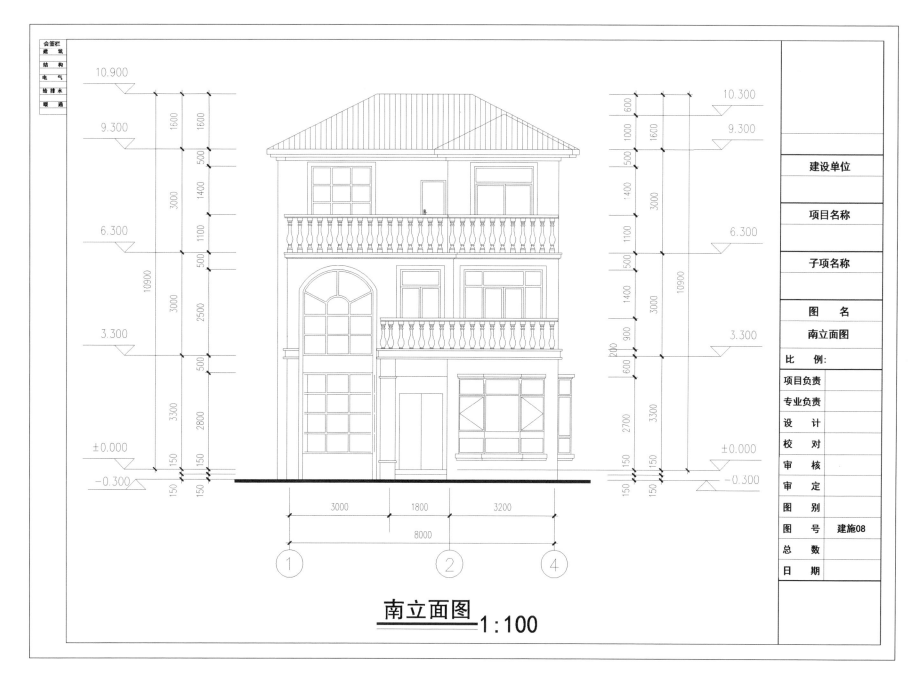

南立面图 1:100

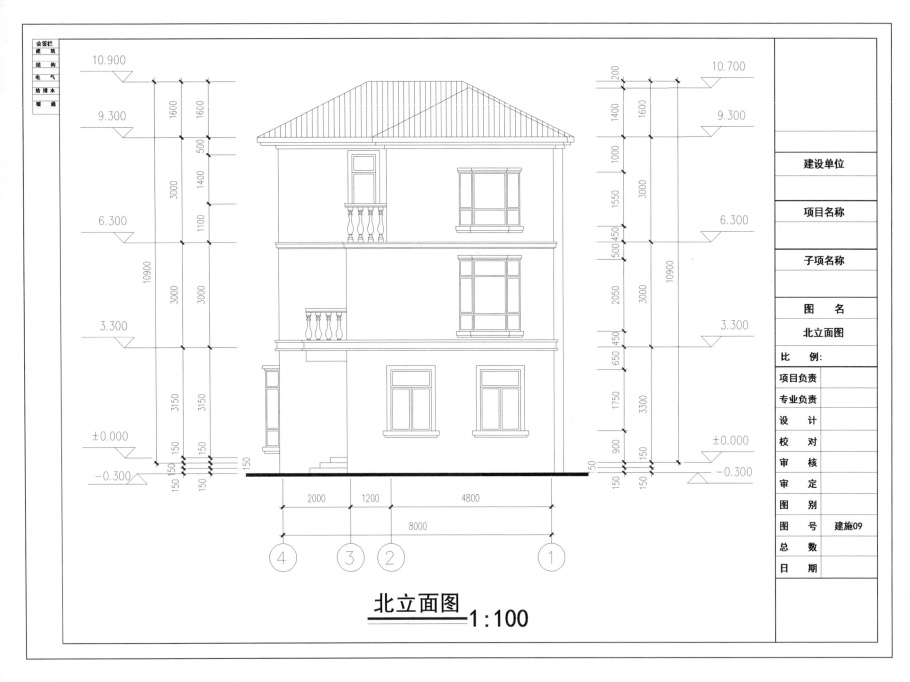

北立面图 1:100

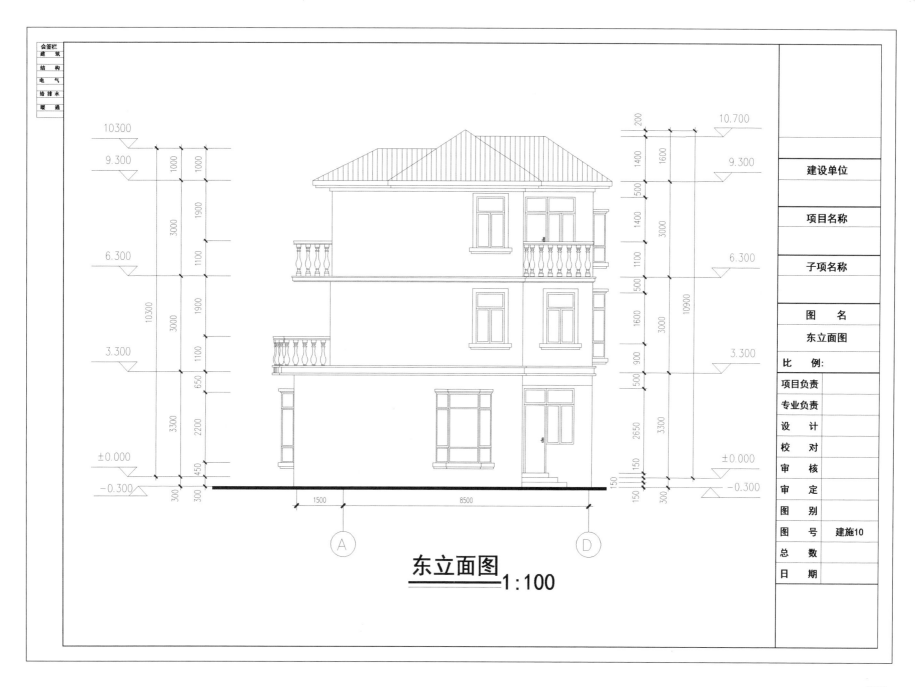

东立面图 1:100

会签栏	
建 筑	
结 构	
电 气	
给 排 水	
暖 通	

建设单位

项目名称

子项名称

图 名
东立面图

比 例:

项目负责

专业负责

设 计

校 对

审 核

审 定

图 别

图 号 建施10

总 数

日 期

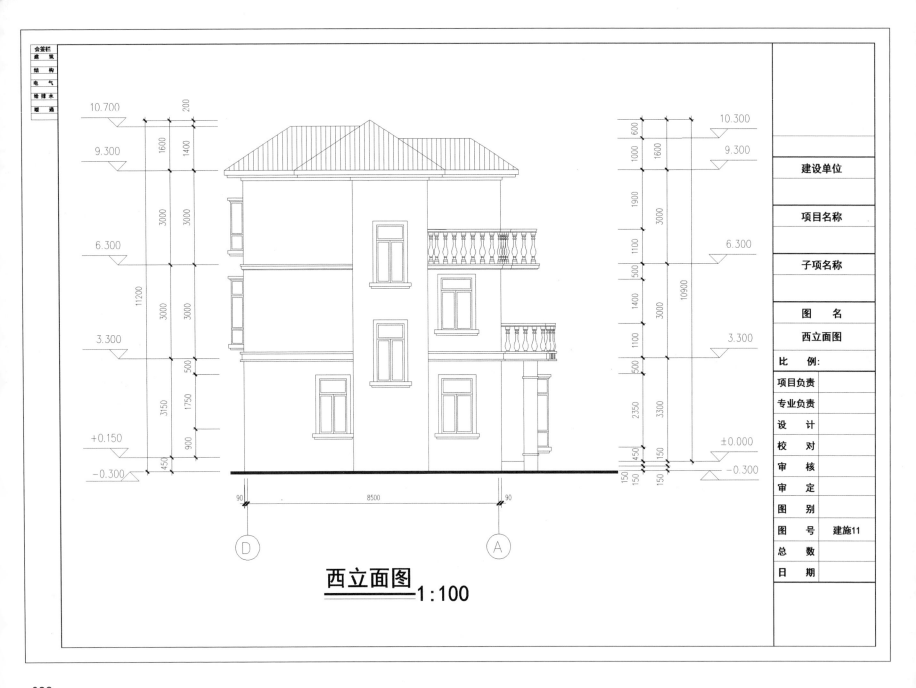

西立面图 1:100

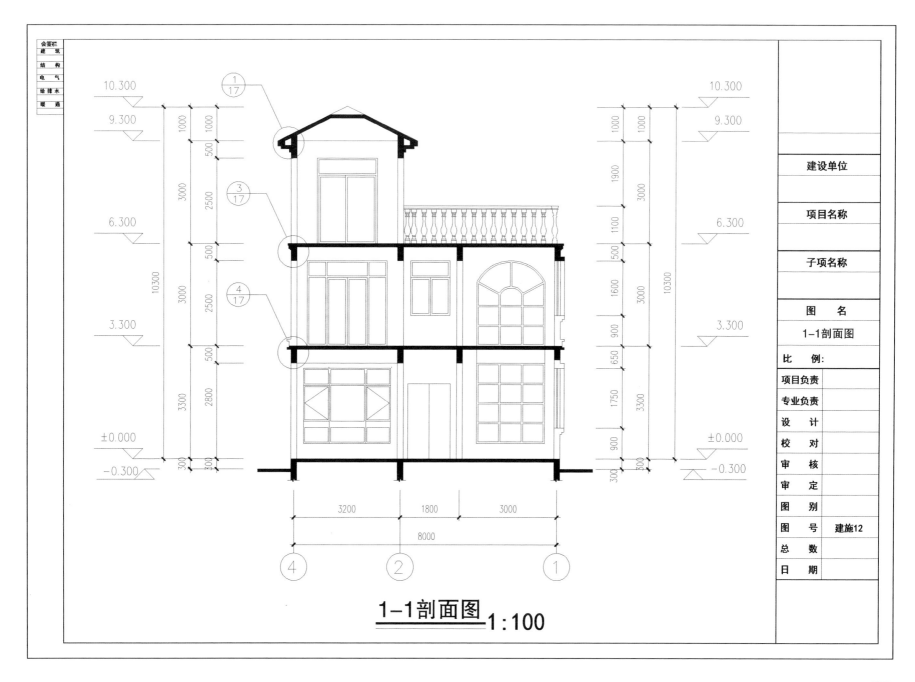

1-1剖面图 1:100

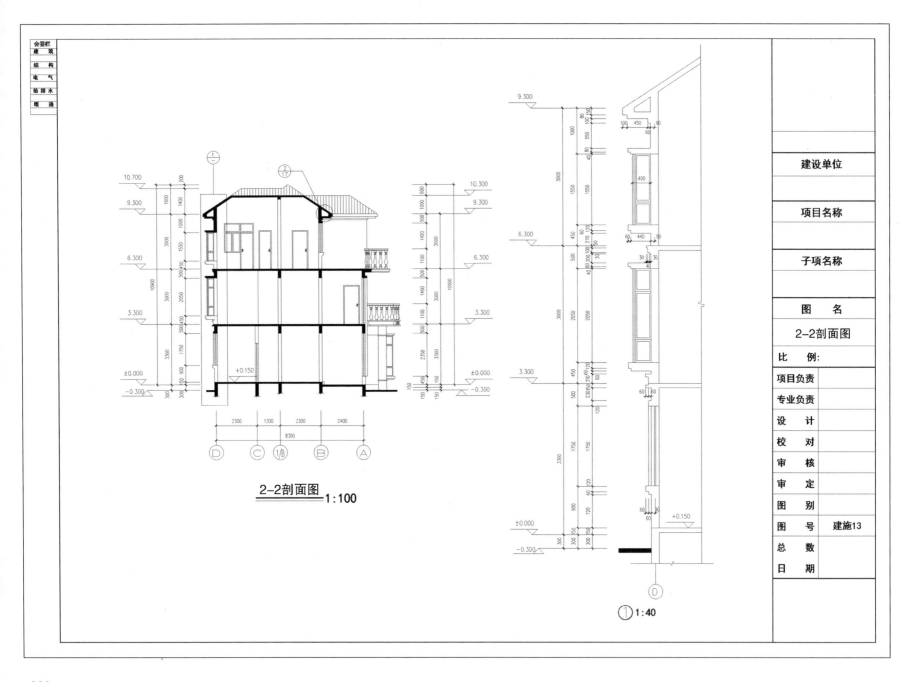

2-2剖面图 1:100

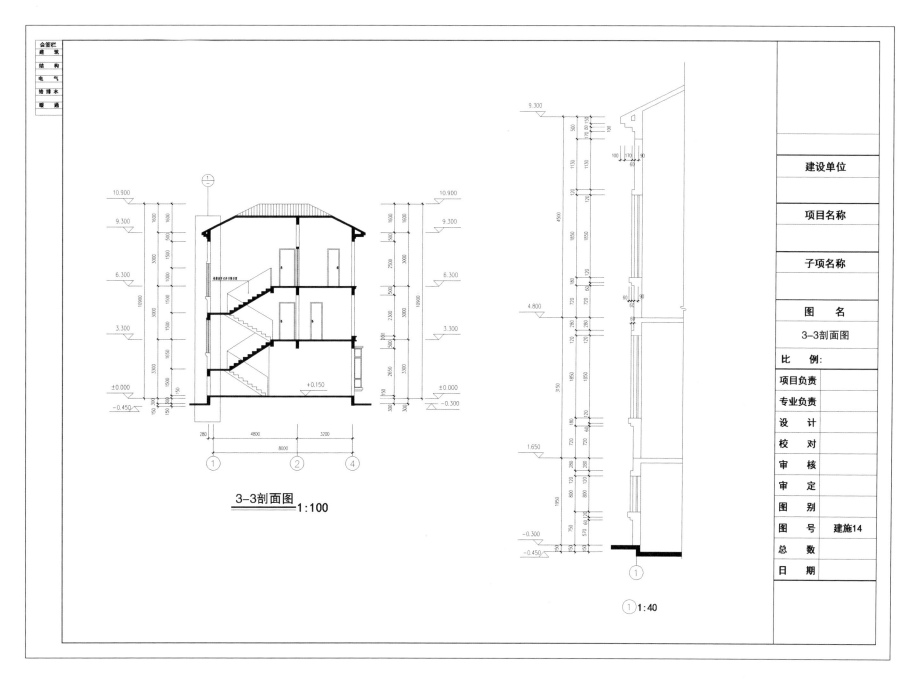

3-3剖面图　1:100

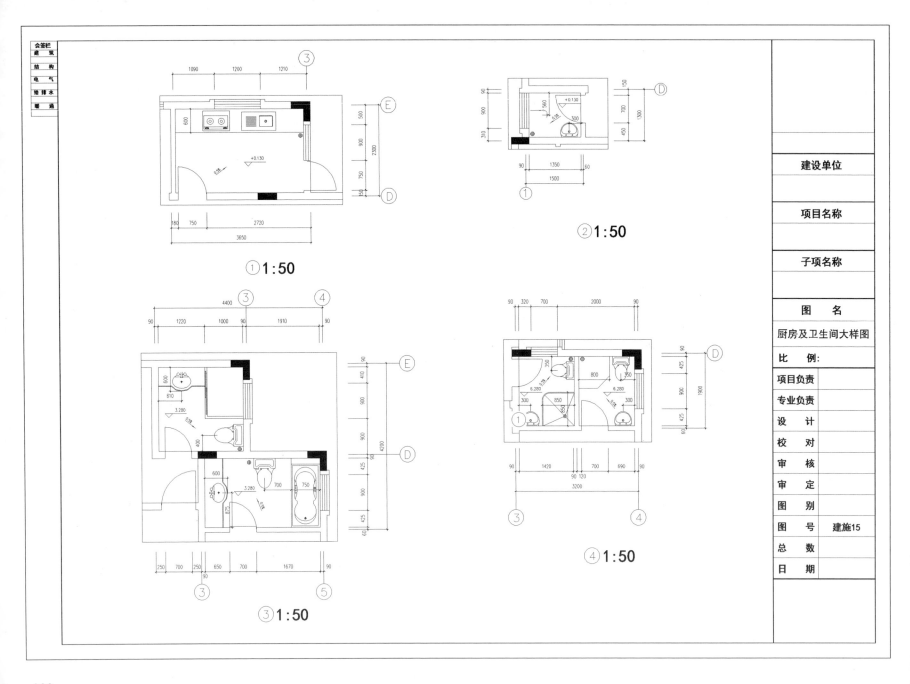

楼梯三层平面 1:50

楼梯二层平面 1:50

楼梯一层平面 1:50

A—A剖面 1:50

	建设单位
	项目名称
	子项名称
图　名	楼梯大样图
比　例：	
项目负责	
专业负责	
设　计	
校　对	
审　核	
审　定	
图　别	
图　号	建施16
总　数	
日　期	

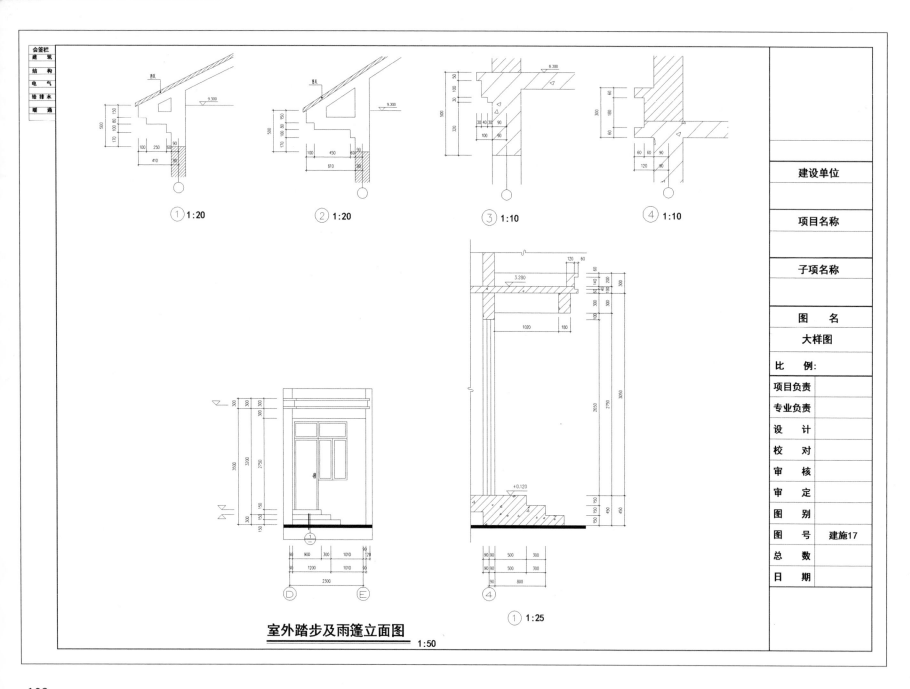

室外踏步及雨篷立面图

1:50

4.2　结构施工图

结构设计说明（一）

一、工程概况

1. 本工程抗震等级为三级。
2. 本工程上部结构采用框架结构，基础型式采用柱下条形基础。
3. 本工程±0.000m 相当于绝对标高，见基础图，室内、外高差0.300m。
4. 图纸中标高以米（m）为单位，尺寸以毫米（mm）为单位。

二、设计依据

1. 自然条件。

(1) 结构安全等级为二级，设计使用年限为50年，场地类别为Ⅴ类。

(2) 抗震设防烈度为7度，设计基本地震加速度值为0.10g。

(3) 建筑抗震重要性类别为丙类，基础设计等级为乙级。

(4) 基本风压为0.55kN/m²，地面粗糙度为C类。

2. 设计规范、规程及标准图。

(1)《建筑结构荷载规范》（GB 50009—2012）。

(2)《建筑地基基础设计规范》（GB 50007—2011）。

(3)《混凝土结构设计规范》（GB 50010—2010）。

(4)《建筑抗震设计规范》（GB 50011—2010）。

3. 设计中主要采用的活荷载标准值见下表。

表　用户允许使用活荷载标准值

房 间 性 质	使用活荷载 /kN/m²
卧室、客厅、厨房、卫生间	2.0
阳台、露台	2.5
消防楼梯间	3.5
不上人屋面	0.5

三、材料

设计中选用的各种建筑材料必须有出厂合格证，并应符合国家及相关部门颁发的产品标准。主体结构所用的建筑材料均应经试验合格和质检部门抽检合格后方能使用。钢筋应满足有关抗震规范的要求。

1. 钢材。

(1) ΦHPB235级钢Φ6～Φ8，fy=210N/mm²；
ΦHRB335级钢Φ10～Φ25，fy=300N/mm²。

(2) 型钢及钢板：Q235，其含碳量等指标必须合格，外露部分需涂红丹底漆和防锈面漆各两道。

2. 混凝土。

(1) 基础条基混凝土强度等级为C25。

(2) 框架柱（KZZ）、梁（KL、LL）、楼梯及楼板混凝土强度等级为C25。

(3) 圈梁、过梁、构造柱混凝土强度等级为C20。

(4) 基础下垫层采用C15素混凝土，厚度为100mm，伸出基础边100mm。

3. 砌体。

(1) 外填充墙采用混凝土小型空心砌块，容重<14.5kN/m³，±0.000m 以下采用M7.5水泥砂浆砌筑，±0.000m 以上采用M7.5混合砂浆砌筑。

(2) 内填充墙采用混凝土小型空心砌块，容重≤14.5kN/m³，采用M7.5混合砂浆砌筑。

四、受力钢筋的混凝土保护层厚度

1. 基础中纵向受力钢筋的混凝土保护层厚度不应小于40mm；当无垫层时不应小于70mm。

2. 室内正常环境：现浇梁25mm，现浇柱30mm，现浇板15mm。

3. 露天环境：现浇梁30mm，现浇柱30mm，现浇板20mm。

五、钢筋的接头

1. 基础梁筋、框架柱主筋钢筋直径≥16mm均优先采用机械连接，其余钢筋直径≥22mm优先采用机械连接，如果采用焊接，钢筋必须做可焊试验。相邻钢筋不允许在同一截面接头，相邻钢筋接头之间的距离≥35d（d 为钢筋直径，下同）。

2. 钢筋接头的位置：梁、板底部钢筋在支座处，顶部钢筋在跨中1/3的范围内。

会签栏	
建　筑	
结　构	
电　气	
给排水	
暖　通	

建设单位	
项目名称	
子项名称	
图　　名	
结构设计说明（一）	
比　例：	
项目负责	
专业负责	
设　计	
校　对	
审　核	
审　定	
图　别	
图　号	结施01
总　数	
日　期	

结构设计说明（二）

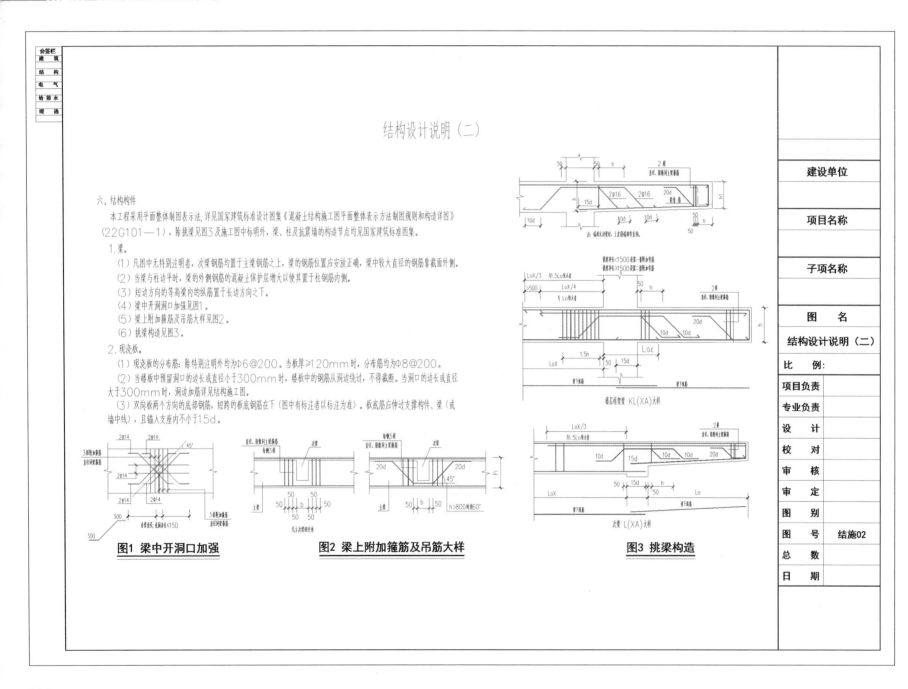

六、结构构件

本工程采用平面整体制图表示法，详见国家建筑标准设计图集《混凝土结构施工图平面整体表示方法制图规则和构造详图》（22G101—1），除挑梁见图3及施工中标明外，梁、柱及抗震墙的构造节点均见国家建筑标准图集。

1. 梁。

（1）凡图中无特别注明者，次梁钢筋均置于主梁钢筋之上，梁的钢筋位置应安放正确，梁中较大直径的钢筋靠截面外侧。

（2）当梁与柱边平时，梁的外侧钢筋的混凝土保护层增大以使其置于柱钢筋内侧。

（3）短边方向的等高梁内的纵筋置于长边方向之下。

（4）梁中开洞洞口加强见图1。

（5）梁上附加箍筋及吊筋大样见图2。

（6）挑梁构造见图3。

2. 现浇板。

（1）现浇板的分布筋：除特别注明外均为Φ6@200。当板厚≥120mm时，分布筋均为Φ8@200。

（2）当楼板中预留洞口的边长或直径小于300mm时，楼板中的钢筋从洞边绕过，不得截断。当洞口的边长或直径大于300mm时，洞边加筋详见结构施工图。

（3）双向板两个方向的底部钢筋，短跨的板底钢筋在下（图中有标注者以标注为准）。板底筋应伸过支撑构件、梁（或墙中线），且锚入支座内不小于15d。

图1 梁中开洞口加强　　**图2 梁上附加箍筋及吊筋大样**　　**图3 挑梁构造**

建设单位

项目名称

子项名称

图　名
结构设计说明（二）

比　例：
项目负责
专业负责
设　计
校　对
审　核
审　定
图　别
图　号　结施02
总　数
日　期

结构设计说明（三）

（4）板上皮筋若在支座处不能拉通（含端支座）则需锚入支座。板上皮筋应特别注意架立高度，严防踩踏。

（5）直接在楼板上的轻质隔墙下设置加强筋，详见图4。

（6）楼板钢筋的负筋锚固长度L$_{aE}$；楼板钢筋的正筋锚固长度15d，详见图5。

七、非结构构件

1. 填充墙中构造柱（GZ）应先砌墙后浇构造柱。构造柱主筋上、下锚入梁内或板内L$_{aE}$，详见图6。

2. 构造柱与墙体连接处应砌成马牙槎，并沿墙高每隔500mm设2Φ6拉结筋，每边伸入墙内不小于700mm。

3. 填充墙沿框架全高每隔500mm设2Φ6拉结筋，拉结筋伸入墙内长度不应小于墙长的1/5，且不应小于700mm。

4. 填充隔墙的顶部砌一层斜立砖，与梁或板底砌紧，必须待下部砌体沉实后再砌斜立砖。

5. 填充墙长大于5m时，墙顶与梁或板的拉结详见图7。

6. 填充墙高大于4m时，在门顶标高处设置与柱连接且沿墙全长贯通的钢筋混凝土圈梁兼门过梁，详见图8。

八、其他

1. 悬挑构件支撑必须在混凝土达到100%强度后拆除。

2. 结构平面及各构件上的建筑洞口、预留设备洞或套管均须和各专业图纸对照无误后现场预留。预留时须按有关要求进行施工。

3. 避雷接地与电气施工图配合施工。

4. 施工时必须满足有关国家规范或规程的规定，工程质量不得低于设计要求。所采用材料必须为按有关规定检测或试验合格的产品。

5. 浇筑的混凝土应严格按《混凝土结构工程施工质量验收规范》（GB 50204—2015）进行施工和养护，防止产生裂缝。新浇筑的混凝土必须振捣密实。

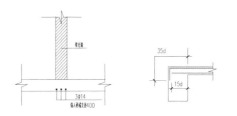

图4 加强筋　　图5 楼板钢筋

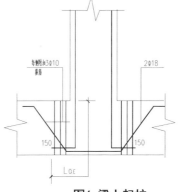

图6 梁上起柱

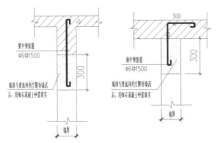

图7 墙顶与梁或板的拉结

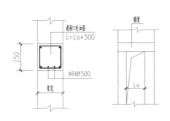

图8 圈梁及门过梁

建设单位	
项目名称	
子项名称	
图　名	结构设计说明（三）
比　例	
项目负责	
专业负责	
设　计	
校　对	
审　核	
审　定	
图　别	
图　号	结施03
总　数	
日　期	

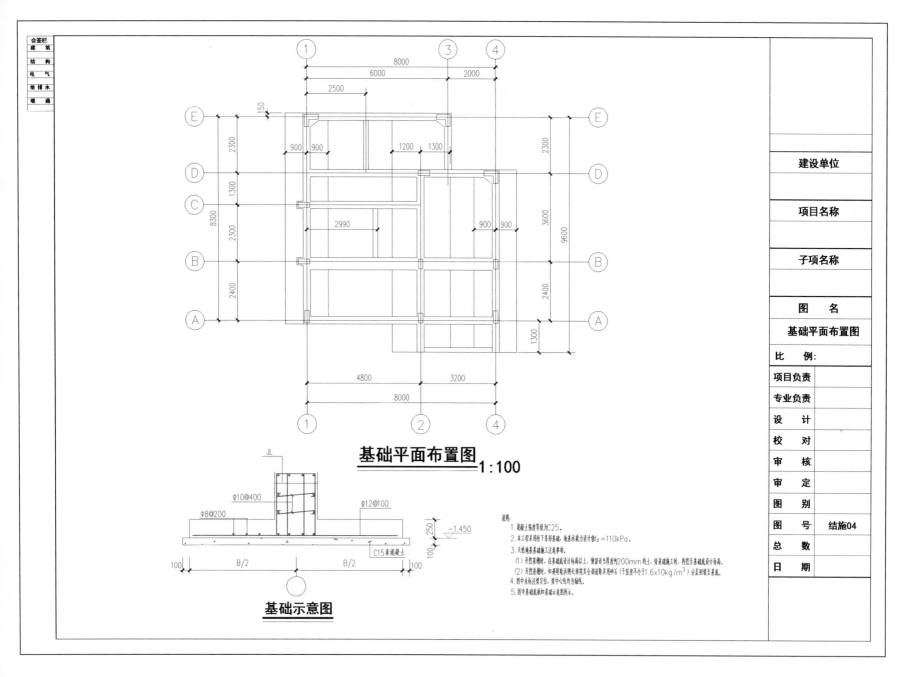

基础平面布置图 1:100

基础示意图

会签栏
建 筑
结 构
电 气
给 排 水
暖 通

建设单位

项目名称

子项名称

图 名
基础平面布置图

比 例:
项目负责
专业负责
设 计
校 对
审 核
审 定
图 别
图 号 结施04
总 数
日 期

说明:
1. 混凝土强度等级为C25。
2. 本工程采用柱下条形基础,地基承载力设计值fₐ=110kPa。
3. 天然地基基础施工注意事项。
  (1) 开挖基槽时,在基础底设计标高以上,预留适当厚度约200mm的土,待基础施工时,再挖至基础底设计标高。
  (2) 开挖明槽如遇明水须将其全部清除并用砂石(干密度不小于1.6×10kg/m³)分层回填至基底。
4. 图中未标注定位,墙中心线均为轴线。
5. 图中基础底板如基础示意图所示。

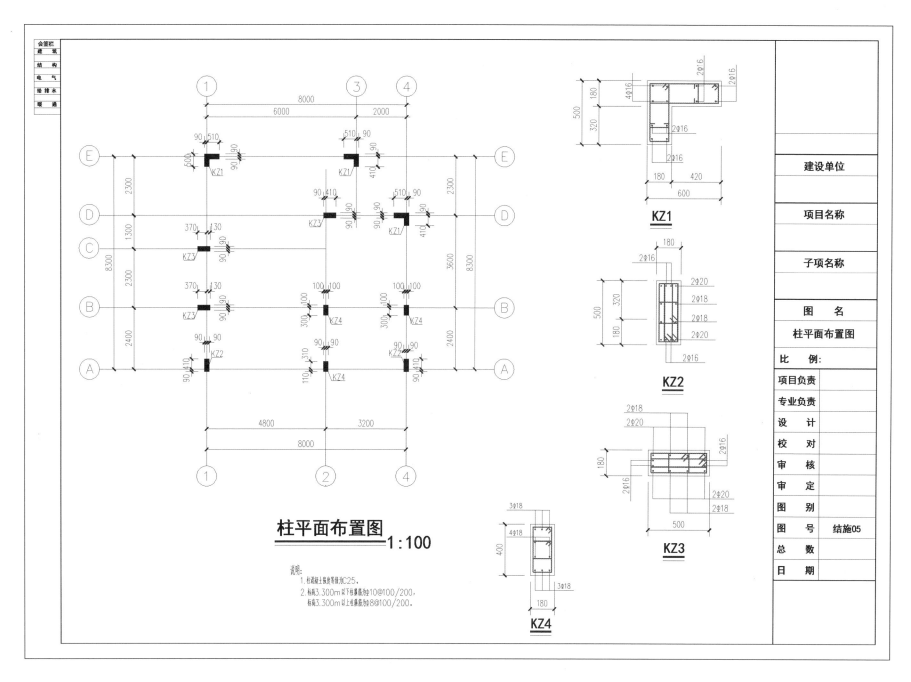

柱平面布置图 1:100

说明:
1. 柱混凝土强度等级为C25。
2. 标高3.300m以下柱箍筋为Φ10@100/200，
标高3.300m以上柱箍筋为Φ8@100/200。

KZ1

KZ2

KZ3

KZ4

建设单位

项目名称

子项名称

图 名
柱平面布置图

比 例:	
项目负责	
专业负责	
设 计	
校 对	
审 核	
审 定	
图 别	
图 号	结施05
总 数	
日 期	

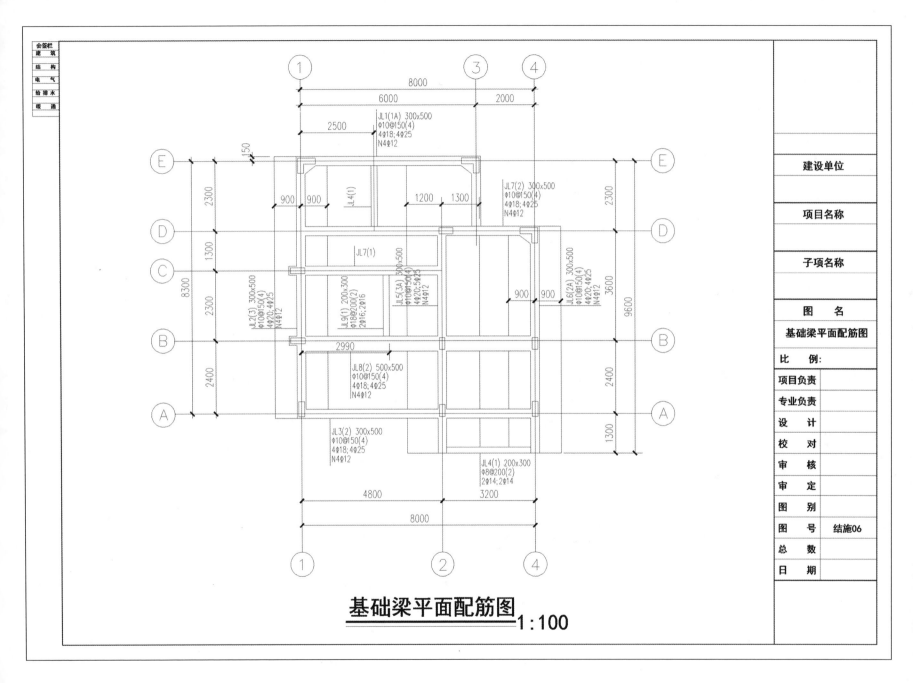

基础梁平面配筋图 1:100

会签栏
建 筑
结 构
电 气
给 排 水
暖 通

建设单位

项目名称

子项名称

图 名
基础梁平面配筋图

比 例:

项目负责
专业负责
设 计
校 对
审 核
审 定
图 别
图 号　结施06
总 数
日 期

JL1(1A) 300x500
Φ10@150(4)
4Φ18; 4Φ25
N4Φ12

JL7(2) 300x500
Φ10@150(4)
4Φ18; 4Φ25
N4Φ12

JL6(2A) 300x500
Φ10@150(4)
4Φ20; 4Φ25
N4Φ12

JL5(3A) 300x500
Φ10@150(4)
4Φ20; 5Φ25
N4Φ12

JL9(1) 200x300
Φ18@200(2)
2Φ16; 2Φ16

JL2(3) 300x500
Φ10@150(4)
4Φ20; 4Φ25
N4Φ12

JL8(2) 500x500
Φ10@150(4)
4Φ18; 4Φ25
N4Φ12

JL3(2) 300x500
Φ10@150(4)
4Φ18; 4Φ25
N4Φ12

JL4(1) 200x300
Φ8@200(2)
2Φ14; 2Φ14

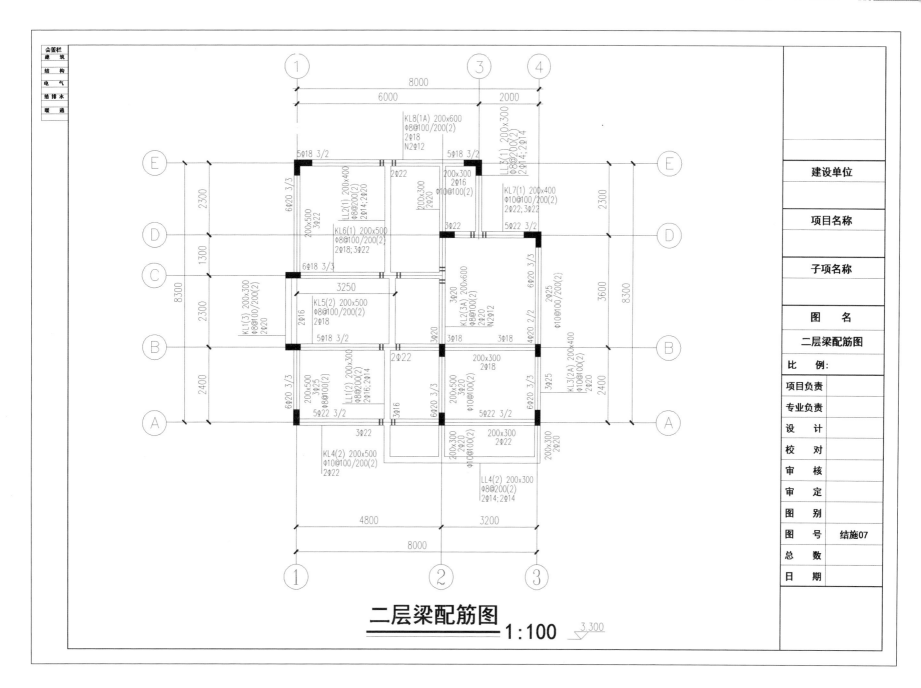

二层梁配筋图 1:100 _{3.300}

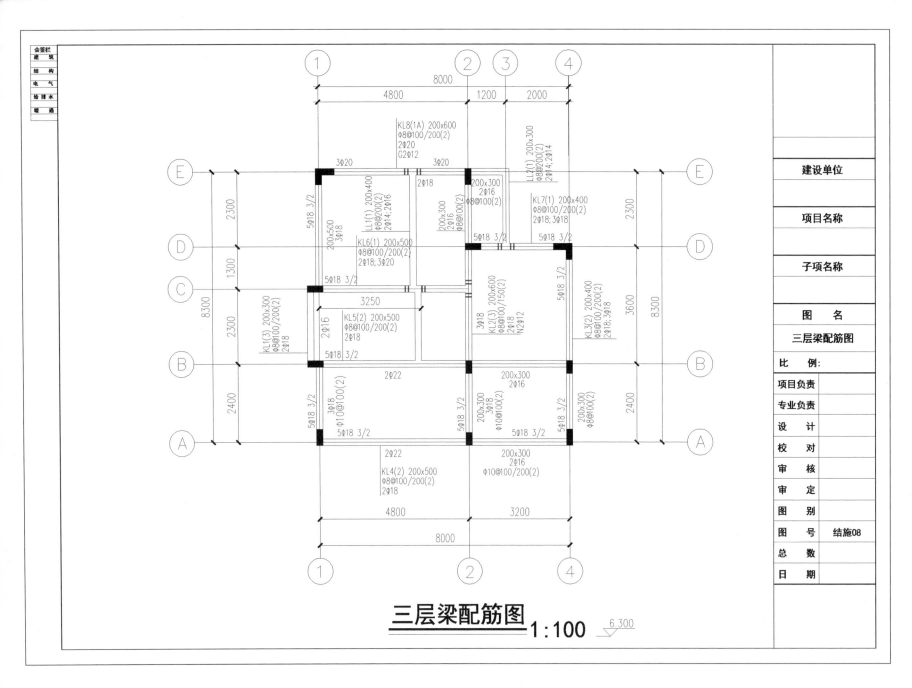

三层梁配筋图 1:100

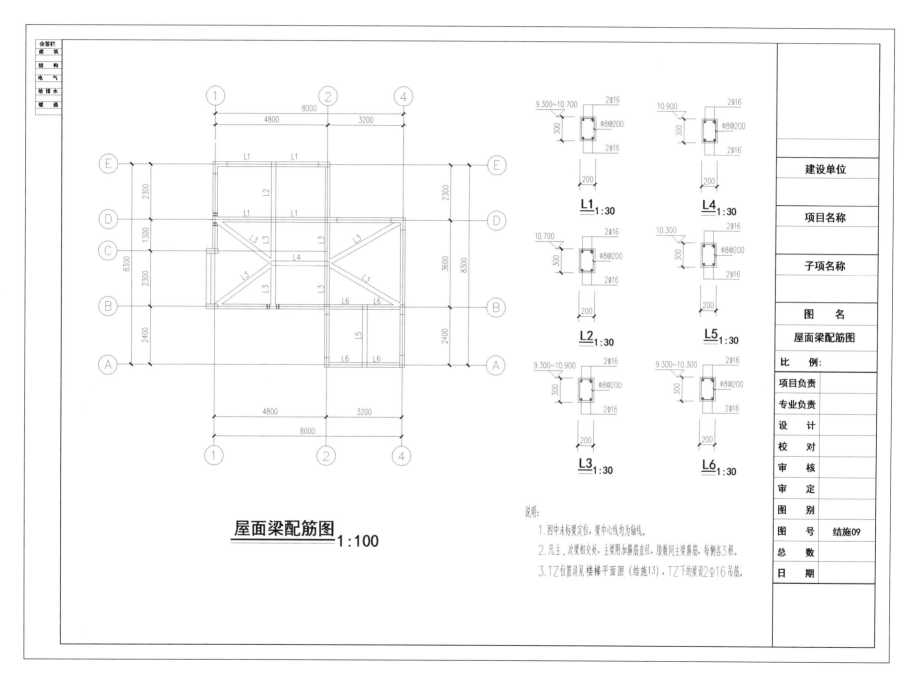

屋面梁配筋图 1:100

说明:
1. 图中未标梁定位,梁中心线均为轴线。
2. 凡主、次梁相交处,主梁附加箍筋直径、根数同主梁箍筋,每侧各3根。
3. TZ位置详见楼梯平面图(结施13),TZ下的梁设2Φ16吊筋。

建设单位	
项目名称	
子项名称	
图 名	屋面梁配筋图
比 例:	
项目负责	
专业负责	
设 计	
校 对	
审 核	
审 定	
图 别	
图 号	结施09
总 数	
日 期	

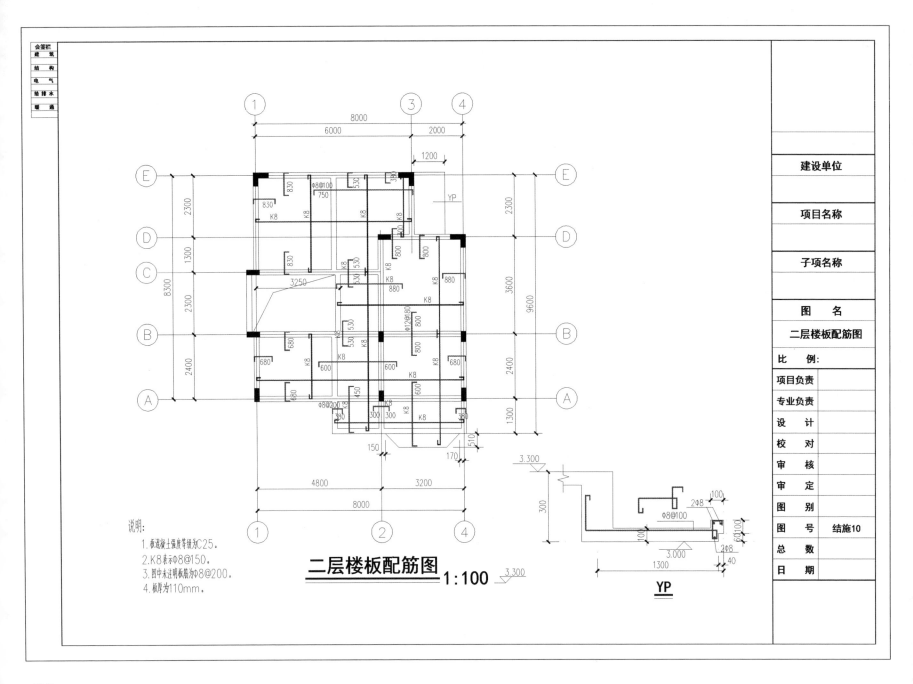

二层楼板配筋图 1:100

YP

说明:
1. 板混凝土强度等级为C25。
2. K8表示Φ8@150。
3. 图中未注明板筋为Φ8@200。
4. 板厚为110mm。

建设单位

项目名称

子项名称

图　名
二层楼板配筋图

比　例:

项目负责

专业负责

设　计

校　对

审　核

审　定

图　别

图　号　结施10

总　数

日　期

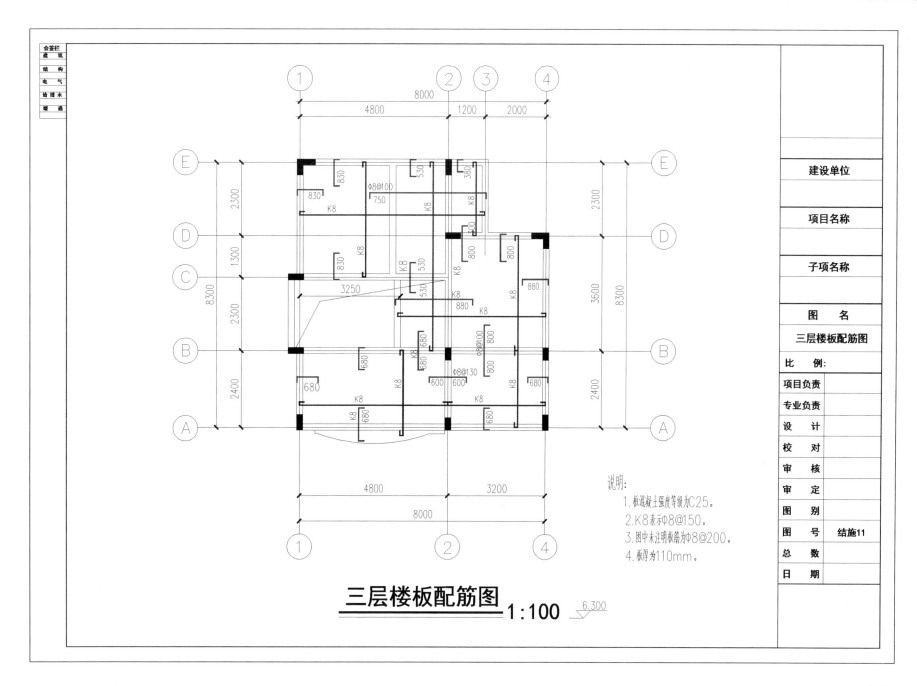

说明:
1. 板混凝土强度等级为C25。
2. K8表示Φ8@150。
3. 图中未注明板筋为Φ8@200。
4. 板厚为110mm。

三层楼板配筋图 1:100 6.300

建设单位

项目名称

子项名称

图　名
三层楼板配筋图

比　　例:	
项目负责	
专业负责	
设　　计	
校　　对	
审　　核	
审　　定	
图　　别	
图　　号	结施11
总　　数	
日　　期	

会签栏
建　筑
结　构
电　气
给排水
暖　通

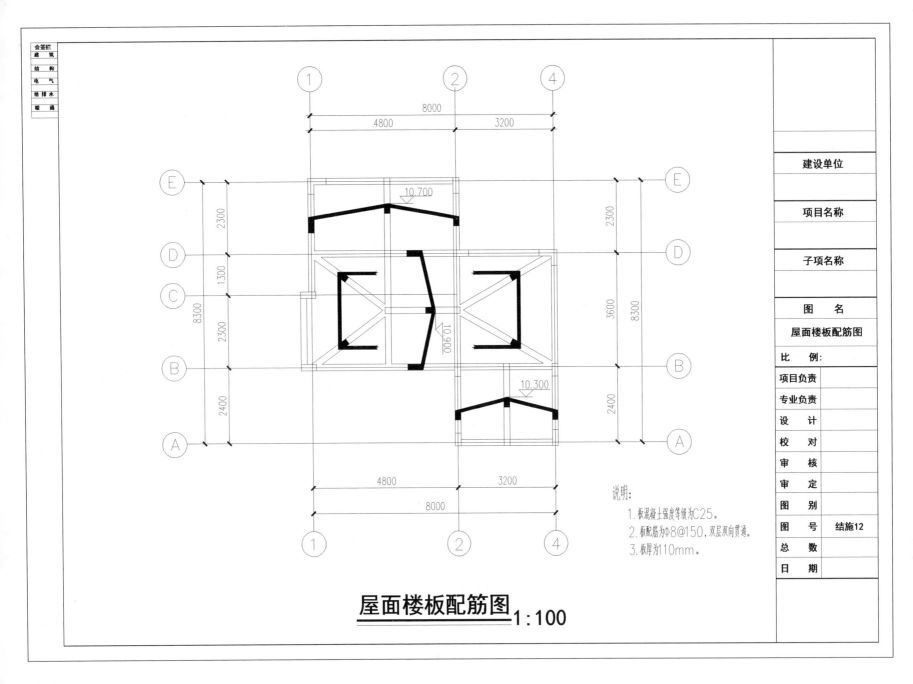

屋面楼板配筋图 1:100

说明：
1. 板混凝土强度等级为C25。
2. 板配筋为Φ8@150，双层双向贯通。
3. 板厚为110mm。

建设单位

项目名称

子项名称

图	名
屋面楼板配筋图	
比 例:	
项目负责	
专业负责	
设 计	
校 对	
审 核	
审 定	
图 别	
图 号	结施12
总 数	
日 期	

会签栏
建 筑
结 构
电 气
给排水
暖 通

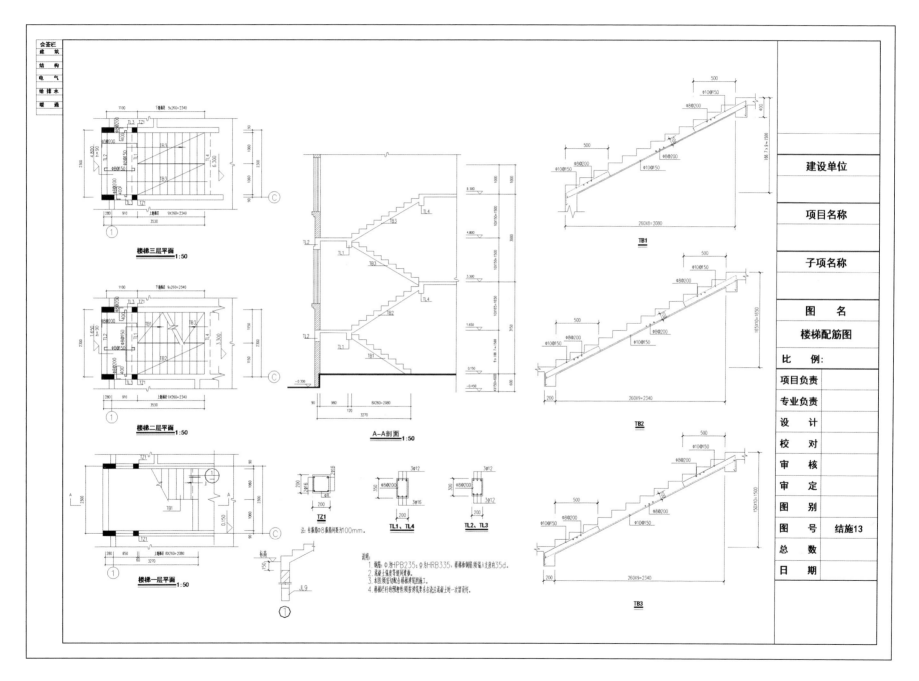

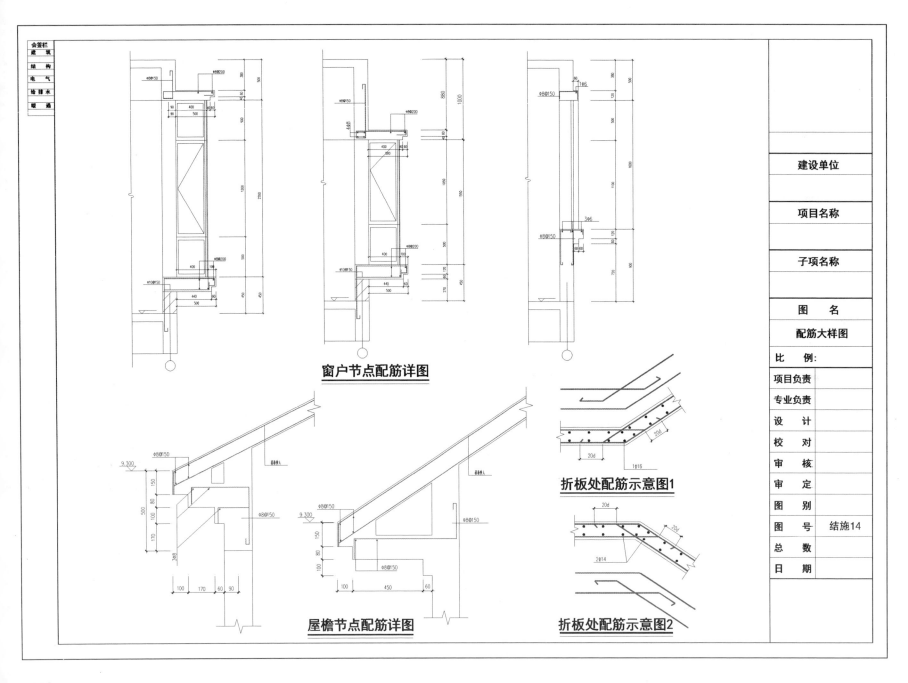

窗户节点配筋详图

屋檐节点配筋详图

折板处配筋示意图1

折板处配筋示意图2

会签栏	
建 筑	
结 构	
电 气	
给 排 水	
暖 通	

建设单位	
项目名称	
子项名称	
图 名	
配筋大样图	
比 例:	
项目负责	
专业负责	
设 计	
校 对	
审 核	
审 定	
图 别	
图 号	结施14
总 数	
日 期	

第 5 章　现 代 别 墅

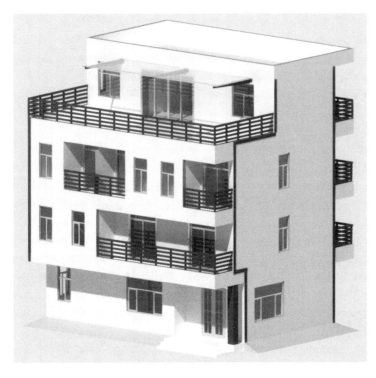

三维模型图

渲染效果图

5.1 建筑施工图

建筑设计说明

一、设计依据
1. 甲方提供的设计委托书。
2. 有关建筑设计的规范、规程和规定。

二、工程概述
1. 本工程建筑物主体三层，局部四层。建筑主体高度为13.800m，占地面积为100.00m²，建筑面积为451.40m²。
2. 本工程结构类型为钢筋混凝土框架结构，为多层民用建筑，防火耐火等级为二级。屋面防水等级为Ⅲ级，抗震设防烈度为7度，设计使用年限为50年。
3. 建筑物室内标高±0.000m，实际高程现场确定。室内外高差0.450m，放坡位置及朝向现场确定。

三、墙体
1. ■ 或 ▨ 表示钢筋混凝土构件。
2. □ 或 ▨ 表示水泥陶粒空心砖砌块。本工程外墙、楼梯间墙及分户墙为200mm厚，其他均为140mm厚，墙轴线居中。
3. 内墙抹灰时，凡墙（柱）阳角处均用1:2水泥砂浆护角，每边宽50mm，高2m，其面与粉刷抹平。
4. 外墙门窗与外墙接缝处采用聚合物水泥砂浆封严。
5. 卫生间的防水应采用整体设防措施，墙面和地面的找平层采用1:2聚合物水泥砂浆；墙面和地面的瓷砖或石材采用聚合物水泥素浆粘贴；穿管、地漏用密封材料封堵。

四、门窗
1. 外开门、窗均立樘于墙中，内开门、窗立樘与开启方向的墙面相平。
2. 门窗表中洞口高度是指楼板的结构面（或窗台）至梁（或过梁）底的高度，加门、窗时减去相应的楼面面层厚度。
3. 铝合金窗采用银白色铝合金框嵌5mm。

五、屋顶
1. 标高10.000m屋面构造层次。
（1）浅色地砖铺砌。
（2）20mm厚1:3水泥砂浆找平层，分格@1500。
（3）100mm厚粘土空心隔热砖。
（4）干铺油毡一层，为隔离层。
（5）合成高分子卷材1.2mm厚，遇墙上翻300mm。
（6）20mm厚1:0.8:4水泥石灰砂浆找平层。
（7）1:8水泥陶粒建筑找坡2%，局部找坡0.5%，最薄处30mm厚。

2. 标高13.200m屋面构造层次。
（1）30mm厚1:3水泥砂浆找平层，分格@1500。
（2）干铺油毡一层，为隔离层。
（3）合成高分子卷材1.2mm厚，遇墙上翻300mm。
（4）20mm厚1:0.8:4水泥石灰砂浆找平层。
（5）1:8水泥陶粒建筑找坡2%，局部找坡0.5%，最薄处30mm厚。

六、装修
1. 墙体
（1）外墙构造层次。
①陶瓷墙砖（颜色见立面图）。
②聚合物水泥砂浆3.0mm厚。
③聚合物水泥基防水涂膜1.0mm厚。
④15mm厚纤维水泥砂浆。
（2）厨房、卫生间、房间、楼梯间内墙构造层次。
①厨房、卫生间、楼梯间200mm×300mm白瓷片。
②聚合物水泥砂浆3.0mm厚。
③聚合物水泥基防水涂膜0.5mm厚。
④20mm厚1:3水泥砂浆。
（3）其他内墙为混合砂浆外刷防瓷涂料。

2. 楼地面。
（1）厨房、卫生间楼地面构造层次。
①300mm×300mm白色防滑地砖，常规铺贴。
②20mm厚1:3水泥砂浆。
③聚合物水泥基防水涂膜1.0mm厚，上翻150mm。
④20mm厚1:3水泥砂浆。
（2）其余楼地面为500mm×500mm浅色耐磨地砖。
（3）楼梯：楼梯踏步勘面，踏面均为陶瓷地砖。

七、其他
1. 墙身于标高−0.060m处按1:2水泥砂浆掺5%防水粉比例做防潮层20mm厚。
2. 各层平面中，卫生间楼地面标高均比同层室内低50mm，阳台则比同层室内低30mm。以上楼面均为0.5%坡向地漏。
3. 外窗台、窗顶及女儿墙等墙体外露部分均须做滴水线或流水坡。
4. 凡要求排水找坡的地方，找坡厚度大于30mm时，采用1:8水泥陶粒或C10细石混凝土找坡；厚度小于30mm时，采用1:3水泥砂浆找坡。
5. 各层平面图中，未注明门垛为贴柱进或柱宽100mm。
6. 凡入墙木构件均涂水柏油防腐。
7. 所有装修材料均需提供样板卡或在现场同设计人员和甲方研究后选用施工。
8. 二次装修由甲方负责，本设计图应同其他有关专业图纸密切配合施工，不得任意修改设计图纸。如确需调整时，请与设计单位共同研究决定。

会签栏	
建筑	
结构	
电气	
给排水	
暖通	

建设单位	
项目名称	
子项名称	
图 名	建筑设计说明
比 例：	
项目负责	
专业负责	
设 计	
校 对	
审 核	
审 定	
图 别	
图 号	建施01
总 数	
日 期	

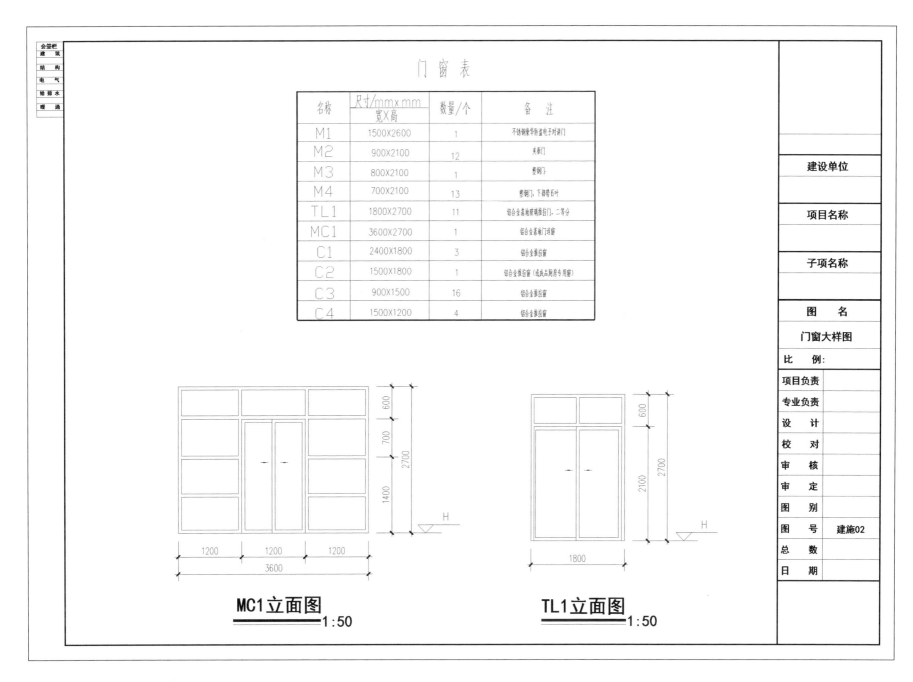

门 窗 表

名称	尺寸/mm×mm 宽×高	数量/个	备 注
M1	1500X2600	1	不锈钢豪华防盗电子对讲门
M2	900X2100	12	夹板门
M3	800X2100	1	塑钢门
M4	700X2100	13	塑钢门,下部带百叶
TL1	1800X2700	11	铝合金落地玻璃推拉门,二等分
MC1	3600X2700	1	铝合金落地门连窗
C1	2400X1800	3	铝合金推拉窗
C2	1500X1800	1	铝合金推拉窗(或成品厨房专用窗)
C3	900X1500	16	铝合金推拉窗
C4	1500X1200	4	铝合金推拉窗

MC1立面图 1:50

TL1立面图 1:50

会签栏
建 筑
结 构
电 气
给 排 水
暖 通

建设单位

项目名称

子项名称

图 名

门窗大样图

比 例:

项目负责
专业负责
设 计
校 对
审 核
审 定
图 别
图 号 建施02
总 数
日 期

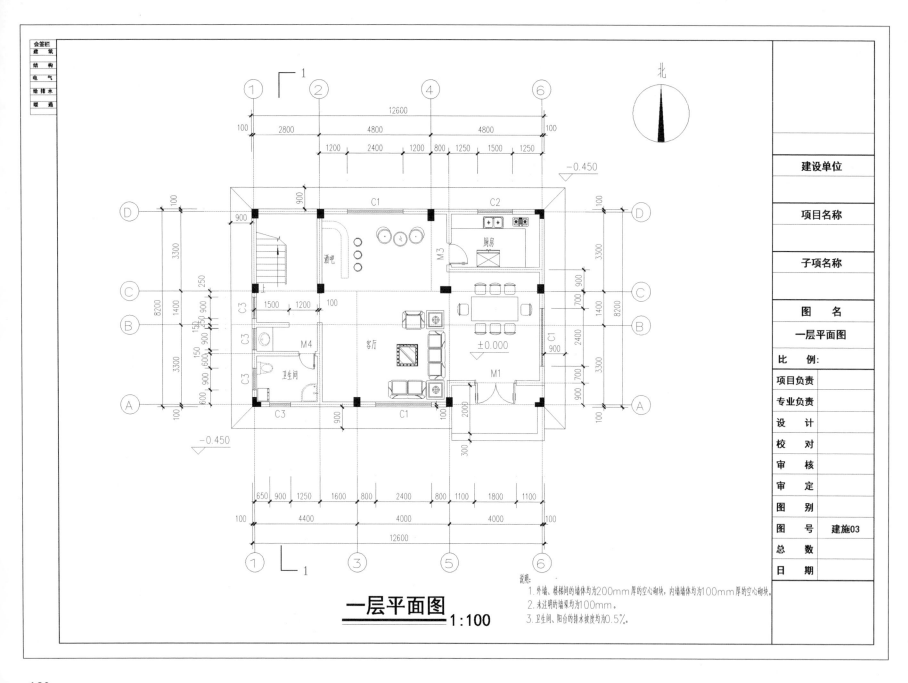

北

C1　C2

厨房

酒吧

M3

客厅

M4

卫生间

±0.000

M1

C3

一层平面图
1:100

说明:
1. 外墙、楼梯间的墙体均为200mm厚的空心砌块,内墙墙体均为100mm厚的空心砌块。
2. 未注明的墙垛均为100mm。
3. 卫生间、阳台的排水坡度均为0.5%。

建设单位	
项目名称	
子项名称	
图　名	
	一层平面图
比　例:	
项目负责	
专业负责	
设　计	
校　对	
审　核	
审　定	
图　别	
图　号	建施03
总　数	
日　期	

会签栏
建　筑
结　构
电　气
给排水
暖　通

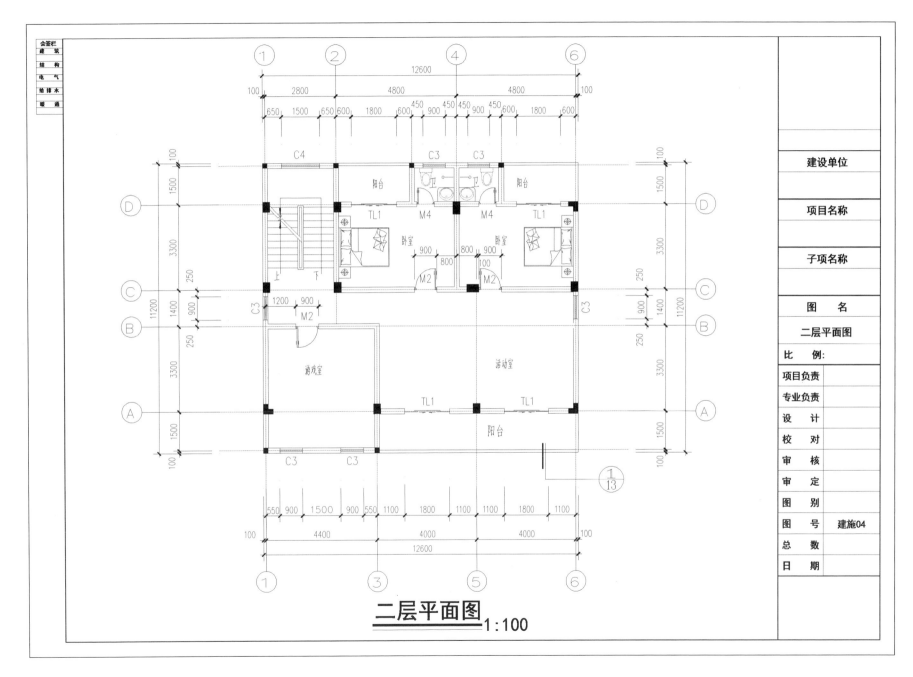

二层平面图 1:100

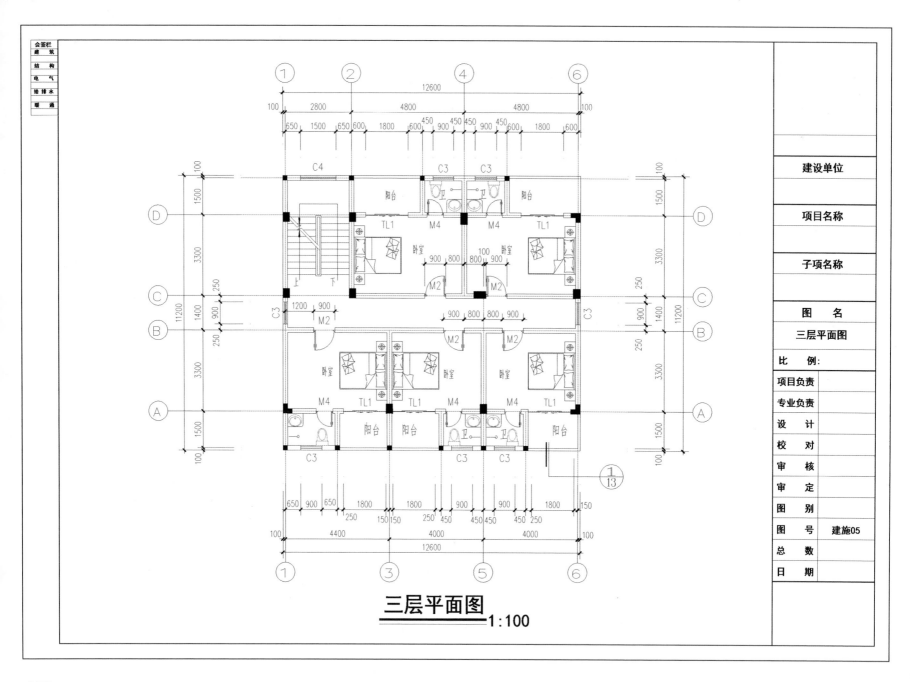

三层平面图
1:100

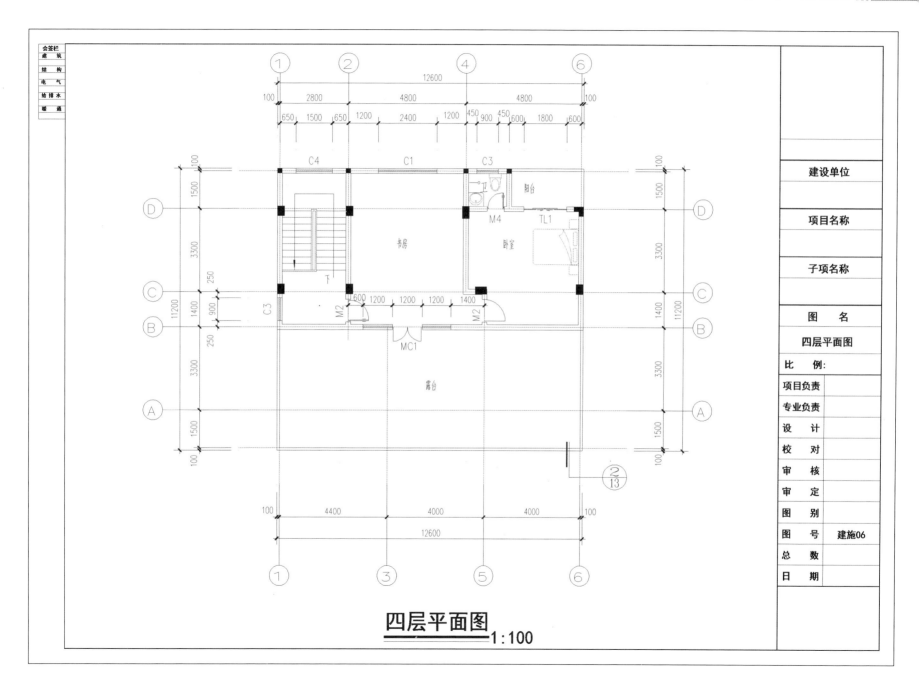

四层平面图
1:100

| 建设单位 |
| 项目名称 |
| 子项名称 |
| 图 名 |
| 四层平面图 |
| 比 例: |
| 项目负责 |
| 专业负责 |
| 设 计 |
| 校 对 |
| 审 核 |
| 审 定 |
| 图 别 |
| 图 号 建施06 |
| 总 数 |
| 日 期 |

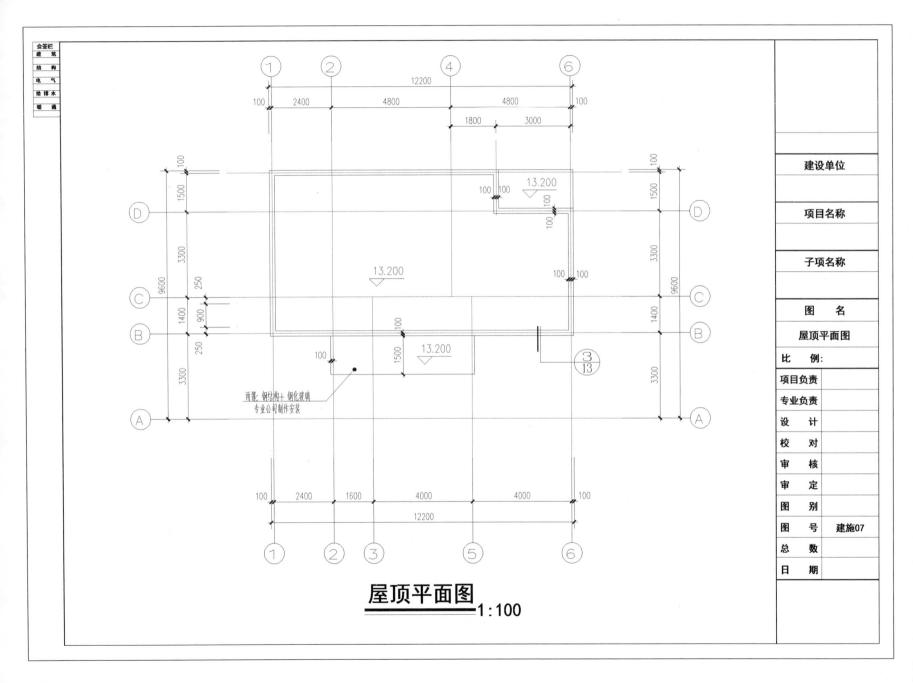

会签栏
建 筑
结 构
电 气
给 排 水
暖 通

建设单位

项目名称

子项名称

图 名

屋顶平面图

比 例:

项目负责

专业负责

设 计

校 对

审 核

审 定

图 别

图 号 建施07

总 数

日 期

13.200

13.200

13.200

雨篷: 钢结构 + 钢化玻璃
专业公司制作安装

屋顶平面图
1:100

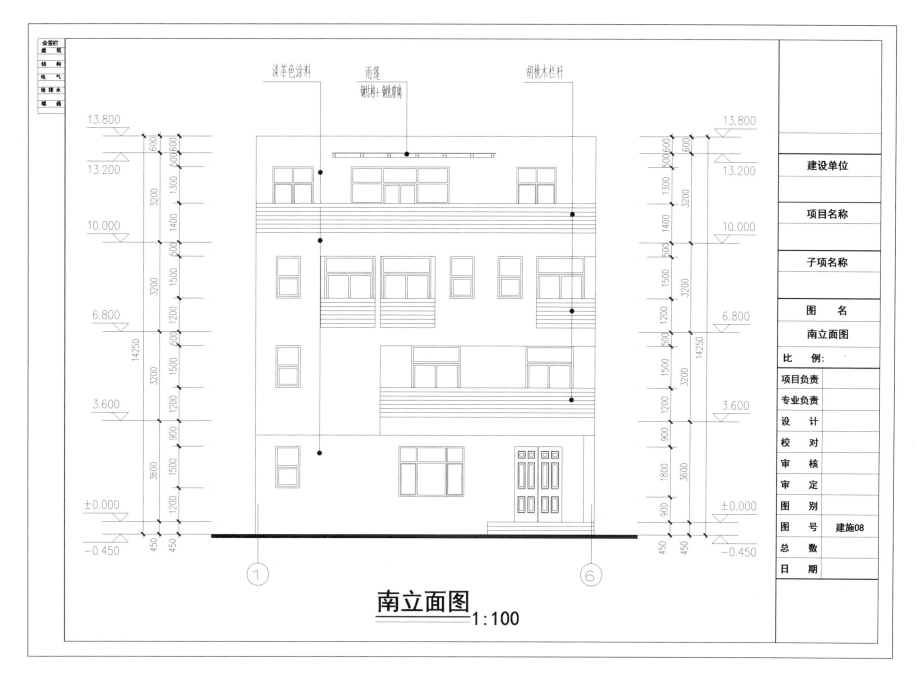

南立面图
1:100

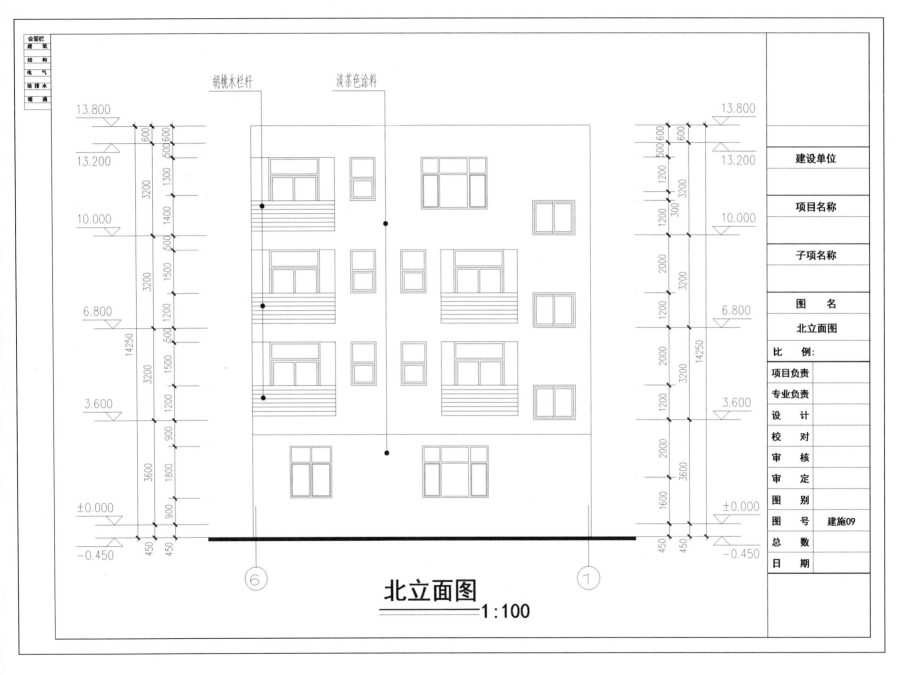

胡桃木栏杆　　淡茶色涂料

北立面图
1:100

会签栏
建　筑
结　构
电　气
给排水
暖　通

建设单位

项目名称

子项名称

图　　名
北立面图

比　　例:

项目负责
专业负责
设　计
校　对
审　核
审　定
图　别
图　号　建施09
总　数
日　期

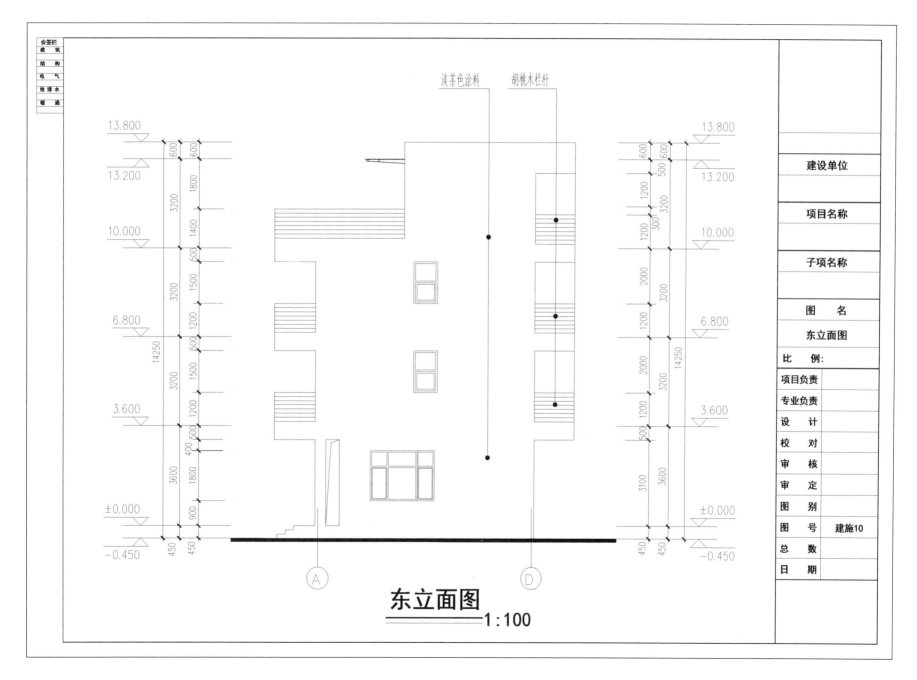

淡茶色涂料　胡桃木栏杆

东立面图
1:100

会签栏
建　筑
结　构
电　气
给排水
暖　通

建设单位

项目名称

子项名称

图　　名
东立面图

比　　例:

项目负责
专业负责
设　　计
校　　对
审　　核
审　　定
图　　别
图　　号　　建施10
总　　数
日　　期

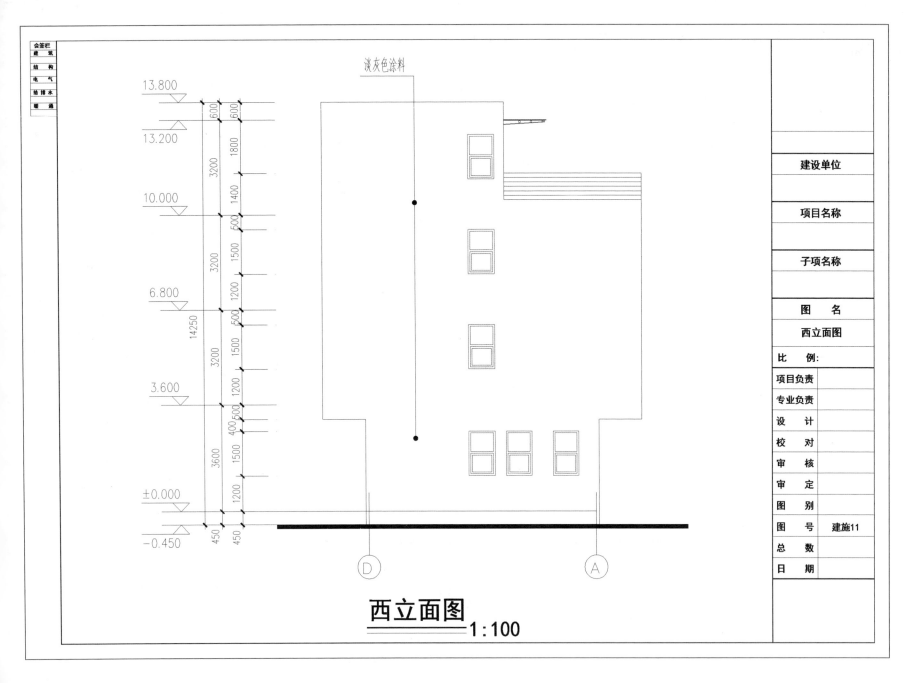

淡灰色涂料

13.800

13.200

10.000

6.800

3.600

±0.000

−0.450

600
600
1800
3200
1400
500
3200
1500
1200
500
14250
3200
1500
1200
400 500
3600
1500
1200
450
450

D

A

西立面图
1:100

会签栏
建 筑
结 构
电 气
给排水
暖 通

建设单位	
项目名称	
子项名称	
图　　名	
西立面图	
比　　例：	
项目负责	
专业负责	
设　　计	
校　　对	
审　　核	
审　　定	
图　　别	
图　　号	建施11
总　　数	
日　　期	

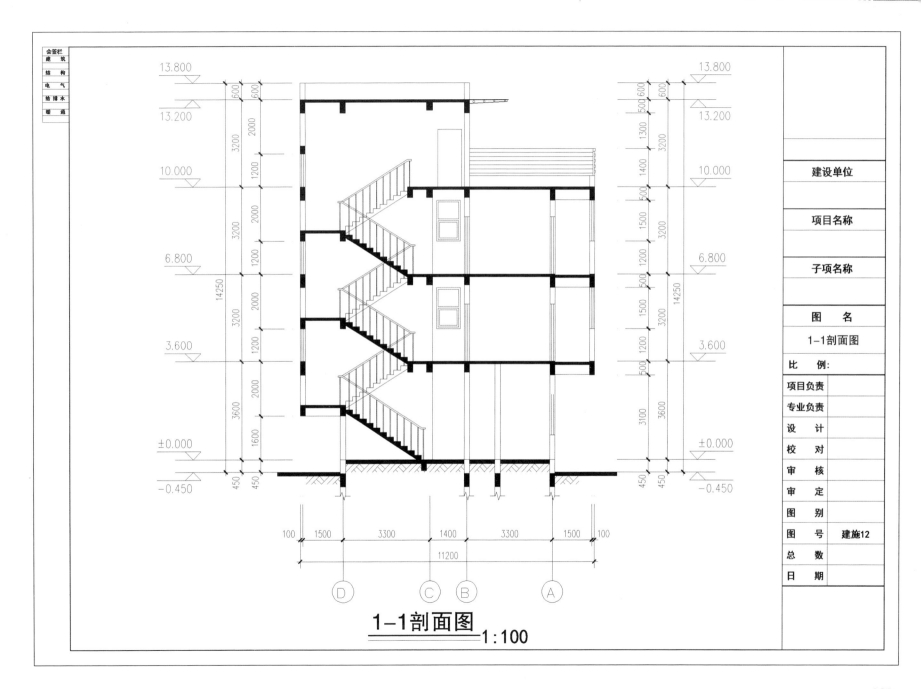

1-1剖面图
1:100

会签栏
建　筑
结　构
电　气
给排水
暖　通

建设单位

项目名称

子项名称

图　名	
	1-1剖面图
比　例:	
项目负责	
专业负责	
设　计	
校　对	
审　核	
审　定	
图　别	
图　号	建施12
总　数	
日　期	

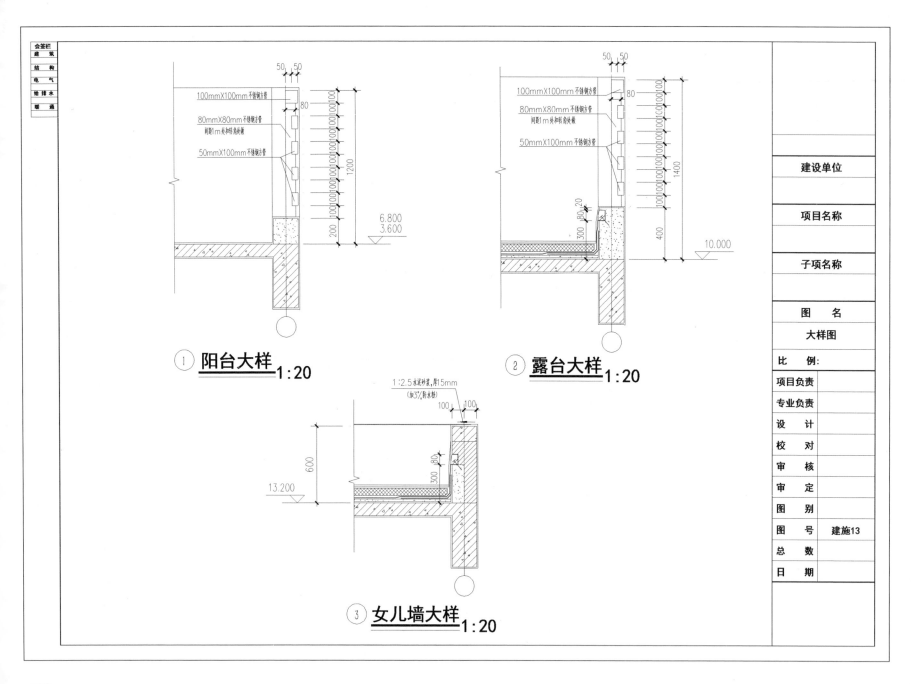

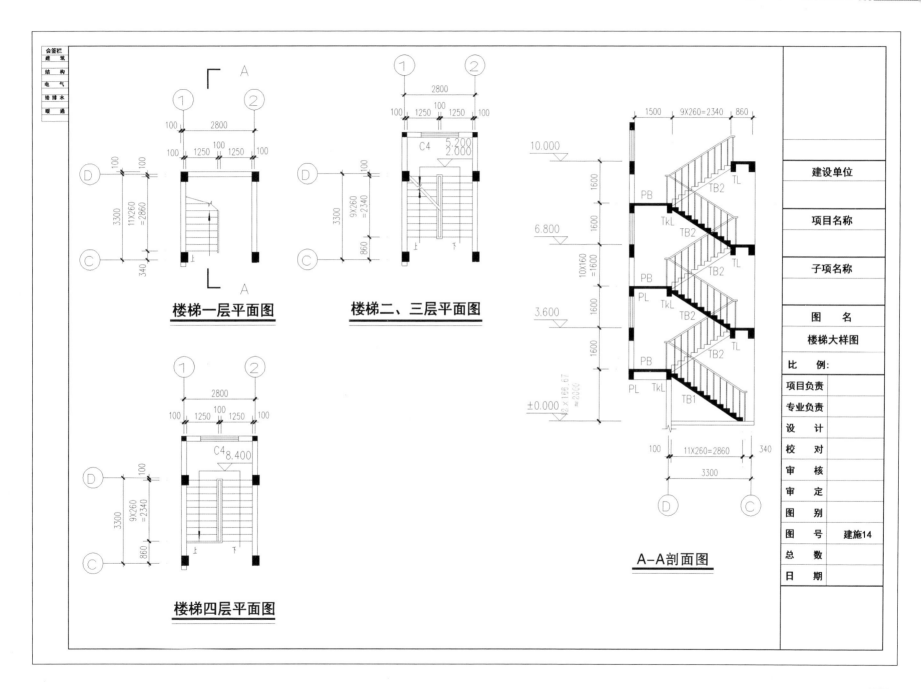

楼梯一层平面图

楼梯二、三层平面图

楼梯四层平面图

A-A剖面图

图名 楼梯大样图 / 图号 建施14

5.2 结构施工图

会签栏
建 筑
结 构
电 气
给排水
暖 通

结构设计说明（一）

一、一般说明

1. 本工程±0.000m为室内地面标高，相当于绝对标高值现场确定。
2. 本工程设计和施工遵循如下规范。
   (1)《建筑地基基础设计规范》（GB 50007—2011）。
   (2)《建筑结构荷载规范》（GB 50009—2012）。
   (3)《混凝土结构设计规范》（GB 50010—2010）。
   (4)《建筑抗震设计规范》（GB 50011—2010）。
   (5)《建筑地基基础工程施工质量验收标准》（GB 50202—2018）。
   (6)《混凝土结构工程施工质量验收规范》（GB 50204—2015）。
3. 本工程设计活荷载标准值取值如下。
   房间为2.0kPa；楼梯为2.5kPa；不上人屋面为0.7kPa；上人屋面为2.0kPa；走廊为2.5kPa。

二、主要设计参数

1. 本工程抗震设防烈度为7度，框架抗震等级为三级，防火耐火等级为二级。
2. 本结构的安全等级为二级，设计使用年限为50年。

三、地基基础部分

1. 本工程采用独立基础天然地基，地基持力层为粉质黏土层，其承载力标准值为180kPa。
2. 对于各类型基础，若施工时发现实际地质情况与设计不符，应通知设计等有关部门共同研究处理。

四、钢筋混凝土结构部分

1. 材料及制作要求。
   (1) 构件材料表。

构件名称	结构部位	混凝土强度等级	钢筋强度设计值	备注
基础	全部	C20		
框架柱	全部	C25	HPB235钢筋（Φ） fy=f'y=210N/mm²	
梁	全部	C25		
楼板	全部	C20		
构造柱	全部	C20	HRB400钢筋（Φ） fy=f'y=360N/mm²	
楼梯	全部	C20		
垫层	全部	C10		

(2) 所有钢筋混凝土构件均须按规范进行养护和控制拆模时间。对于跨度大于8m或悬臂长大于2m的梁，混凝土强度处须达到100%后方可拆除底模。

2. 楼板。
   (1) 单向板底筋的分布筋及单向、双向板支座底的分布筋，除图中注明外，均采用φ6@200。双向板的底筋，短向筋在底层，长向筋放在短向筋之上。
   (2) 各楼层的端跨板的端角处（包括嵌固于系重墙内或支承于框架梁上）或图中有"▲"符号处，在L<1/3短向板跨范围内，配置不小于板面负筋@100的双向面筋。
   (3) 对于配有双层钢筋的楼板，除注明做法要求外，均加加支撑钢筋。其型式如支撑筋的高度除另有注明外，应为h=板厚−20，以保证上、下层钢筋位置准确支撑钢筋用，每平方米设置一个。
   (4) 楼板开洞范围图中注明外，当洞宽小于或等于300mm时，可不设置加筋，使受力筋绕过洞孔，不得切断。
   (5) 上、下水管道及设备孔洞均须按预留孔洞平面有关专业图示位置及大小预留，不得后凿。

3. 梁柱。
   (1) 对于跨度4m和悬臂跨度大于2m的梁，应按3/1000起拱。
   (2) 由于设备需要在梁开洞或设埋件，应严格按照设计图纸规定设置。在浇筑混凝土前经检查符合设计要求后方可浇筑混凝土，预留孔不得后凿。
   (3) 当框架梁、柱混凝土强度等级不同且相差超过5MPa时，其节点处的混凝土应在等级较高的施工，且向梁边伸展500mm。
   (4) 梁柱节点及核心区内应严格按规定设置加密箍。梁面箍筋筋只能采用焊接接头。
   (5) 当多跨框架梁连续梁相邻跨高度不同时，梁顶负筋向外伸长度以长跨为准。若短跨两端负筋重叠合，宜将其贯通。
   (6) 悬挑梁或连续梁，梁面高差小于或等于30mm时，上部负筋可按图1弯折。框架梁、柱纵筋，按图2要求保证受外侧纵筋弯入柱外侧纵筋的内边。

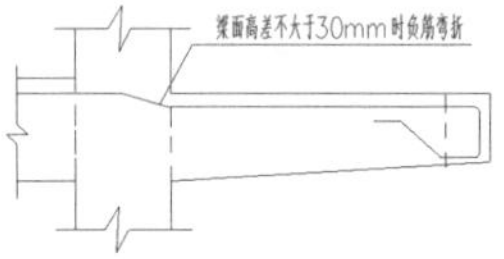

图1 负筋弯折示意图

梁面高差不大于30mm时负筋弯折

建设单位	
项目名称	
子项名称	
图 名	
结构设计说明（一）	
比 例：	
项目负责	
专业负责	
设 计	
校 对	
审 核	
审 定	
图 别	
图 号	结施01
总 数	
日 期	

结构设计说明（二）

(7) 框架梁纵筋须置于柱纵筋的内边，框架梁纵筋伸入边柱的水平段长度小于0.45laE时，按图3加焊横向短筋。但加短筋后框架梁纵筋伸入边柱的水平段长度不得小于0.38laE。

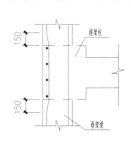

图2　梁柱纵筋关系图

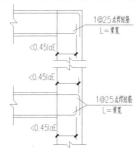

图3　梁端纵筋加强图

(8) 施工必须遵守《混凝土结构施工图平面整体表示方法制图规则和构造详图》(22G101—1)中的有关规定，对各项要求和构造措施均须严格遵照执行。

五、门窗过梁

墙内的门洞、窗洞或设备留孔，其洞顶均需设过梁，略图上另有注明除外，统一按下述进行处理。

1. 小型砌块砌体的门洞、窗洞或设备预留孔，其洞顶均需设过梁。
2. 墙体根据建筑图中门、窗洞口宽度选用过梁，过梁在洞口两边砖墙的支承长度大于或等于250mm；在陶粒混凝土空心墙上的支承长度大于或等于390mm，支承过梁的空心砌块用混凝土灌实孔洞。
3. 门、窗过梁与柱相交时，应在柱内预留套梁插筋，如图4所示。

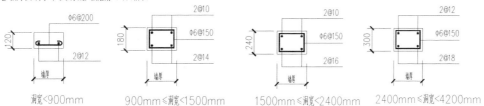

洞宽<900mm　　900mm≤洞宽<1500mm　　1500mm≤洞宽<2400mm　　2400mm≤洞宽<4200mm

图4　过梁配筋图

4. 当洞顶离结构梁（板）底小于钢筋砖过梁高度及钢筋混凝土过梁高度时，过梁与结构梁（或板）浇成整体，如图5所示。

六、其他

1. 本工程的结构施工，应同建筑、水、电等专业的图纸配合施工，及时预留孔洞和埋件（如管道、栏杆、门窗固定件等）。除结构图面有注明外，水、电埋管不得穿越梁柱，板内埋管不得集束或重叠铺设，须分散减少交叉，以免损伤结构安全。
2. 建设单位在施工前应及时组织图纸会审。

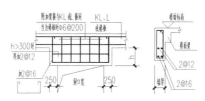

图5　过梁与结构梁结构

会签栏
建　筑
结　构
电　气
结排水
暖　通

建设单位

项目名称

子项名称

图　　名　结构设计说明（二）

比　　例：

项目负责

专业负责

设　计

校　对

审　核

审　定

图　别

图　号　结施02

总　数

日　期

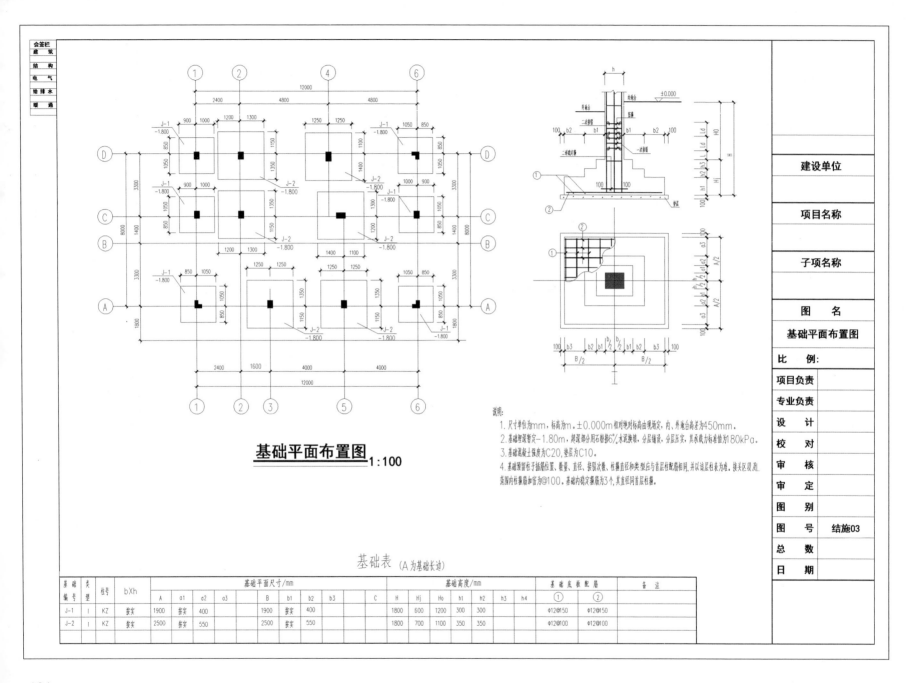

基础平面布置图 1:100

说明:
1. 尺寸单位为mm,标高为m。±0.000m相对绝对标高由现场定,内、外地台高差为450mm。
2. 基础埋深暂定-1.80m,超深部分用石粉掺6%水泥换填,分层铺设,分层压实,其承载力标准值为180kPa。
3. 基础混凝土强度为C20,垫层为C10。
4. 基础预留柱子插筋位置、数量、直径、搭接次数,柱截面直径和类型应与首层柱配筋相同,并以该层柱表为准。搭接区段凡范围内柱箍筋加密为@100。基础内确定箍筋为3个,其直径同首层柱箍。

基础表 (A为基础长边)

基础编号	类型	柱号	bXh	基础平面尺寸/mm									基础高度/mm							基础底板配筋		备注
				A	a1	a2	a3	B	b1	b2	b3	C	H	Hj	Ho	h1	h2	h3	h4	①	②	
J-1	I	KZ	按实	1900	按实	400		1900	按实	400			1800	600	1200	300	300			Φ12@150	Φ12@150	
J-2	I	KZ	按实	2500	按实	550		2500	按实	550			1800	700	1100	350	350			Φ12@100	Φ12@100	

建设单位
项目名称
子项名称
图 名 基础平面布置图
比 例:
项目负责
专业负责
设 计
校 对
审 核
审 定
图 别
图 号 结施03
总 数
日 期

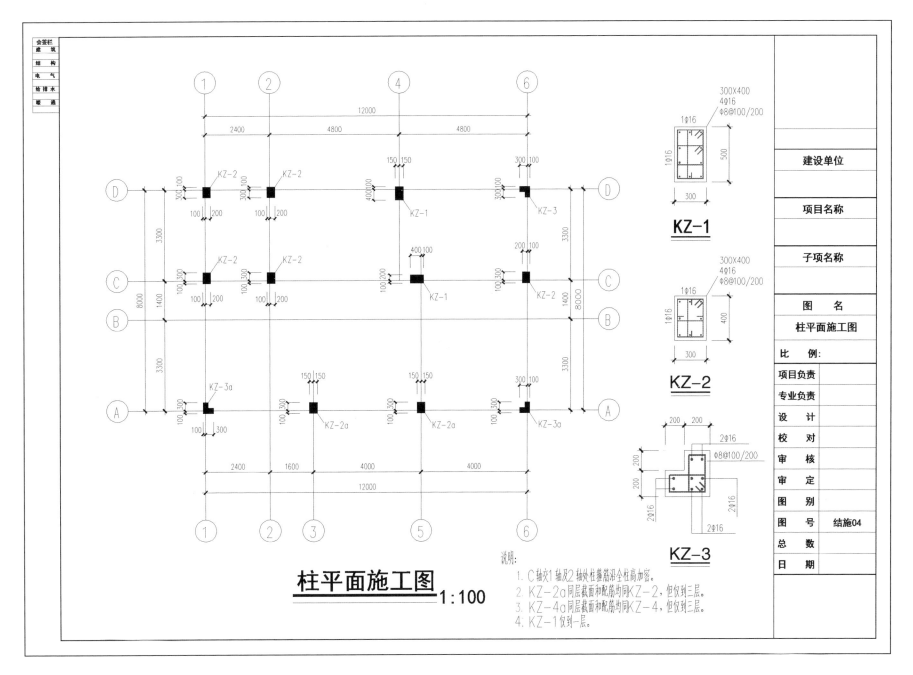

柱平面施工图 1:100

KZ-1
300X400
4φ16
φ8@100/200

KZ-2
300X400
4φ16
φ8@100/200

KZ-3
2φ16
φ8@100/200

说明:
1. C轴交1轴及2轴处柱箍筋沿全柱高加密。
2. KZ-2a同层截面和配筋均同KZ-2, 但仅到三层。
3. KZ-4a同层截面和配筋均同KZ-4, 但仅到三层。
4. KZ-1仅到一层。

会签栏
建　筑
结　构
电　气
结排水
暖　通

建设单位

项目名称

子项名称

图　名
柱平面施工图

比　例:
项目负责
专业负责
设　计
校　对
审　核
审　定
图　别
图　号　结施04
总　数
日　期

135

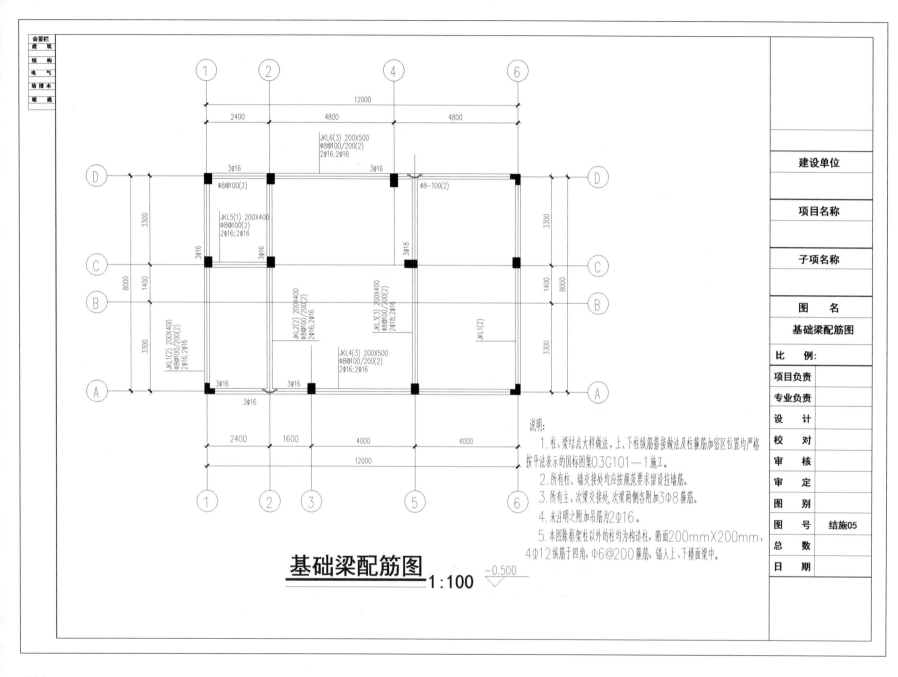

说明:
1. 柱、梁结点大样做法,上、下柱纵筋搭接做法及柱箍筋加密区位置均严格按平法表示的国标图集03G101—1施工。
2. 所有柱、墙交接处均应按规范要求留设拉墙筋。
3. 所有主、次梁交接处,次梁两侧各附加3Φ8箍筋。
4. 未注明之附加吊筋为2Φ16。
5. 本图除框架柱以外的柱均为构造柱,断面200mm×200mm,4Φ12纵筋于四角,Φ6@200箍筋,锚入上、下楼面梁中。

基础梁配筋图 1:100
−0.500

会签栏
建 筑
结 构
电 气
给排水
暖 通

建设单位

项目名称

子项名称

图 名
基础梁配筋图

比 例:

项目负责
专业负责
设 计
校 对
审 核
审 定
图 别
图 号 结施05
总 数
日 期

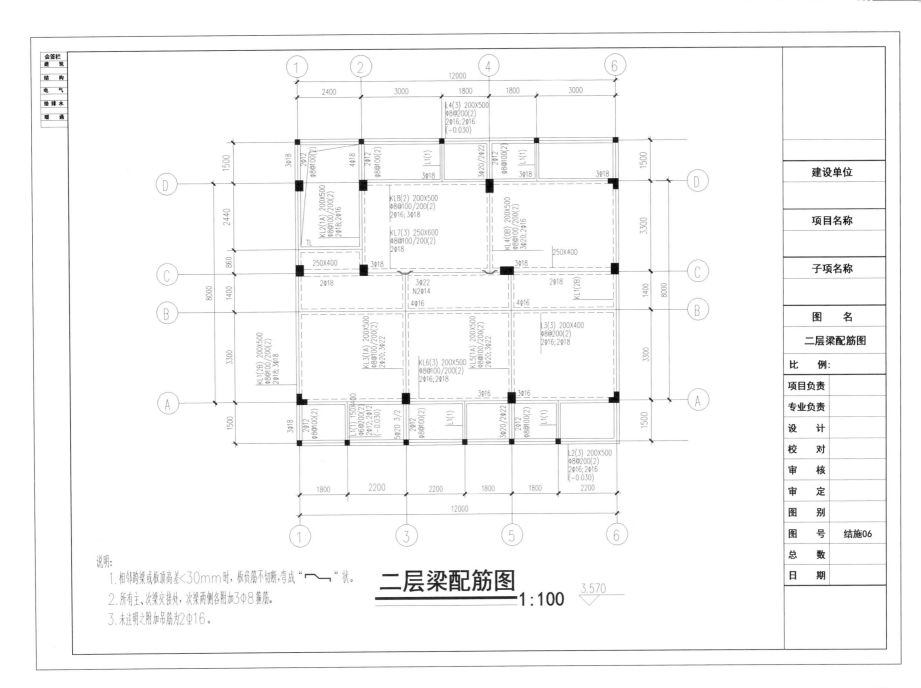

二层梁配筋图
1:100

建设单位	
项目名称	
子项名称	
图　名	二层梁配筋图
比　　例:	
项目负责	
专业负责	
设　计	
校　对	
审　核	
审　定	
图　别	
图　号	结施06
总　数	
日　期	

说明:
1. 相邻跨梁或板顶高差<30mm时,板负筋不切断,弯成"⌐⌐"状。
2. 所有主、次梁交接处,次梁两侧各附加3Φ8箍筋。
3. 未注明之附加吊筋为2Φ16。

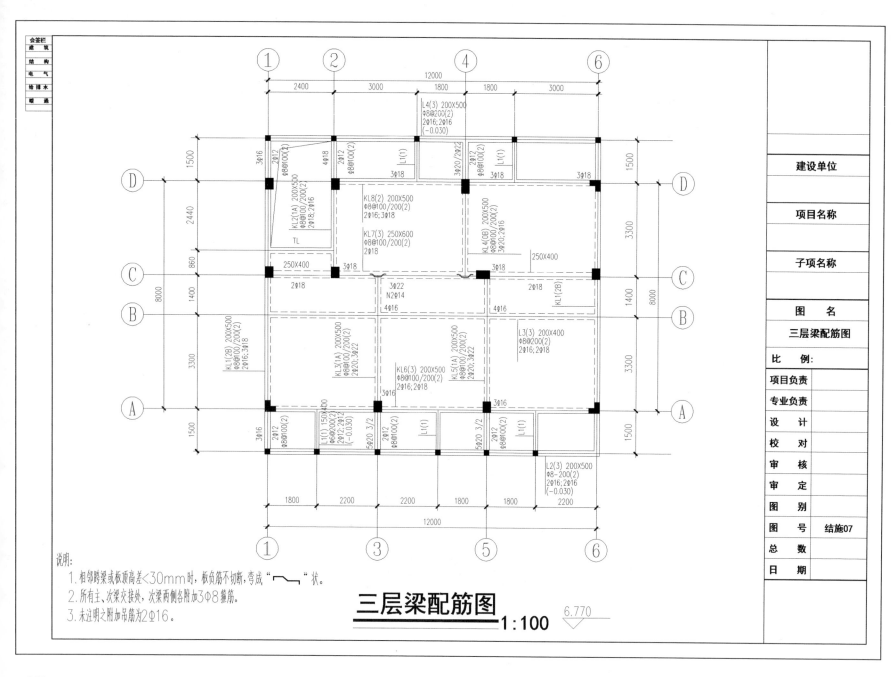

说明：
1．相邻跨梁或板顶高差＜30mm时，板负筋不切断，弯成"⌐ ⌐"状。
2．所有主、次梁交接处，次梁两侧各附加3Φ8箍筋。
3．未注明之附加吊筋为2Φ16。

三层梁配筋图

1:100   6.770

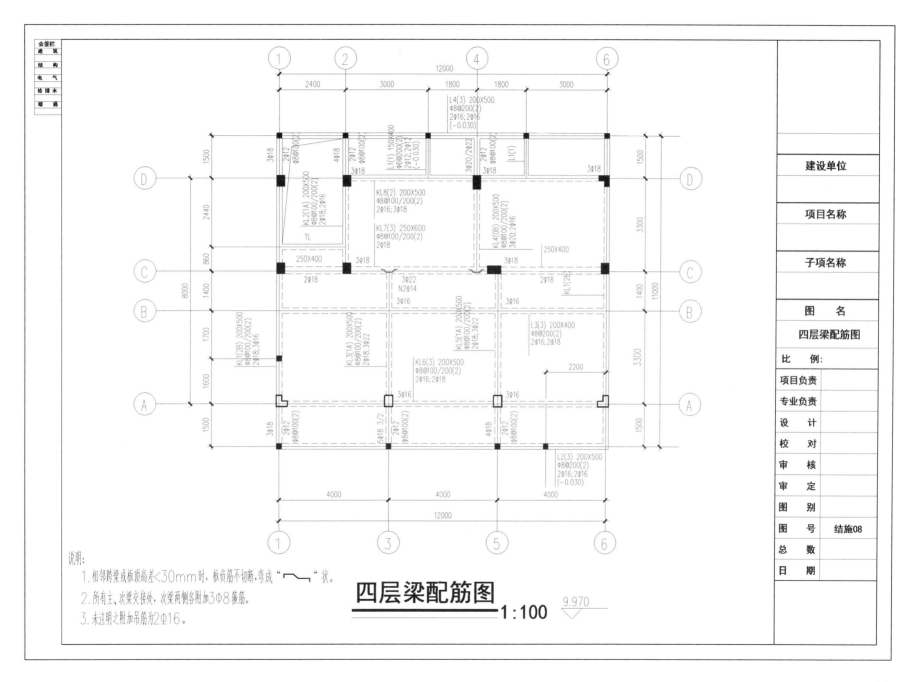

四层梁配筋图
1:100

说明:
1. 相邻跨梁或板顶高差<30mm时,板负筋不切断,弯成"⌐‾_"状。
2. 所有主、次梁交接处,次梁两侧各附加3Φ8箍筋。
3. 未注明之附加吊筋为2Φ16。

建设单位

项目名称

子项名称

图　名
四层梁配筋图
比　例:
项目负责
专业负责
设　计
校　对
审　核
审　定
图　别
图　号　结施08
总　数
日　期

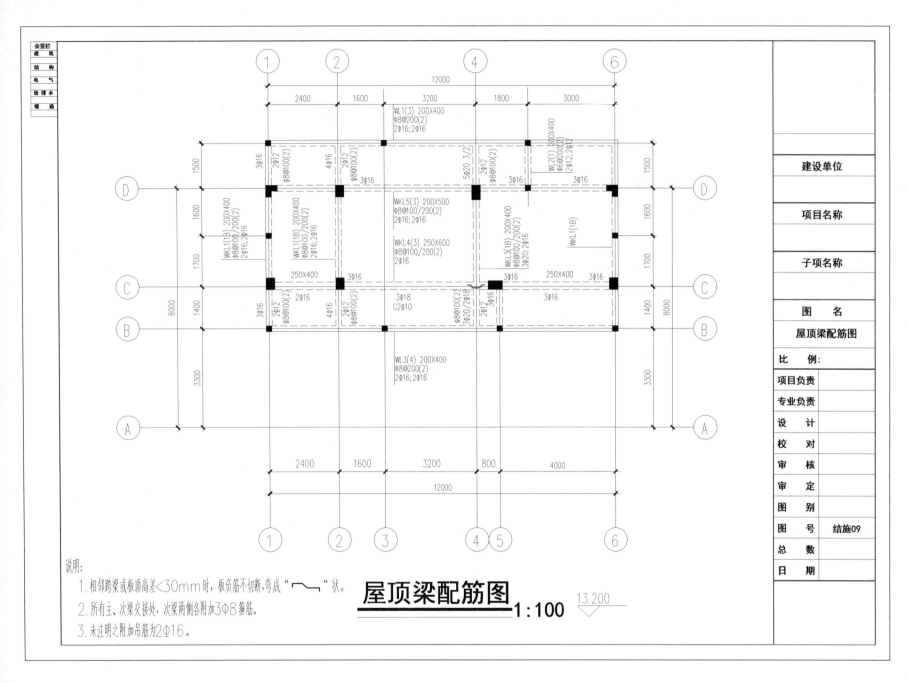

说明:
1. 相邻跨梁或板顶高差<30mm时,板负筋不切断,弯成"⌐⌐"状。
2. 所有主、次梁交接处,次梁两侧各附加3Φ8箍筋。
3. 未注明之附加吊筋为2Φ16。

屋顶梁配筋图 1:100

13.200

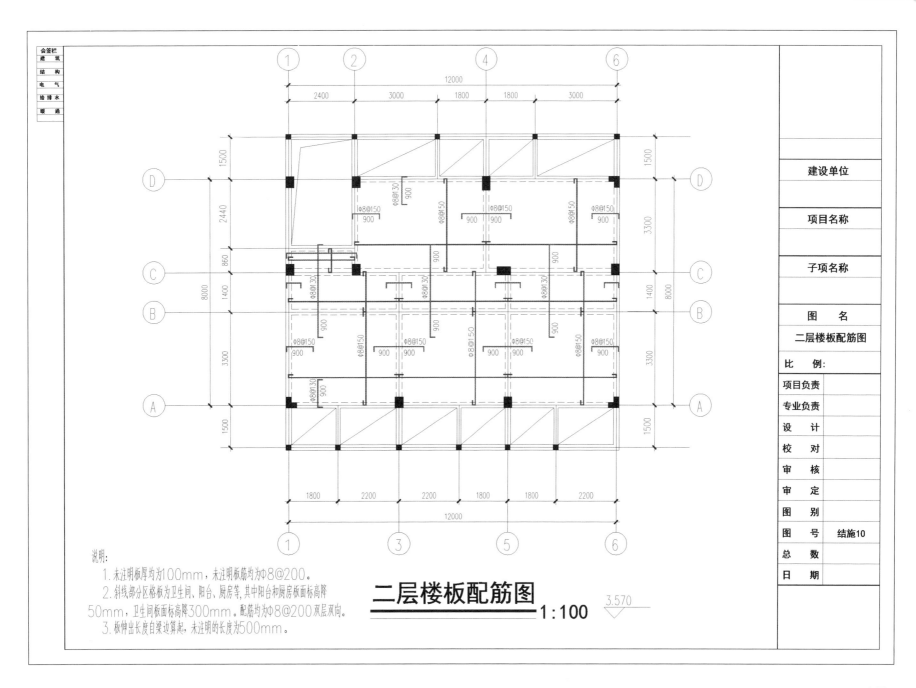

二层楼板配筋图

说明：
1. 未注明板厚均为100mm，未注明板筋均为Φ8@200。
2. 斜线部分区格板为卫生间、阳台、厨房等，其中阳台和厨房板面标高降50mm，卫生间板面标高降300mm。配筋均为Φ8@200双层双向。
3. 板伸出长度自梁边算起，未注明的长度为500mm。

二层楼板配筋图 1:100

会签栏	
建　筑	
结　构	
电　气	
给排水	
暖　通	

建设单位	
项目名称	
子项名称	
图　名	
二层楼板配筋图	
比　例:	
项目负责	
专业负责	
设　计	
校　对	
审　核	
审　定	
图　别	
图　号	结施10
总　数	
日　期	

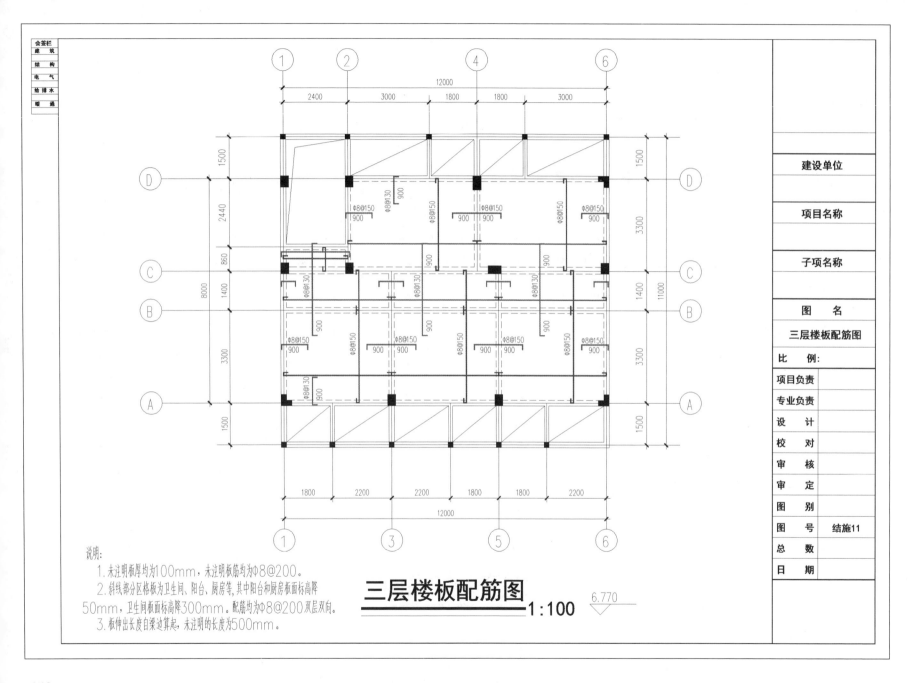

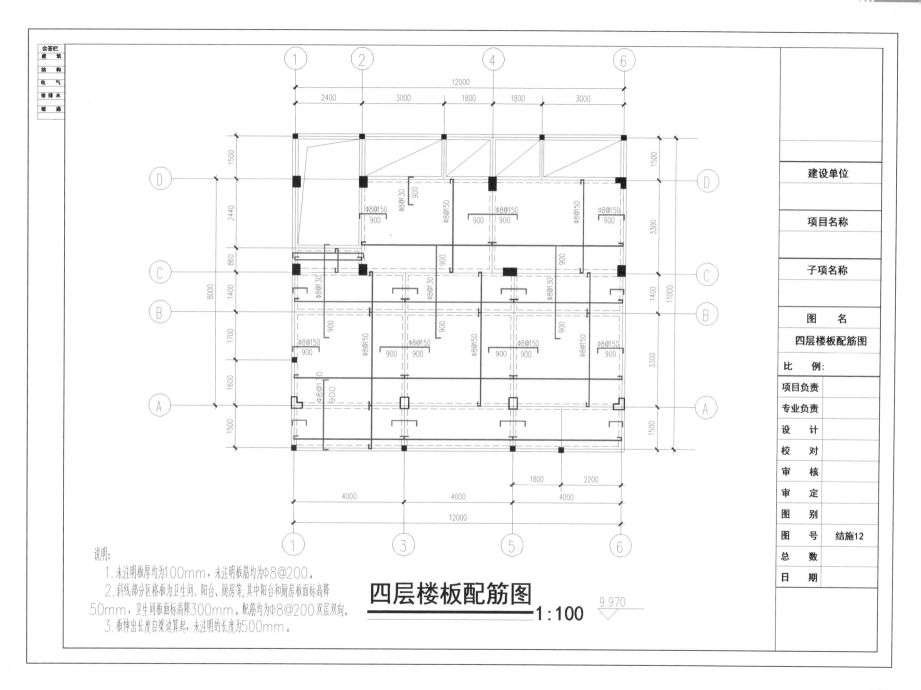

四层楼板配筋图 1:100

说明:
1. 未注明板厚均为100mm, 未注明板筋均为Φ8@200。
2. 斜线部分区格板为卫生间、阳台、厨房等, 其中阳台和厨房板面标高降50mm, 卫生间板面标高降300mm。配筋均为Φ8@200双层双向。
3. 板伸出长度自梁边算起, 未注明的长度为500mm。

会签栏
建 筑
结 构
电 气
给 排 水
暖 通

建设单位

项目名称

子项名称

图 名
四层楼板配筋图

比 例:

项目负责
专业负责
设 计
校 对
审 核
审 定
图 别
图 号   结施12
总 数
日 期

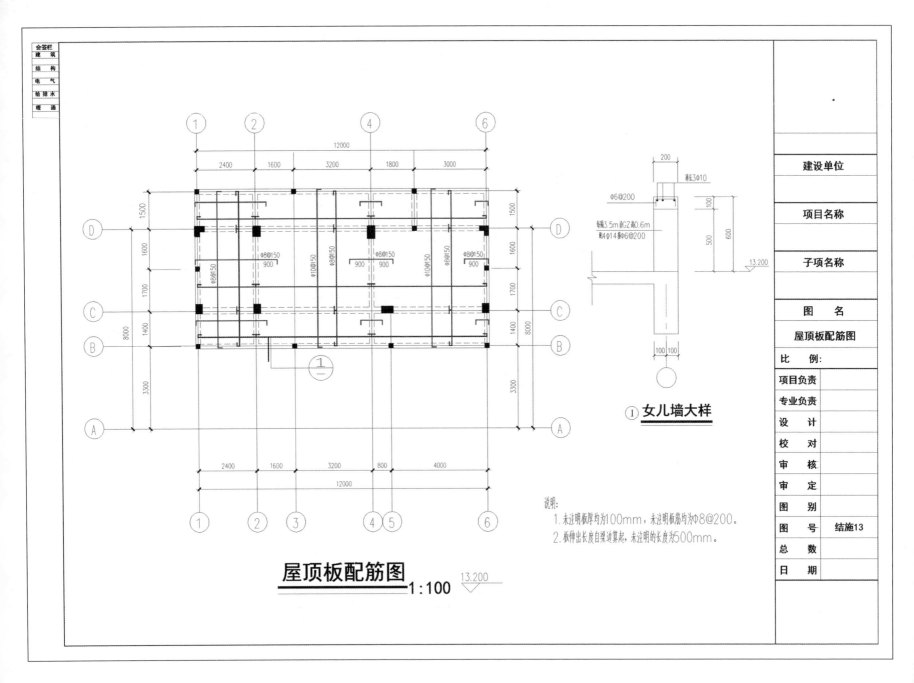

屋顶板配筋图 1:100

① **女儿墙大样**

说明:
1. 未注明板厚均为100mm，未注明板筋均为Φ8@200。
2. 板伸出长度自梁边算起，未注明的长度为500mm。

会签栏	
建 筑	
结 构	
电 气	
给 排 水	
暖 通	

建设单位	
项目名称	
子项名称	
图 名	
屋顶板配筋图	
比 例:	
项目负责	
专业负责	
设 计	
校 对	
审 核	
审 定	
图 别	
图 号	结施13
总 数	
日 期	

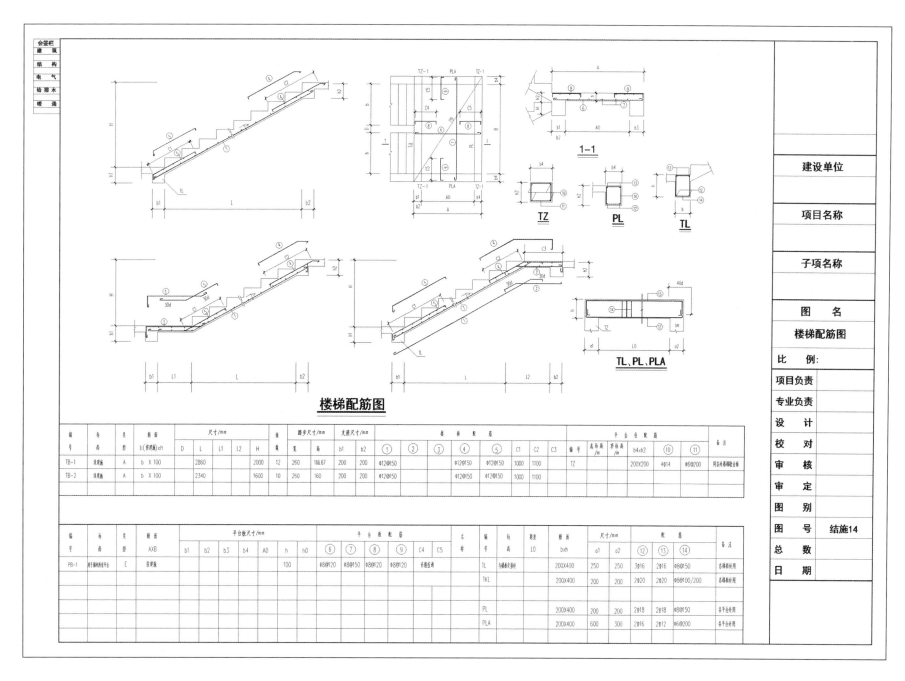

1-1

TZ　　**PL**　　**TL**

TL、PL、PLA

楼梯配筋图

编号	标高	类型	断面 b(管梯截)xh	尺寸/mm					踏板	踏步尺寸/mm		支座尺寸/mm		楼梯配筋									平台台配筋					备注
				D	L	L1	L2	H	级数	宽	高	b1	b2	①	②	③	④	⑤	C1	C2	C3	编号	底标高/m	顶标高/m	b4xh2	⑩	⑪	
TB-1	详建施	A	b X 100	2860				2000	12	260	166.67	200	200	Φ12@150			Φ12@150	Φ12@150	1000	1100		TZ			200X200	4Φ14	Φ6@200	同志对楼梯踏台面
TB-2	详建施	A	b X 100	2340				1600	10	260	160	200	200	Φ12@150			Φ12@150	Φ12@150	1000	1100								

编号	标高	类型	断面 AXB	平台板尺寸/mm							平台板配筋						名称	编号	标高	跨度 L0	断面 bxh	尺寸/mm		配筋			备注
				b1	b2	b3	b4	A0	h	h0	⑥	⑦	⑧	⑨	C4	C5						a1	a2	⑫	⑬	⑭	
PB-1	用于楼梯间有平台	E	详建施						100		Φ8@120	Φ8@150	Φ8@120	Φ8@120		详图拉通		TL	各楼梯板注明			200X400	250	250	3Φ16	2Φ16	Φ8@150	各楼梯板处用
																		TKL				200X400	200	200	2Φ20	2Φ20	Φ8@100/200	各楼梯板处用
																		PL				200X400	200	200	2Φ18	2Φ18	Φ8@150	各平台处用
																		PLA				200X400	600	300	2Φ16	2Φ12	Φ6@200	各平台处用

会签栏	
建筑	
结构	
电气	
给排水	
暖通	

建设单位

项目名称

子项名称

图　名	
楼梯配筋图	

比　例:

项目负责	
专业负责	
设　计	
校　对	
审　核	
审　定	
图　别	
图　号	结施14
总　数	
日　期	

第 6 章　美式别墅 1

三维模型图

渲染效果图

6.1　建筑施工图

会签栏	
建　筑	
结　构	
电　气	
给排水	
暖　通	

建筑设计说明

一、工程设计的主要依据
　1.建设工程设计合同。
　2.用地红线图。
　3.国家及地方现行有关法规、规范、规定。

二、工程概况
　1.工程规模。
　　(1) 建筑总高度: 11.70m (共3层)。
　　(2) 总建筑面积: 646.51m²。
　　(3) 建筑占地面积: 300.00m²。
　2.本工程主体结构合理使用年限为50年。
　3.本工程建筑防火耐火等级为二级。

三、墙体
　1.墙体材料及厚度。
　　(1) 外墙:190mm厚承重空心砖,强度等级MU10,M4混合砂浆砌筑。
　　(2) 内墙:190mm厚非承重空心砖,强度等级与砂浆标号同外墙。
　2.墙身防潮做法:在标高-0.060m处设置墙身防潮层。
　3.砌体与钢筋混凝土梁、柱连结,见结构设计说明。
　4.门窗过梁:见结构设计说明。
　5.外墙及顶层内墙砌体与钢筋混凝土梁、柱、墙交接处,均加钉钢丝网抹灰每侧搭接宽度应大于或等于100mm。
　6.外墙与屋面交接处,均做200mm高C20素混凝土,宽度同墙。
　7.本工程窗台压顶做法为100mm厚C20素混凝土,内配2Φ10,箍筋Φ6@200。

四、墙面装修做法
　1.外墙装修做法:外墙装修选材与色彩见各立面图中的标注。
　2.内墙粉刷:所有内墙阳角均做2000mm高水泥砂浆护墙角,卫生间内墙≥2600mm高,用高级瓷砖贴面。

五、楼地面
　1.一层卫生间为防滑地砖地面,车库为细石混凝土地面,其余装饰地砖地面二次装修另定。
　2.楼层其余房间及走道楼梯实木地面二次装修另定。
　3.卫生间地面均应向地漏找1%坡,露天平台地面均应向地漏找0.5%坡以方便排水。
　4.卫生间防滑地砖下增设一道2mm厚聚合物水泥基防水涂料,和墙体防水涂料连成一体。
　5.卫生间及其他用水房间的地面及墙面防水做法。
　　(1) 墙体基脚均用C20素混凝土现浇200mm高,宽度同墙厚。
　　(2) 加做一道防水层:300mm高墙面做2mm厚彩色涂膜防水层。

六、屋面
　1.屋面防水等级为Ⅲ级,防水层耐用年限为10年,一道防水设防。
　2.实铺地砖上人屋面(用于露台屋面)做法。
　　(1) 8mm厚150mm×150mm砖红色铺地砖面,1:1水泥砂浆嵌缝。
　　(2) 2~3mm厚高分子粘结层。
　　(3) 20mm厚1:3水泥砂浆找平层。
　　(4) 保温层用挤塑聚苯乙烯泡沫板,厚35mm。
　　(5) 20mm厚1:3水泥砂浆保护层。
　　(6) 2mm厚聚合物水泥基防水涂料。
　　(7) 钢筋混凝土现浇屋面板。

三、找平层。
　　(1) 卷材防水屋面的找平层排水坡度见相关图纸。
　　(2) 天沟、檐沟的纵向找坡不小于1%,沟底水落差不得超过200mm。
　　(3) 找平层设分隔缝,水泥砂浆找平层纵横缝间距应不超过6m,基层与突出屋面结构的交接处以及基层的转角处。
　4.防水层的裸露部位应加设相应的保护层。屋面水落口周围直径500mm范围内的坡度应不小于5%,均应做成圆弧形,圆弧半径为50mm,内部排水的水落口周围找平层应做成略低的凹坑。

七、门窗
本工程门、窗的具体参数见窗明细表和门明细表。

八、其他
　1.楼地板、屋面板铺设找平层前,应对立管、套管、地漏与楼板接缝之间严格按施工规程进行密封处理。
　2.雨水管采用Φ100PVC铝塑管。
　3.本工程其他设备专业预埋件、预留孔洞位置及尺寸,详见各专业有关图纸。
　4.本工程所采用的建筑制品及建筑材料应有国家或地方有关部门颁发的生产许可证及质量检验证明,材料的品种、规格、性能等应符合国家或行业相关质量标准。装修材料的材质、质感、色彩等应与设计人员协商确定。

建设单位	
项目名称	
子项名称	
图　　名	建筑设计说明
比　　例:	
项目负责	
专业负责	
设　计	
校　对	
审　核	
审　定	
图　别	
图　号	建施01
总　数	
日　期	

会签栏
建 筑
结 构
电 气
给排水
暖 通

窗明细表

名称	尺寸/mm×mm 宽×高	材料及式样	窗台高/mm	数量/个
C1	1800x2700	黑色塑钢框，白色玻璃推拉窗	900	1
C2	1107x3300	黑色塑钢框，白色玻璃平开窗	300	1
C3	1210x3300	黑色塑钢框，白色玻璃平开窗	300	1
C4	907x3300	黑色塑钢框，白色玻璃平开窗	300	3
C5	1220x3300	黑色塑钢框，白色玻璃平开窗	300	1
C6	1100x3300	黑色塑钢框，白色玻璃平开窗	300	1
C7	2100x2700	黑色塑钢框，白色玻璃推拉窗	900	1
C8	1200x2400	黑色塑钢框，白色玻璃推拉窗	1200	1
C9 (展开)	3430x3300	黑色塑钢框，白色玻璃平开窗	900	1
C10	800x2400	黑色塑钢框，白色玻璃平开窗	1200	1
C11	1200x2100	黑色塑钢框，白色玻璃平开窗	1650	2
C12	1500x1800	黑色塑钢框，白色玻璃推拉窗	900	1
C13	1800x1800	黑色塑钢框，白色玻璃推拉窗	900	1
C14	2400x1500	黑色塑钢框，白色玻璃推拉窗	1200	2
C15	2700x1800	黑色塑钢框，白色玻璃推拉窗	900	1
C16	1107x2100	黑色塑钢框，白色玻璃平开窗	900	1
C17	1210x2100	黑色塑钢框，白色玻璃平开窗	900	1
C18	907x2100	黑色塑钢框，白色玻璃平开窗	900	1
C19	1220x2100	黑色塑钢框，白色玻璃平开窗	900	1
C20	1100x2100	黑色塑钢框，白色玻璃平开窗	900	1
C21	1500x1800	黑色塑钢框，白色玻璃推拉窗	900	1
C22	2100x1800	黑色塑钢框，白色玻璃推拉窗	900	1
C23	1200x1800	黑色塑钢框，白色玻璃推拉窗	900	1
C24	1200x750	黑色塑钢框，白色玻璃推拉窗	900	4
C25	2800x3300	黑色塑钢框，白色玻璃推拉窗	300	1
C26	1500x3300	黑色塑钢框，白色玻璃推拉窗	300	1
C27	2800x2100	黑色塑钢框，白色玻璃推拉窗	600	1
MU1		玻璃幕墙由专业公司设计、施工	300	1

门明细表

名称	尺寸/mm×mm 宽×高	材料及式样	数量/个
M1	1500x3000	不锈钢防盗门	1
M2	900x2100	木门	4
M3	800x2100	塑钢复合门	7
M4	900x2100	黑色塑钢复合门	3
DM1	5000x2800	铝合金电动门	1
TLM1	1500x2100	黑色塑钢门框，白色玻璃推拉门	1
TLM2	1200x2100	黑色塑钢门框，白色玻璃推拉门	1

说明：

1. 所有铝合金平开窗均为50系列，平开门为70系列，推拉门窗为90系列，采用黑色塑钢框。塑钢窗型材壁厚不小于1.4mm，玻璃厚度在无特别注明下用6mm厚。塑钢门型材壁厚不小于2.0mm，玻璃厚度在无特别注明下用夹胶8mm厚。

2. 所有尺寸均为洞口尺寸，以实施质量为准。离地低于900mm的所有窗台，均在窗台上加设不锈钢护栏。

3. 窗的气密性不低于4级，所有外窗均应加设防脱落装置。

4. 单窗玻璃面积大于1.5m² 的应使用安全玻璃。

5. 玻璃幕墙由有资质的专业公司另行设计、施工。

建设单位	
项目名称	
子项名称	
图 名	门、窗明细表
比 例:	
项目负责	
专业负责	
设 计	
校 对	
审 核	
审 定	
图 别	
图 号	建施02
总 数	
日 期	

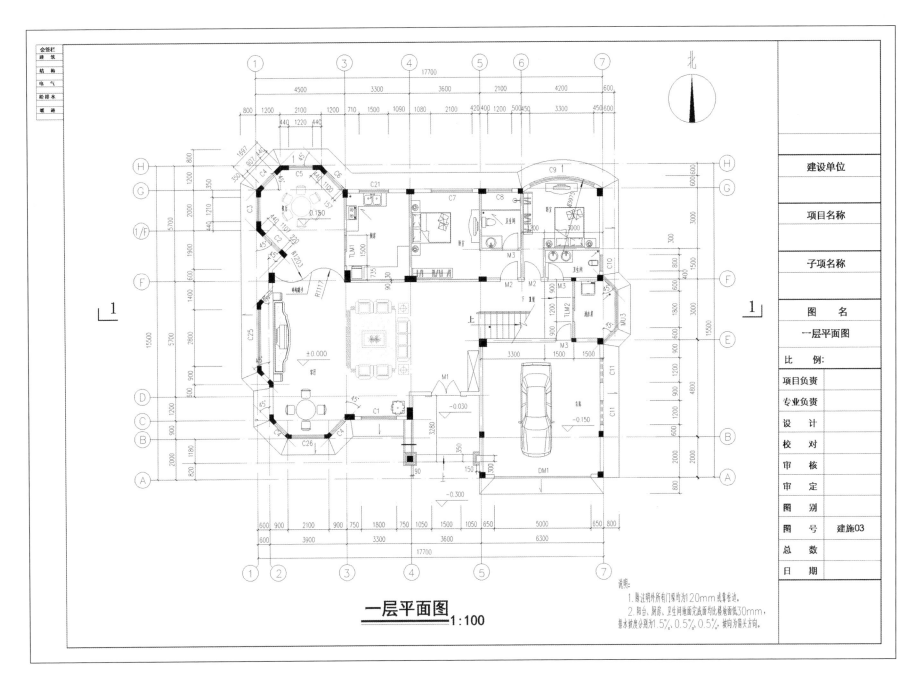

一层平面图　1:100

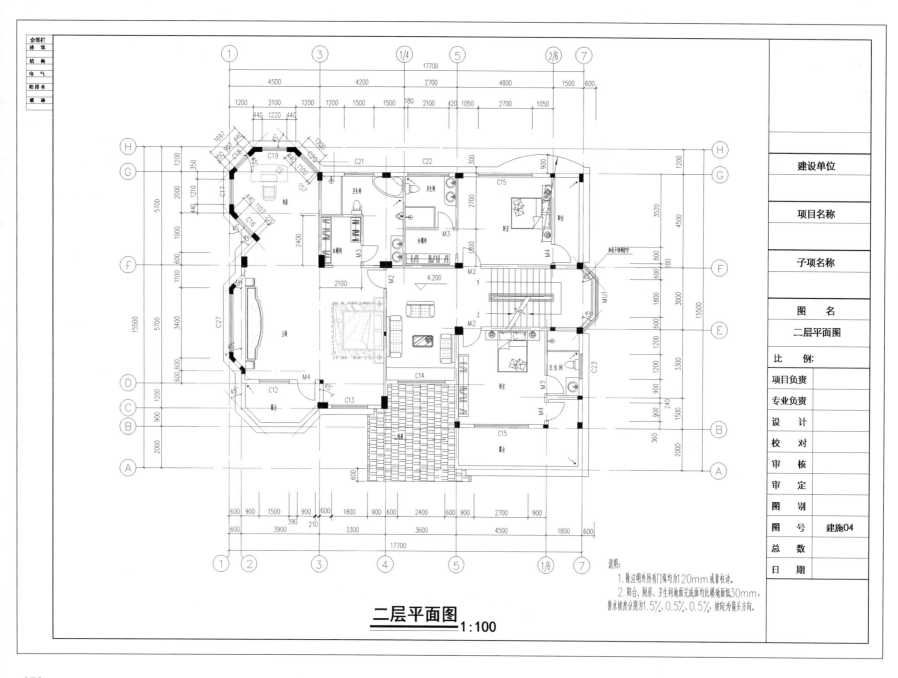

二层平面图 1:100

说明:
1. 除注明外所有门垛均为120mm或靠柱边。
2. 阳台、厨房、卫生间地面完成面均比楼地面低30mm,
   潜水坡度分别为1.5%、0.5%、0.5%,坡向为箭头方向。

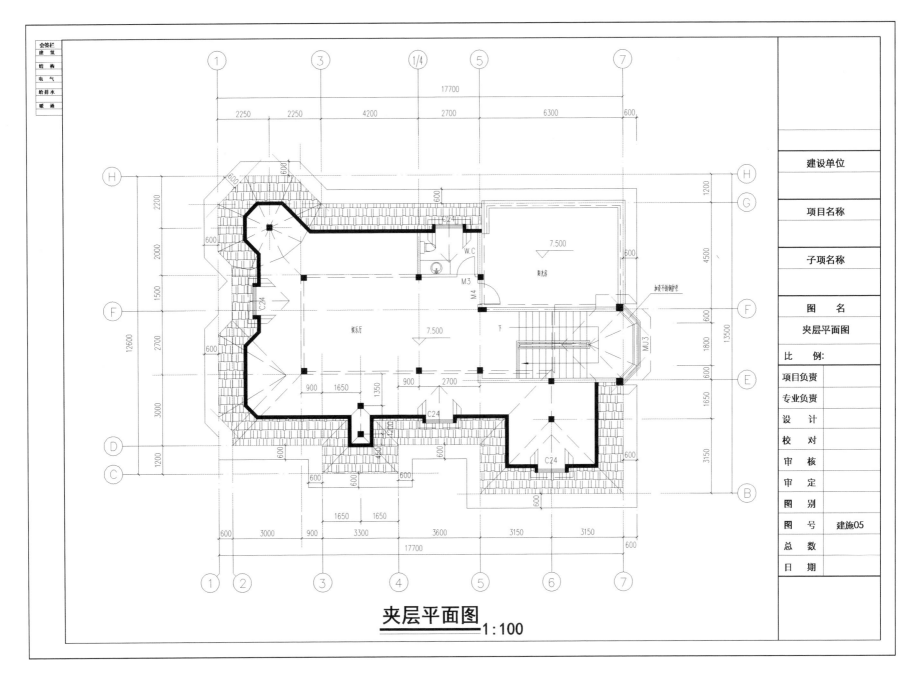

夹层平面图 1:100

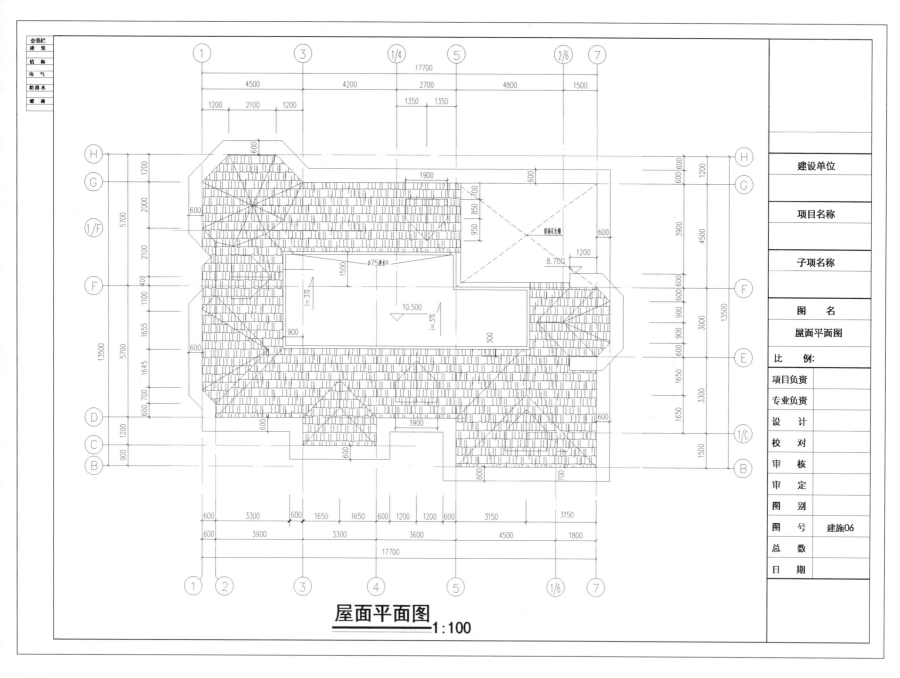

屋面平面图
1:100

南立面图 1:100

① 1:20

1—1 1:20

会签栏	
建　筑	
结　构	
电　气	
给排水	
暖　通	

建设单位	
项目名称	
子项名称	
图　名	南立面图
比　例:	
项目负责	
专业负责	
设　计	
校　对	
审　核	
审　定	
图　别	
图　号	建施07
总　数	
日　期	

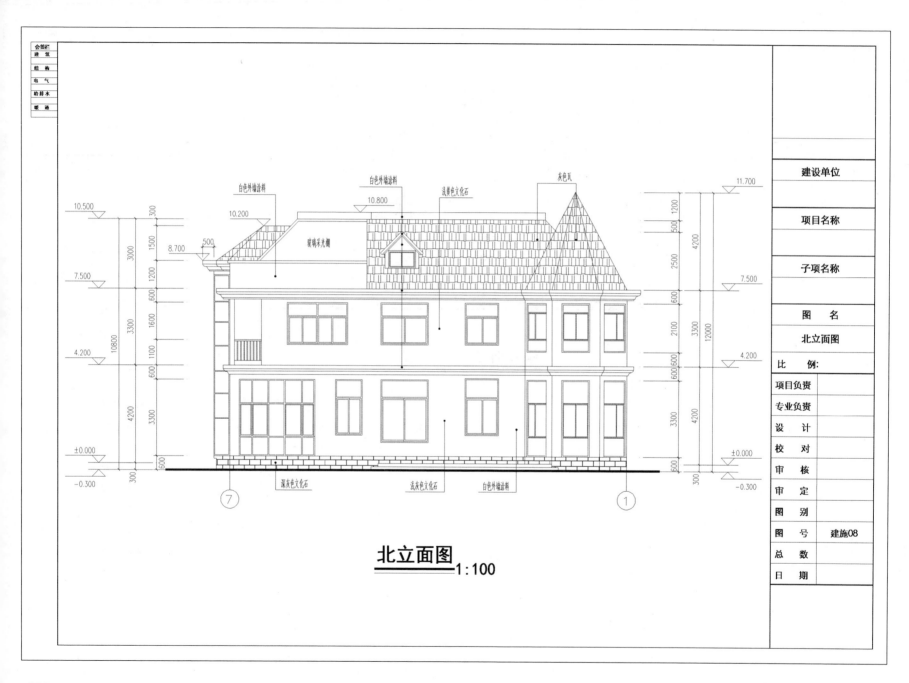

北立面图 1:100

东立面图 1:100

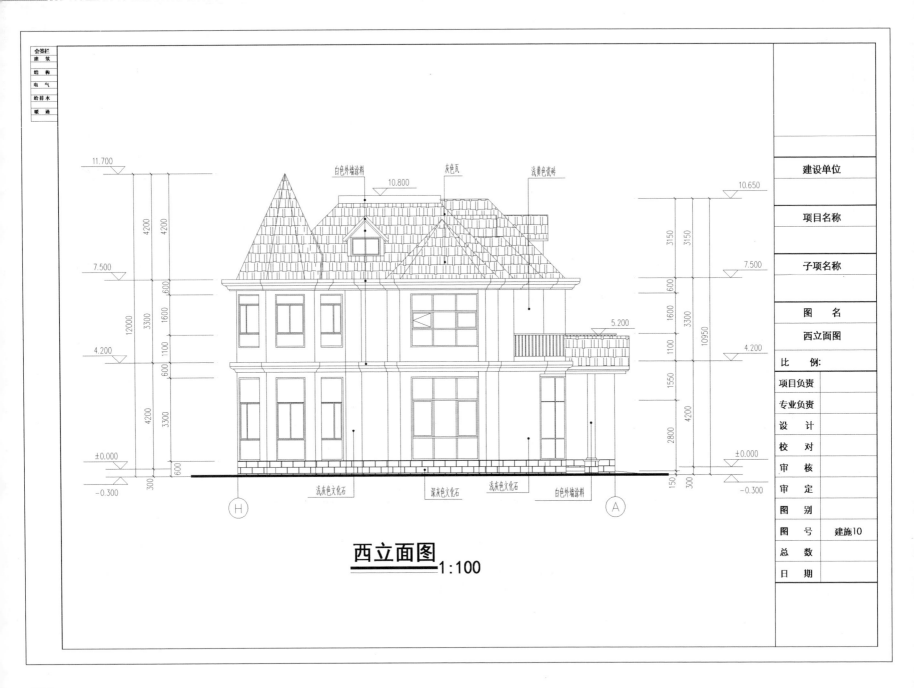

白色外墙涂料　　灰色瓦　　浅黄色瓷砖

浅灰色文化石　　深灰色文化石　　浅灰色文化石　　白色外墙涂料

H　　A

西立面图 1:100

会签栏
建　筑
结　构
电　气
给排水
暖　通

建设单位

项目名称

子项名称

图　　名	
西立面图	
比　　例:	
项目负责	
专业负责	
设　　计	
校　　对	
审　　核	
审　　定	
图　　别	
图　　号	建施10
总　　数	
日　　期	

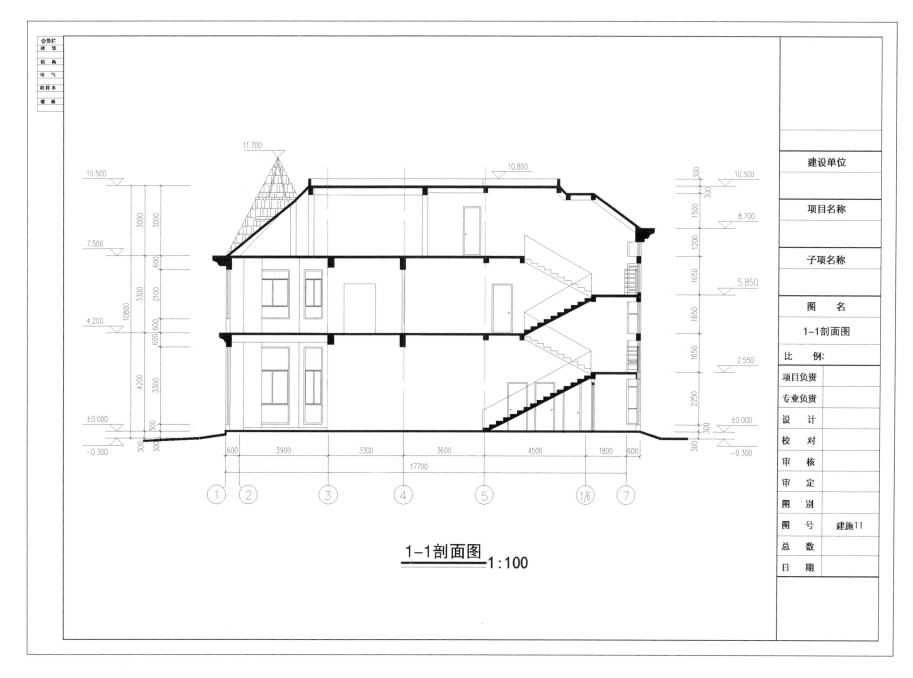

1-1剖面图 1:100

6.2 结构施工图

会签栏	
建 筑	
结 构	
电 气	
给排水	
暖 通	

建设单位

项目名称

子项名称

图　名
结构设计说明

比　例:

项目负责
专业负责
设　计
校　对
审　核
审　定
图　别
图　号　结施01
总　数
日　期

结构设计说明

一、设计依据
《建筑结构荷载规范》(GB 50009—2012)。
《建筑抗震设计规范》(GB 50011—2010)。
《建筑地基基础规范》(GB 50007—2011)。
《建筑桩基技术规范》(JGJ 94—2008)。
《混凝土结构设计规范》(GB 50010—2010)。
《砌体结构设计规范》(GB 50003—2011)。

二、自然条件
1. 基本风压:0.50kN/m²。
2. 基本雪压:0.20kN/m²。
3. 本工程结构安全等级为二级,建筑抗震设防类别为丙类。
4. 本工程抗震设防烈度为6度,框架抗震等级为4级。
5. 本工程结构使用年限为50年。
6. 混凝土结构的环境类别为一类。

三、材料
1. 混凝土:
  (1) 钢筋混凝土基础的垫层采用C10素混凝土,垫层厚度为100mm。
  (2) 基础、基础梁、圈梁图纸另说明外,均采用C20。
  (3) 柱、梁、板、除图纸注明外,均采用C20。
2. 钢筋:
  Φ表示HPB235级钢筋(钢筋强度设计值fy=210N/mm²)。
  Φ表示HRB335级钢筋(钢筋强度设计值fy=300N/mm²)。
  Φ表示HRB400级钢筋(钢筋强度设计值fy=360N/mm²)。
3. 型钢及钢结构注明者外,采用Q235级钢,焊条采用E43x型。

四、设计活荷载
不上人屋面为0.5kN/m²,屋面上人平台为2.0kN/m²。
楼梯间、楼面、卫生间、厨房为2.0kN/m²,阳台为2.5kN/m²。

五、钢筋混凝土结构构造
1. 受力主钢筋混凝土净保护层厚度(注:净保护层厚度应不小于受力钢筋直径,单位为mm):

环境类别		板、墙			梁			柱		
		≤C20	C25~C45	≥C50	≤C20	C25~C45	≥C50	≤C20	C25~C45	≥C50
一		20	15	15	30	25	25	30	30	30
二	a	—	20	20	—	30	30	—	30	30
	b	—	25	20	—	35	30	—	35	30
三		—	30	25	—	40	40	—	40	35

2. 受拉钢筋的锚固长度La、搭接长度Ld及次梁下部钢筋锚固长度Ls。

六、楼板
1. 采用全现浇钢筋混凝土楼盖。板内下部纵向受力钢筋伸入支座内的锚固长度as,应伸至墙或梁中心线,且不小于5d(d为受力钢筋直径);板内上部钢筋不能在支座搭接;板内上部钢筋伸入边支座的长度,除注明外采用长度=a-10,a为板在砌体上的支承长度或梁宽(当现浇板支承在砖墙上时,a>板厚且不小于120mm)。

2. 板内分布筋,除图中注明外,均为Φ6@200。
3. 楼板上的孔洞预留,当圆孔直径D或方孔垂直于板跨方向的边长B<300mm时,板的主筋绕过孔洞,不得截断;当孔洞大于或等于300mm时,应按设计要求沿孔周边设附加钢筋。

七、梁
1. 梁内箍筋采用封闭式,如图1(a)所示。

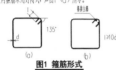

(a) (b)
图1 箍筋形式

2. 梁上集中荷载处附加箍筋未注明时,其形状及直径均与梁内箍筋相同;在次梁两侧另加两组,见图2。如需设附加吊筋,也如图2所示。

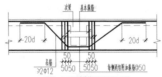

图2 加密箍筋及吊筋示意

3. 吊筋及弯钢筋内的抗剪弯筋,其端部长度应20d,吊筋伸入相应支座的长度,柱中为40d。
4. 钢筋弯起角度一般为45°,当梁高h>800mm时可用60°。
5. 当主、次梁高度相同时,次梁底钢筋应置于主筋、主梁钢筋之上,见图3。

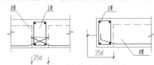

图3 主梁与次梁的构造

6. 梁支承在砖砌体的支承长度及梁支承在钢筋混凝土构件(梁、柱且为整体连接)的支承长度按下表采用。

梁		支承构件	
		砖砌体	钢筋混凝土梁(柱)
钢轨小梁、条板		≥100mm	≥80mm
一般梁	h≤500mm	≥180mm	≥120mm
	h>500mm	≥220mm	≥180mm

7. 连续梁下部纵向受力钢筋除注明外,伸至支座中心线,且支座中的锚固长度不小于15d;连续梁上部纵向受力钢筋应穿其中间支座或中间节点范围,除注明外,钢筋搭接在跨中,其搭接长度为48d。

八、柱
1. 柱内箍筋采用封闭箍,并应考虑主筋的搭接情况下料,如图1(b)所示。
2. 梁、柱节点核心区的箍筋应按设计设置。核心高度为相交于该节点的最高梁的梁顶与最低梁的梁底范围,如图4所示。
3. 柱中大于Φ25的主筋接头宜优先采用竖向压力气焊,经按有关规程要求试验合格后,方可采用。
4. 柱凡与现浇过梁、圈梁连接处,均应按建筑图中的墙位置及结构图中梁的位置,在柱内预留相应插筋,插筋伸出柱中长度为48d;在与楼梯梁相连处柱的其他位置预留插筋。

图4 核心高度

九、墙体
1. 外纵墙的窗台板下设置60mm厚240mm宽现浇混凝土带,内配2Φ10主筋和Φ6@200分布筋,主筋两墙垛内两侧锚固长度400mm。
2. 砌体墙填充墙长度大于5m时,墙中或在洞口边设置构造柱(240mm×240mm,4Φ12,Φ6@200);填充墙高度大于4m时,墙高中部和洞口顶部设置水平墙梁(240mm×250mm,4Φ14,Φ6@200)。

十、尺寸
本施工图所注尺寸以毫米(mm)计,标高以米(m)计。

十一、门、窗洞口的过梁
除图中注明外,门、窗洞口过梁参照下表。

	L≤1200mm	1200mm≤L<1500mm	1500mm≤L<2500mm	2500mm≤L<3000mm

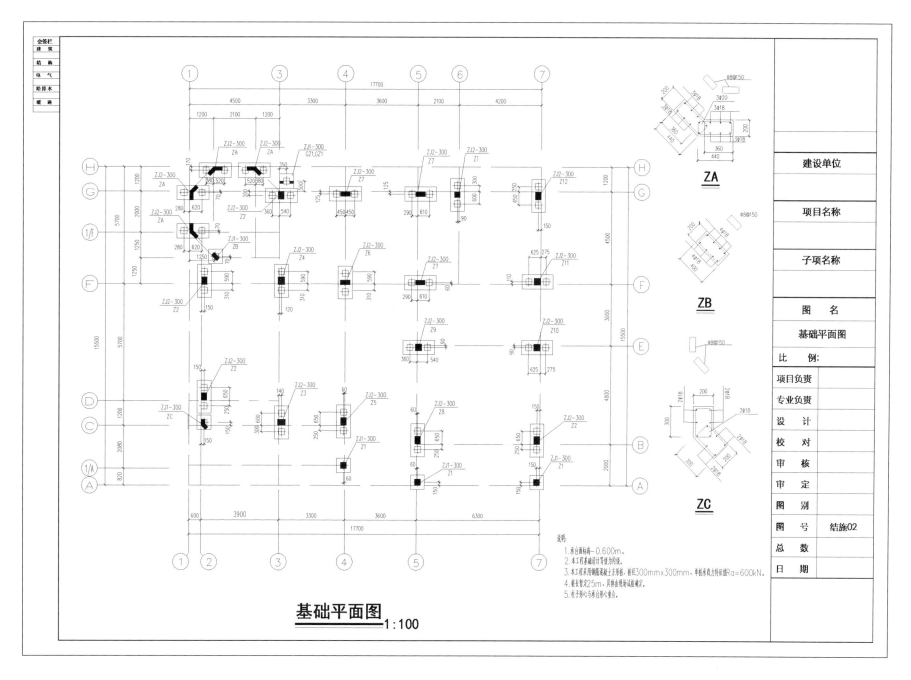

基础平面图 1:100

说明：
1. 承台面标高−0.600m。
2. 本工程基础设计等级为丙级。
3. 本工程采用钢筋混凝土方形桩，桩径300mm×300mm，单桩承载力特征值Ra=600kN。
4. 桩长暂定25m，具体由现场试桩确定。
5. 柱子形心与承台形心重合。

建设单位

项目名称

子项名称

图　名

基础平面图

比　例：

项目负责

专业负责

设　计

校　对

审　核

审　定

图　别

图　号　结施02

总　数

日　期

ZA

ZB

ZC

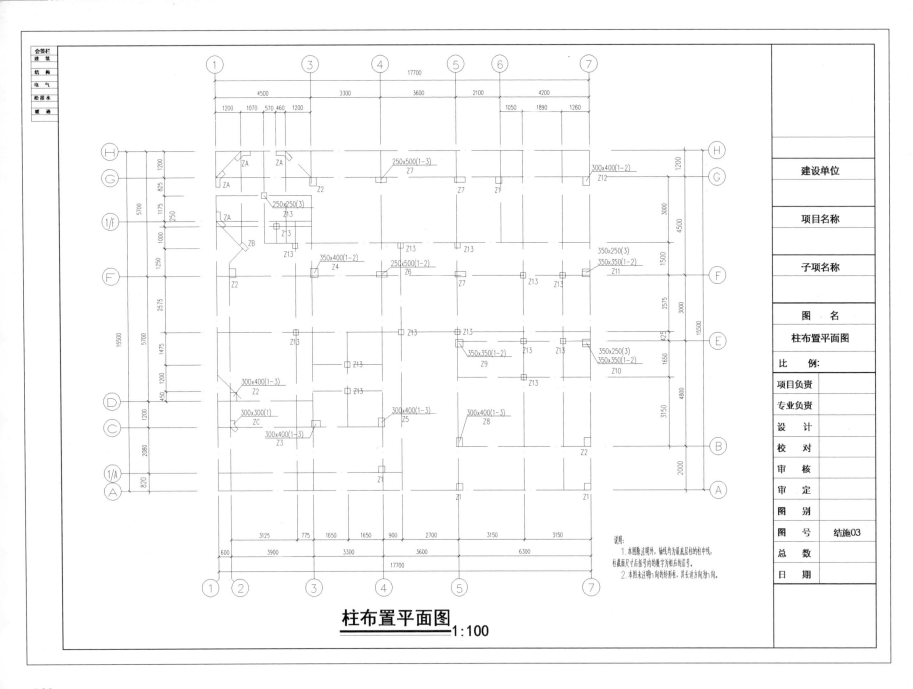

柱布置平面图
1:100

说明：
表中竖筋数量为柱截面单侧（里）配筋，另一侧（即与此侧相邻的截面边上）如有"左"字者则为此配筋。

会签栏	
建 筑	
结 构	
电 气	
给排水	
暖 通	

建设单位	
项目名称	
子项名称	
图　名	柱配筋图(一)
比　例：	
项目负责	
专业负责	
设　计	
校　对	
审　核	
审　定	
图　别	
图　号	结施04
总　数	
日　期	

柱配筋图表（Z2~Z13 柱配筋数据表，含标高 Hj/Ho/mm、混凝土强度等级、截面型式、截面尺寸 bxh、箍筋、节点核芯等信息）

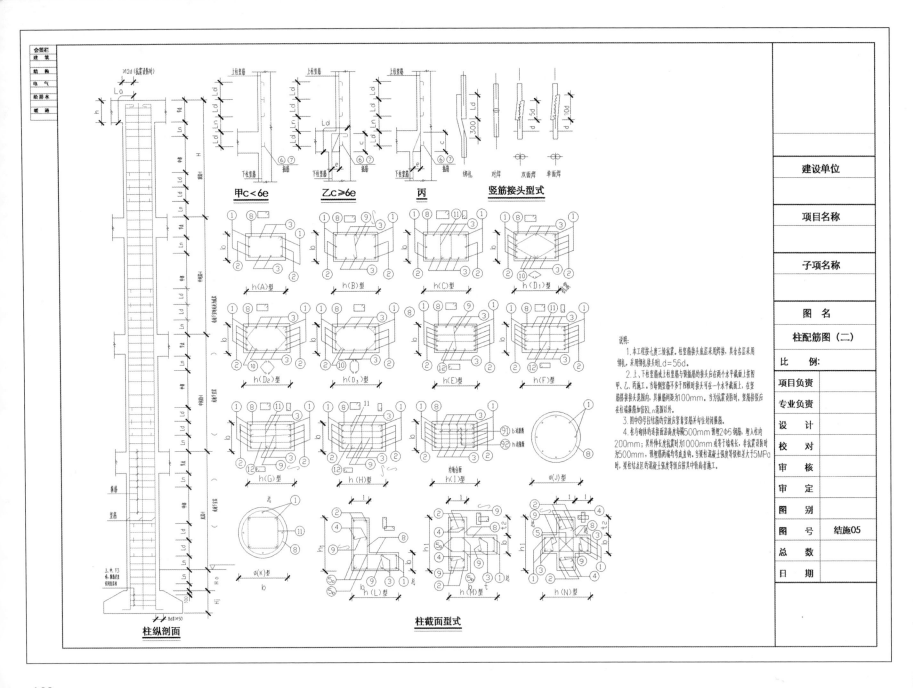

甲 c＜6e　乙 c≥6e　丙　竖筋接头型式

h(A)型　h(B)型　h(C)型　h(D₁)型

h(D₂)型　h(D₃)型　h(E)型　h(F)型

h(G)型　h(H)型　h(I)型　φ(J)型

φ(K)型　h(L)型　h(M)型　h(N)型

柱纵剖面　　**柱截面型式**

说明:
1. 本工程按七度三级抗震。柱竖筋接头底层采用焊接，其余各层采用绑扎，采用绑扎接头时Ld=56d。
2. 上、下柱竖筋或上柱竖筋与梁插筋的接头应在两个水平截面上按图甲、乙、丙施工。当每侧竖筋不多于四根时接头可在一个水平截面上。在竖筋搭接接头表图内，其横筋间距为100mm。当为抗震波筋时，竖筋接头应在柱端箍筋加密区Ln范围以外。
3. 图中8号拉钩筋的安放点按箍筋距离筋采用柱性对角隔筋。
4. 柱与砌体的连接沿新部高度每隔500mm配置2Φ5钢筋，埋入柱内200mm；其外伸长度抗震时为1000mm或等于墙端长，非抗震设筋时为500mm，锚固筋两端均弯成直钩。当梁柱混凝土强度等级相差大于5MPa时，梁柱结点区的混凝土强度等级应按其中较高者施工。

建设单位	
项目名称	
子项名称	
图　名	
	柱配筋图（二）
比　例:	
项目负责	
专业负责	
设　计	
校　对	
审　核	
审　定	
图　别	
图　号	结施05
总　数	
日　期	

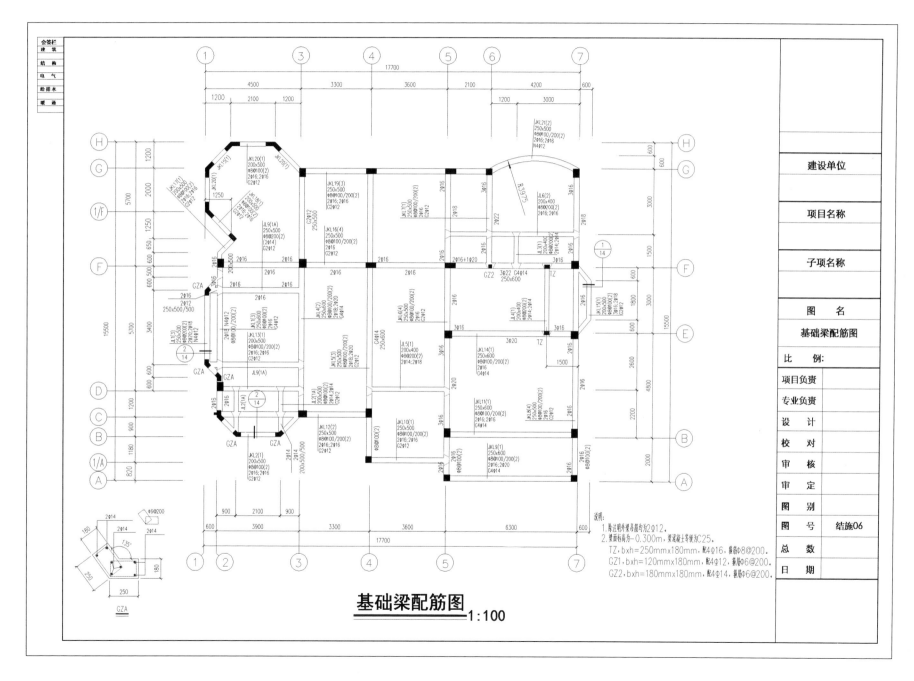

基础梁配筋图 1:100

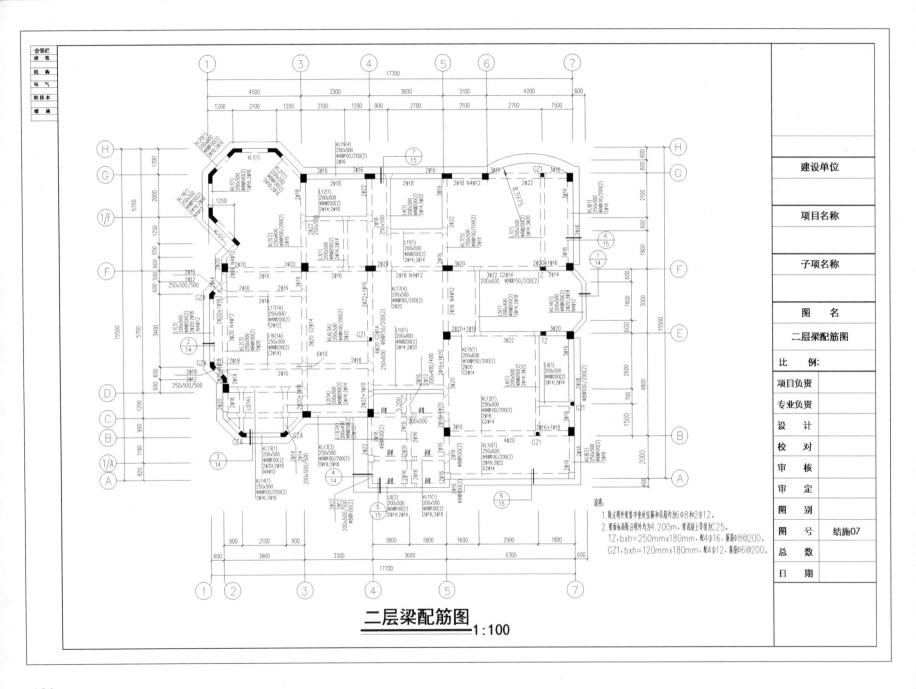

二层梁配筋图 1:100

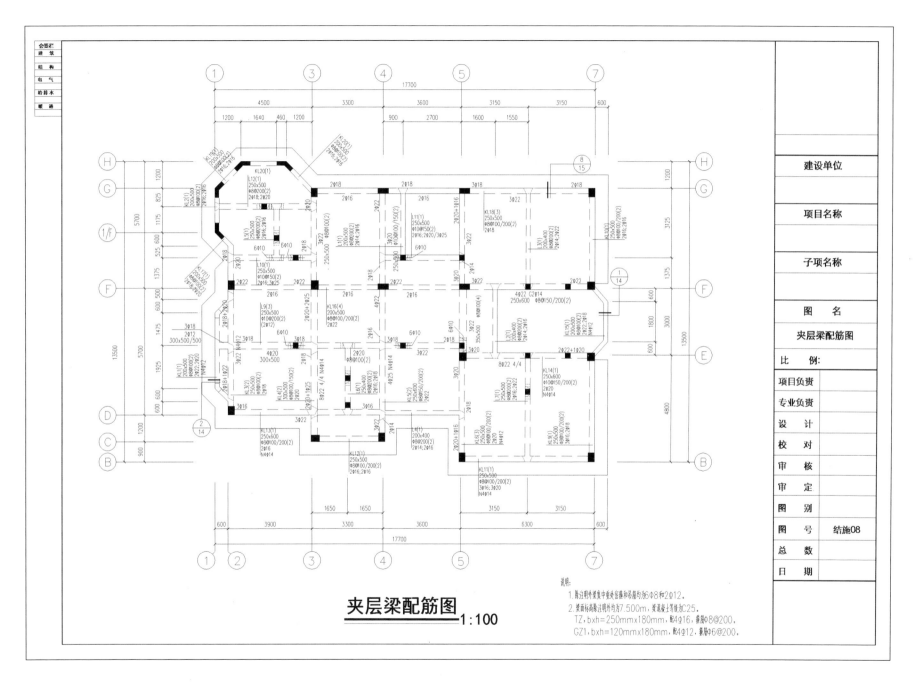

夹层梁配筋图
1:100

说明：
1. 除注明外梁集中重处箍筋和吊筋均为6Φ8和2Φ12。
2. 梁面标高除注明外均为7.500m，梁混凝土等级为C25。
TZ，bxh=250mm×180mm，配4Φ16，箍筋Φ8@200。
GZ1，bxh=120mm×180mm，配4Φ12，箍筋Φ6@200。

会签栏	
建　筑	
结　构	
电　气	
给排水	
暖　通	

建设单位	
项目名称	
子项名称	
图　名	
夹层梁配筋图	
比　例：	
项目负责	
专业负责	
设　计	
校　对	
审　核	
审　定	
图　别	
图　号	结施08
总　数	
日　期	

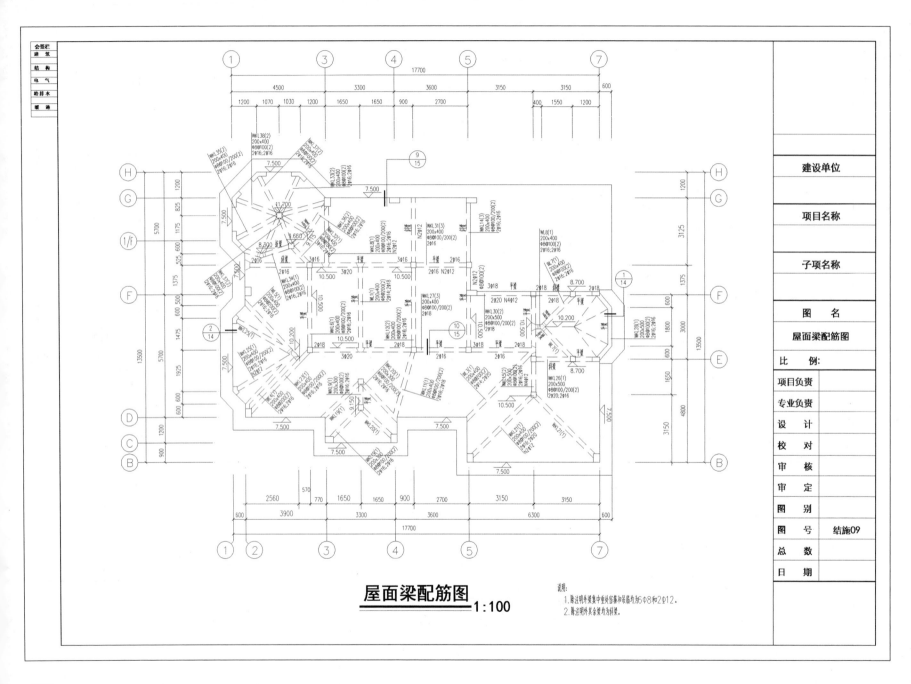

屋面梁配筋图 1:100

说明:
1. 除注明外梁集中重处箍筋和吊筋均为6Φ8和2Φ12。
2. 除注明外其余梁均为斜梁。

建设单位

项目名称

子项名称

图   名

屋面梁配筋图

比   例:

项目负责

专业负责

设   计

校   对

审   核

审   定

图   别

图   号   结施09

总   数

日   期

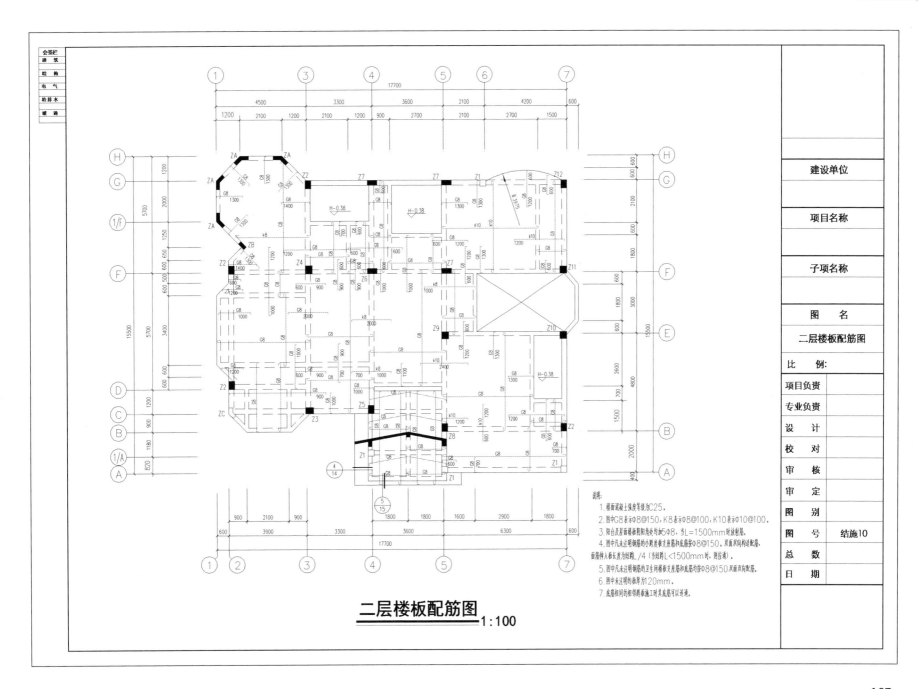

说明:
1. 楼面混凝土强度等级为C25。
2. 图中G8表示Φ8@150,K8表示Φ8@100,K10表示Φ10@100。
3. 阳台及屋面板阴阳角处均加5Φ8,当L=1500mm时放射筋。
4. 图中凡未注明钢筋的小跨度板支座筋和底筋按Φ8@150,双面双向构造配筋,面筋伸入板长度为短跨L/4（当短跨L<1500mm时,则拉通）。
5. 图中凡未注明钢筋的卫生间楼板支座筋和底筋均按Φ8@150双面双向配筋。
6. 图中未注明的板厚为120mm。
7. 底筋但同的相邻跨面底筋施工时其底筋可以连通。

二层楼板配筋图 1:100

建设单位

项目名称

子项名称

图 名
二层楼板配筋图

比 例:
项目负责
专业负责
设 计
校 对
审 核
审 定
图 别
图 号 结施10
总 数
日 期

167

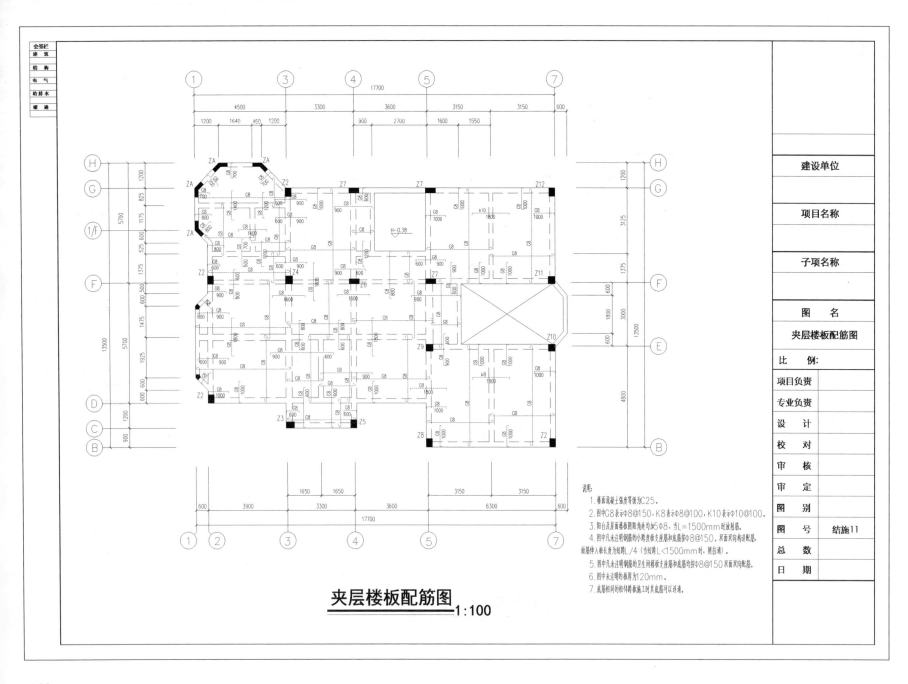

夹层楼板配筋图 1:100

说明:
1. 楼面混凝土强度等级为C25。
2. 图中G8表示Φ8@150,K8表示Φ8@100,K10表示Φ10@100。
3. 阳台及屋面楼板阴阳角处均为5Φ8,当L=1500mm时放别筋。
4. 图中凡未注明钢筋的小跨度板支座筋和底筋按Φ8@150,双面双向构造配筋,面筋伸入板长度为短跨L/4(当短跨L<1500mm时,则拉通)。
5. 图中凡未注明钢筋的卫生间楼板支座筋和底筋均按Φ8@150双面双向配筋。
6. 图中未注明的板厚为120mm。
7. 底筋相同的相邻跨板施工时其底筋可以连通。

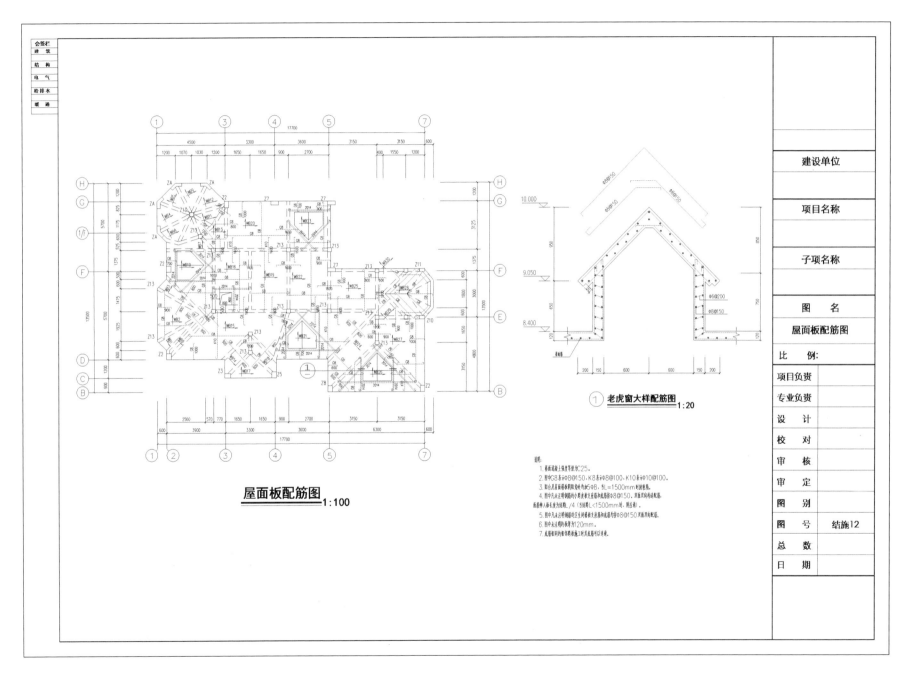

屋面板配筋图 1:100

① **老虎窗大样配筋图** 1:20

说明：
1. 屋面混凝土强度等级采用C25。
2. 图中G8表示Φ8@150，K8表示Φ8@100，K10表示Φ10@100。
3. 阳台及屋面檐板阴角构造筋为5Φ8，引L=1500mm时放射筋。
4. 图中凡未注明钢筋的小跨度板支座筋和底筋均Φ8@150，双层双向构造配筋。
面筋锚入梁长度为短跨 /4（当短跨L<1500mm时，则拉通）。
5. 图中凡未注明钢筋的卫生间隔墙支座筋和底筋均Φ8@150双层双向配筋。
6. 图中未注明的板厚为120mm。
7. 底筋相同的相邻板施工时其底筋可以连通。

建设单位	
项目名称	
子项名称	
图　名	屋面板配筋图
比　例:	
项目负责	
专业负责	
设　计	
校　对	
审　核	
审　定	
图　别	
图　号	结施12
总　数	
日　期	

会签栏 建筑 结构 电气 给排水 暖通

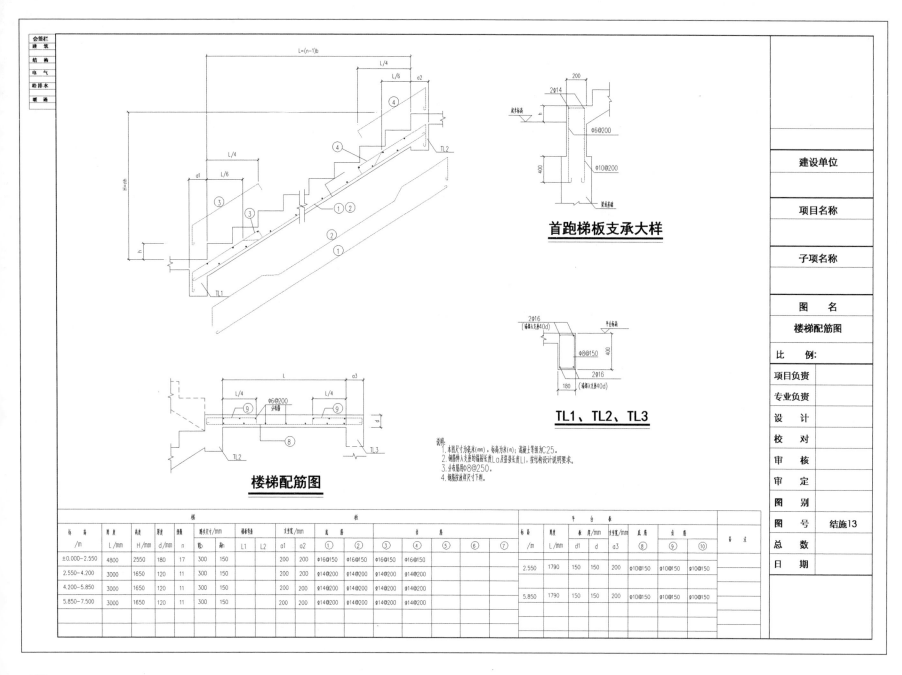

首跑梯板支承大样

TL1、TL2、TL3

楼梯配筋图

说明：
1. 本图尺寸为毫米(mm)，标高为米(m)，混凝土等级为C25。
2. 钢筋伸入支座的锚固长度La及搭接长度Ll，按结构设计说明要求。
3. 分布筋用Φ8@250。
4. 钢筋按放样尺寸下料。

标 高/m	跨度 L/mm	高度 H/mm	厚度 d/mm	级数 n	踏步尺寸/mm		锚固长度		支座宽/mm		底 筋		负 筋					标高/m	跨度 L/mm	板厚 d1/mm	d	支座宽 a3	底筋 ⑧	负筋 ⑨	负筋 ⑩	备 注
					宽b	高h	L1	L2	a1	a2	①	②	③	④	⑤	⑥	⑦								
±0.000~2.550	4800	2550	180	17	300	150			200	200	Φ16@150	Φ16@150	Φ16@150	Φ16@150				2.550	1790	150	150	200	Φ10@150	Φ10@150	Φ10@150	
2.550~4.200	3000	1650	120	11	300	150			200	200	Φ14@200	Φ14@200	Φ14@200	Φ14@200												
4.200~5.850	3000	1650	120	11	300	150			200	200	Φ14@200	Φ14@200	Φ14@200	Φ14@200				5.850	1790	150	150	200	Φ10@150	Φ10@150	Φ10@150	
5.850~7.500	3000	1650	120	11	300	150			200	200	Φ14@200	Φ14@200	Φ14@200	Φ14@200												

建设单位	
项目名称	
子项名称	
图 名	楼梯配筋图
比 例	
项目负责	
专业负责	
设 计	
校 对	
审 核	
审 定	
图 别	
图 号	结施13
总 数	
日 期	

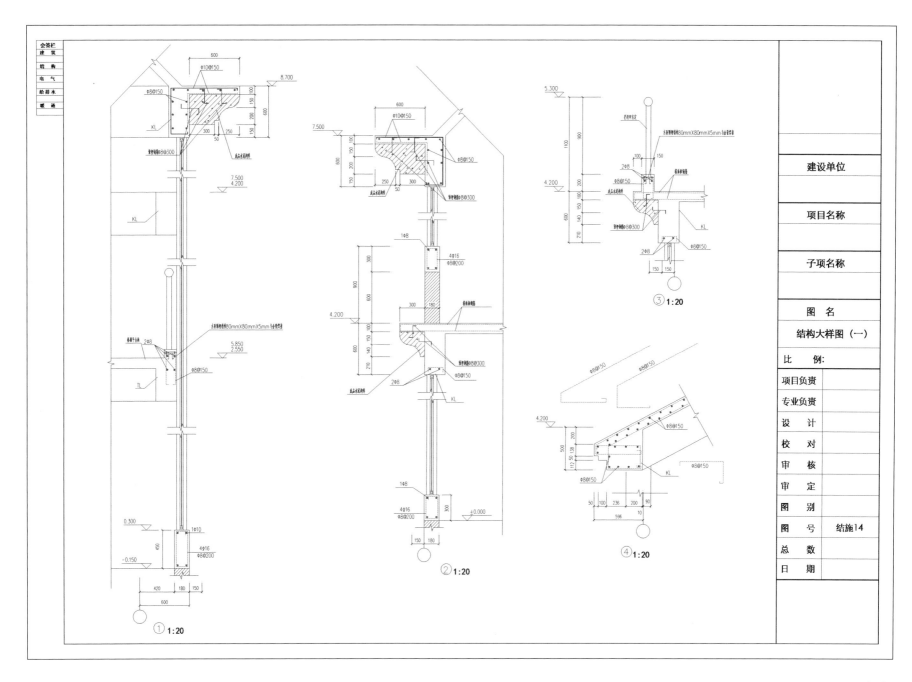

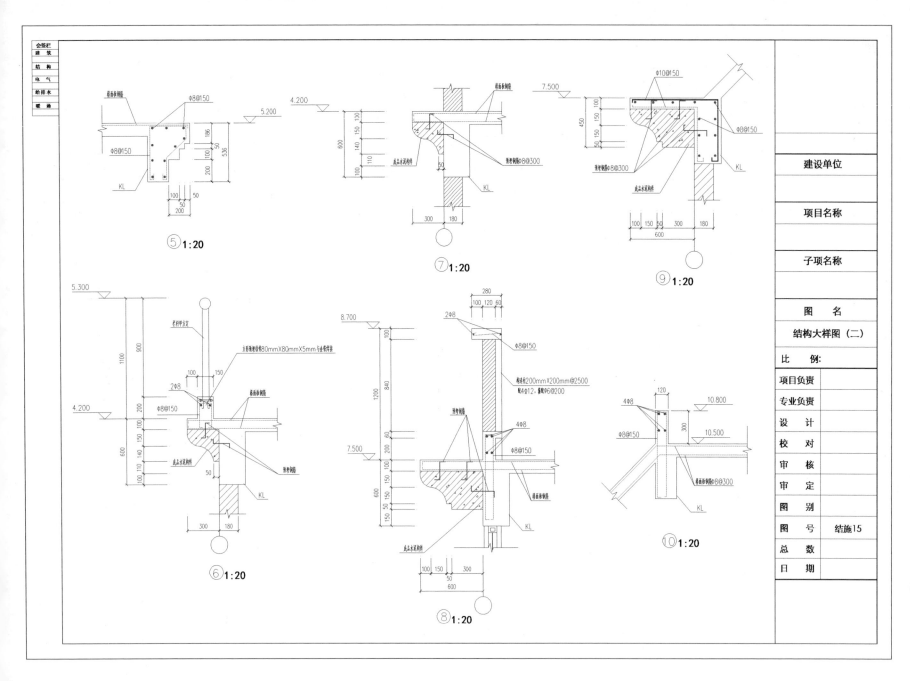

第7章 美式别墅2

三维模型图

渲染效果图

会签栏
建 筑
结 构
电 气
给 排 水
暖 通

建筑设计说明

一、工程设计的主要依据

1. 建设工程设计合同。

2. 用地红线图。

3. 国家及地方现行有关法规、规范、规定。

(1) 使用设计规范。

《民用建筑通用规范》（GB 55031—2022）。

《建筑设计防火规范 (2018年版)》（GB 50016—2014）。

《建筑内部装修设计防火规范》（GB 50222—2017）。

(2) 验收规范。

《建筑地基基础工程施工质量验收标准》（GB 50202—2018）。

《建筑地面工程施工质量验收规范》（GB 50209—2010）。

《建筑装饰装修工程质量验收规范》（GB 50210—2018）。

二、工程概况

1. 本工程为框混结构，总建筑面积为300m²。

2. 图中所标注尺寸除标高以米（m）计外，其余均以毫米（mm）计，室内外高差600mm。

三、砌体工程

1. ±0.000m以下为MU10水泥砖、M7.5水泥砂浆砌筑；±0.000m以上用MU10多孔砖、M5.0混合砂浆实砌。±0.000m以下基础做1：3水泥砂浆双面粉刷。

2. 墙体与柱连接处设柱拉结筋2Φ6@500，伸入墙体1000mm或至门窗洞。

四、墙面工程

1. 外墙做法：15mm厚1：3水泥砂浆底，10mm厚1：0.3：3混合砂浆面层。窗台、窗顶、雨篷、压顶等做法同外墙。

2. 内墙：18mm厚1：1：6混合砂浆底（分两层做）。3mm厚纸筋灰面层，白色内墙涂料二度。150mm高暗踢脚，1：2.5水泥砂浆底，1：2.5水泥砂浆面层。卫生间内墙2700mm高以下采用1：3水泥砂浆底，1：3水泥砂浆面，200mm×300mm带花白瓷砖贴面，2700mm吊顶以上同其他。凡门窗洞口均用1：3水泥砂浆护角，高至洞口顶，每边宽100mm。

3. 所有卫生间、厨房及各层外墙挑出与楼面处的板底外墙底，与屋面相交的外墙底、窗台、窗顶、雨篷、女儿墙、线脚等外墙均做滴水线或顺水拔。

五、楼地面工程

1. 地面做法：素土夯实，100mm厚大片碎石垫层，150mm厚C20混凝土垫层，30mm厚C20细石混凝土随捣随抹。卫生间地面：15mm厚1：2.5水泥砂浆找平，200mm×200mm防滑地砖贴面。

2. 楼面构造做法：混凝土现浇板，20mm厚1：3水泥砂浆找平并压光。

六、门窗

1. 本工程外窗气密性等级为3级。

2. 外门窗应由具有行业专业资质的单位承担设计和施工，门窗的具体尺寸见门窗表。

七、其他

室外散水（自上而下），70mm厚C15素混凝土随捣随抹，80mm厚碎石垫层，素土夯实，坡度为5%，净宽为600mm，沿墙边每隔6m和转角处均做20mm宽油膏嵌缝。

门窗表

类别	编号	洞口尺寸/mm×mm 宽×高	数量/个
门	M1824	1800×2400	1
	M1522	150×2200	1
	M0921	900×2100	12
	TL0921	900×2100	1
	M1524	1500×2400	1
	M2120	2100×2000	1
窗	C2415	2400×1500	1
	C1815	1800×1500	1
	C1515	1500×1500	8
	C0918	0900×1800	2
	C0415	450×1500	2
	C1524	1500×2400	1

建设单位	
项目名称	
子项名称	
图　　名	
建筑设计说明	
比　　例:	
项目负责	
专业负责	
设　　计	
校　　对	
审　　核	
审　　定	
图　　别	
图　　号	建施01
总　　数	
日　　期	

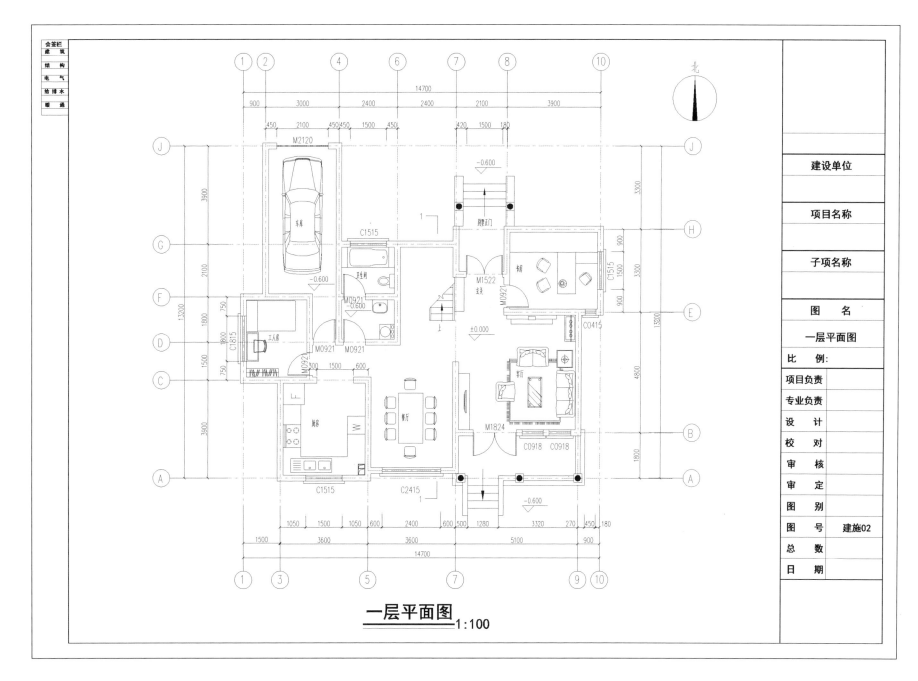

一层平面图 1:100

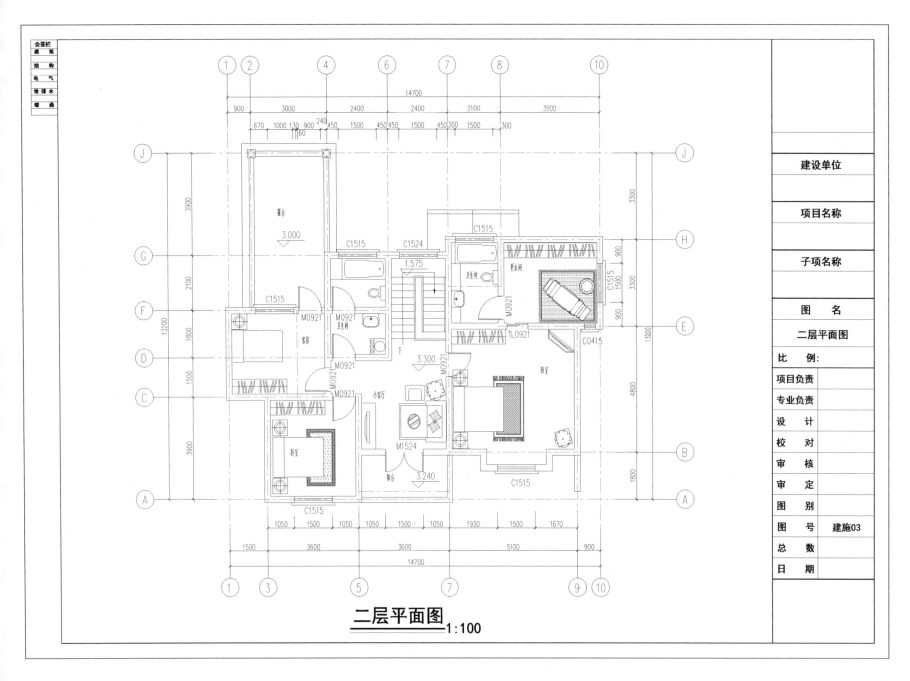

二层平面图 1:100

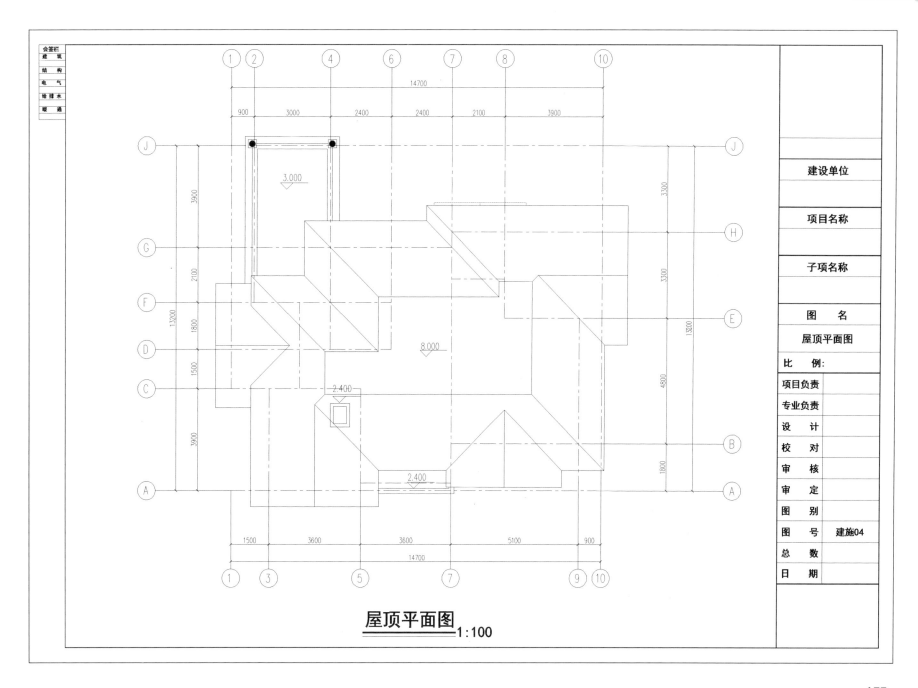

屋顶平面图 1:100

南立面图
1:100

北立面图 1:100

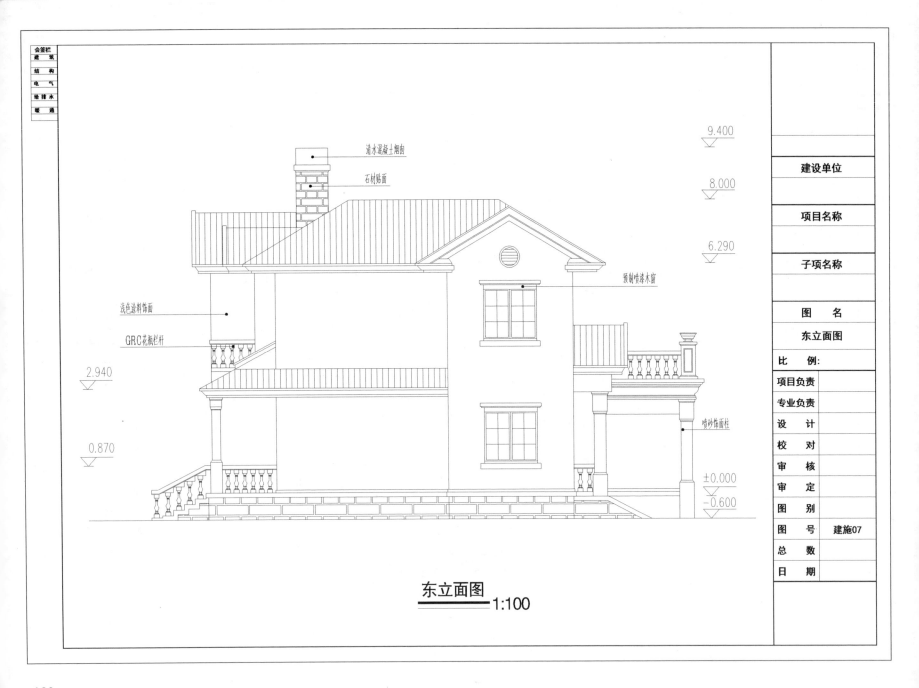

清水混凝土烟囱

石材贴面

预制喷漆木窗

浅色涂料饰面

GRC花瓶栏杆

喷砂饰面柱

9.400

8.000

6.290

2.940

0.870

±0.000

−0.600

东立面图
1:100

会签栏	
建　筑	
结　构	
电　气	
给排水	
暖　通	

建设单位	
项目名称	
子项名称	
图　　名	
	东立面图
比　　例:	
项目负责	
专业负责	
设　　计	
校　　对	
审　　核	
审　　定	
图　　别	
图　　号	建施07
总　　数	
日　　期	

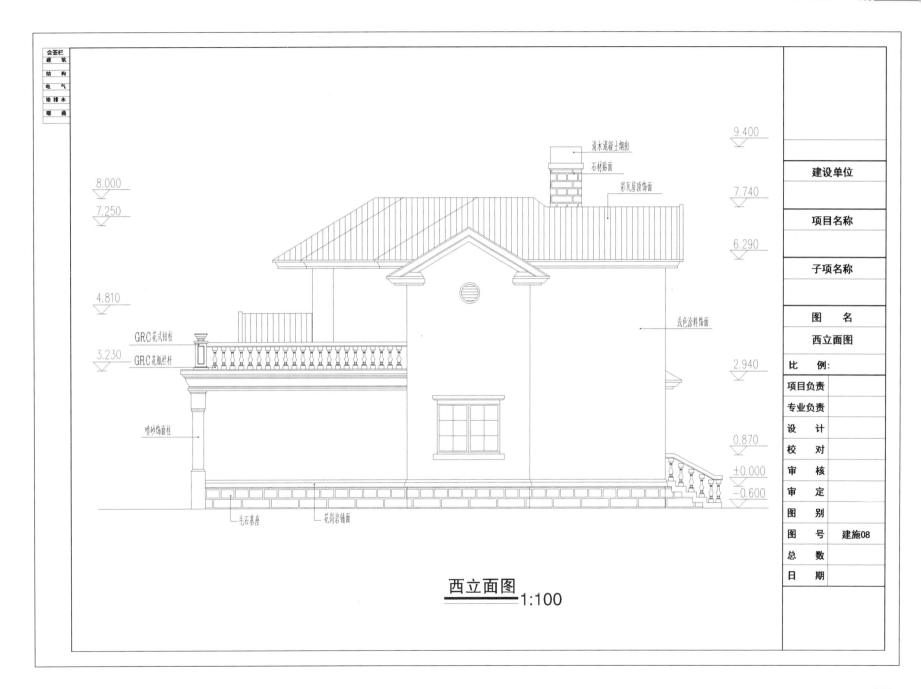

西立面图 1:100

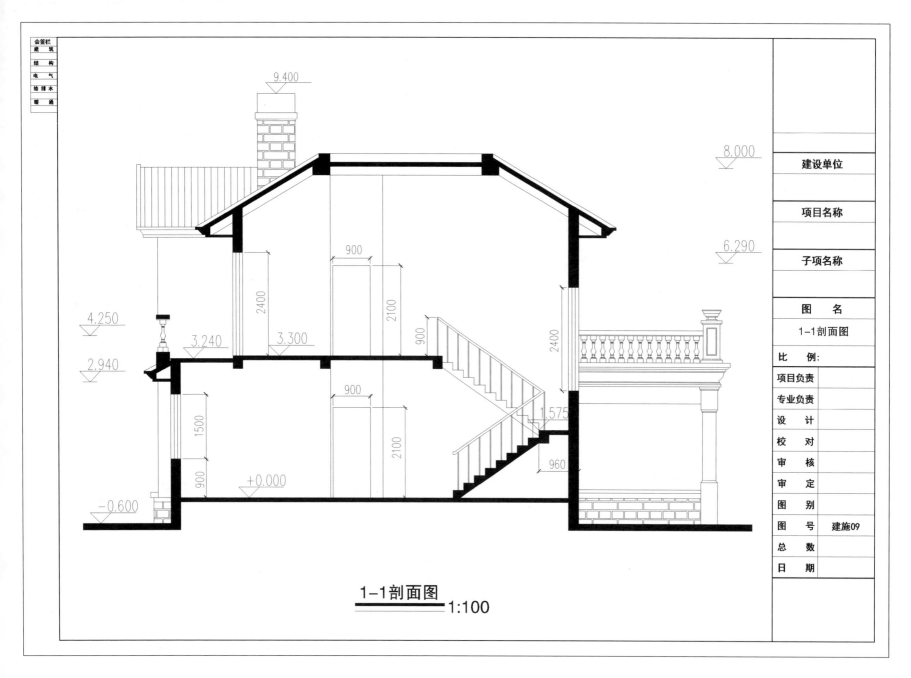

1-1剖面图 1:100

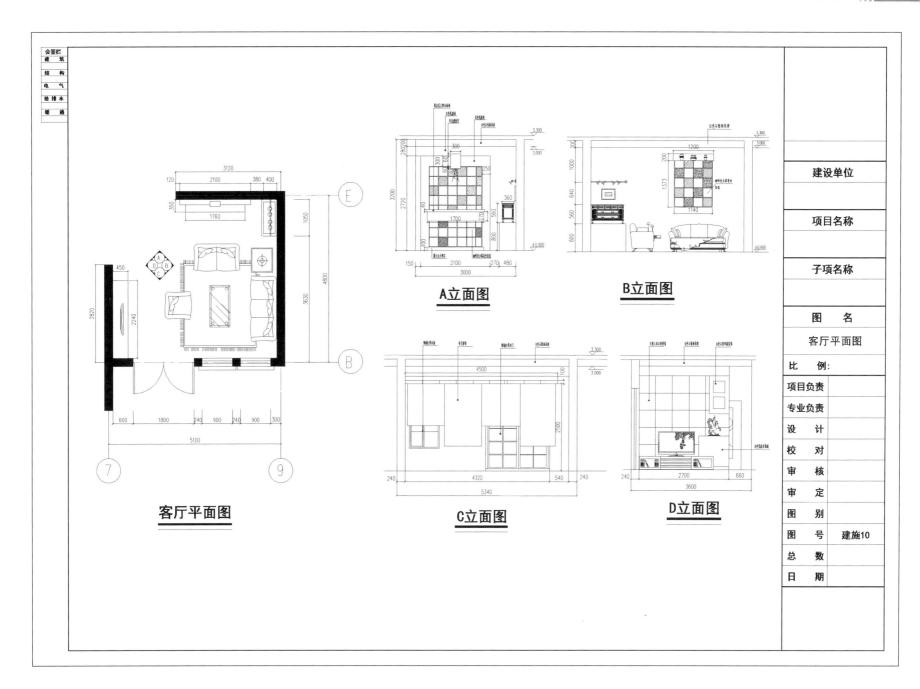

A立面图

B立面图

C立面图

D立面图

客厅平面图

建设单位	
项目名称	
子项名称	
图 名	客厅平面图
比 例：	
项目负责	
专业负责	
设 计	
校 对	
审 核	
审 定	
图 别	
图 号	建施10
总 数	
日 期	

会签栏
建 筑
结 构
电 气
给 排 水
暖 通

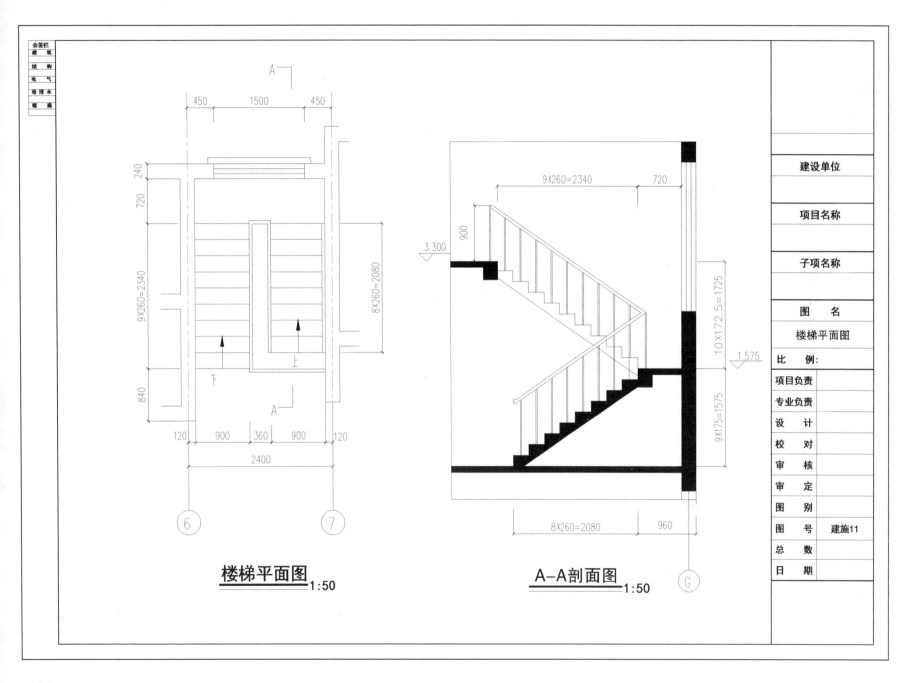

楼梯平面图 1:50

A-A剖面图 1:50

第8章 中式别墅

三维模型图

渲染效果图

8.1 建筑施工图

会签栏	
建 筑	
结 构	
电 气	
给排水	
暖 通	

建筑设计说明

一、总则

1. 本工程为框混结构，总建筑面积为300m²。

2. 图中所标注尺寸除标高以米（m）计外，其余均以毫米（mm）计，室内外高差450mm。

二、砌体工程

1. ±0.000m以下用MU10水泥砖，M7.5水泥砂浆砌筑，±0.000m以上用MU10多孔砖，M5.0混合砂浆实砌。±0.000m以下基础做1:3水泥砂浆双面粉刷。

2. 墙体与柱连接处处柱设拉结筋2Φ6@500，伸入墙体1000mm或至门窗洞。

三、墙面工程

1. 外墙做法：15mm厚1:3水泥砂浆底；10mm厚1:0.3:3混合砂浆面层。窗台、窗顶、雨篷、压顶等做法同外墙。

2. 内墙18mm厚1:1:6混合砂浆底（分两层做）。3mm厚纸筋灰面层，白色内墙涂料二度。150mm高踢脚，1:2.5水泥砂浆底，1:2.5水泥砂浆面层。卫生间内墙2700mm高以下采用1:3水泥砂浆底、1:3水泥砂浆面、200mm×300mm带花白瓷砖，2700mm吊顶以上同其他。凡门窗洞口均用1:3水泥砂浆护角，高至洞口顶，每边宽100mm。

3. 所有卫生间、厨房及各层外墙挑出与楼面的板面处和墙底、与屋面相交的外墙底、窗台、窗顶、雨篷、女儿墙、线脚等同外墙均做滴水线或顺水坡。

四、楼地面工程

1. 地面做法：素土夯实，100mm厚大片垫层，150mm厚C20混凝土垫层，30mm厚C20细混凝土随捣随抹。卫生间地面：15mm厚1:2.5水泥砂浆找平，300mm×300mm防滑地砖贴面。

2. 楼面构造做法：混凝土现浇板，20mm厚1:3水泥砂浆找平并压光。

五、门窗

1. 本工程外窗气密性等级为3级。

2. 外门窗应由具有行业专业资质的单位承担设计和施工，门窗的具体尺寸见门窗表。

六、基础工程

本工程地基标准值见结构设计说明，垫层为100mm厚C15混凝土，防潮层设于-0.030m处，为60mm厚C20细石混凝土。

七、其他

室外散水（自上而下），70mm厚C15素混凝土随捣随抹，80mm厚碎石垫层，素土夯实，坡度为5%，净宽为600mm，沿墙边每隔6m和转角处均做20mm宽油膏嵌缝。

八、使用设计规范

《民用建筑通用规范》（GB 55031—2022）。

《建筑设计防火规范(2018年版)》（GB 50016—2014）。

《建筑内部装修设计防火规范》（GB 50222—2017）。

九、验收规范

《建筑地基基础工程施工质量验收标准》（GB 50202—2018）。

《砌体结构工程施工质量验收规范》（GB 50203—2011）。

《混凝土结构工程施工质量验收规范》（GB 50204—2015）。

《建筑地面工程施工质量验收规范》（GB 50209—2010）。

《建筑装饰装修工程质量验收规范》（GB 50210—2018）。

门窗表

类别	编号	洞口尺寸/mm×mm 宽×高	数量/个
门	M1524	1500×2400	1
	M0821	800×2100	6
	M0921	900×2100	6
	TL2421	2400×2100	1
窗	C2118	2100×1800	3
	C2418	2400×1800	4
	C1512	1500×1200	1
	C0918	900×1800	3
	C1515	1500×1500	2
	C1518	1500×1800	1
	C1218	1200×1800	1

建设单位	
项目名称	
子项名称	
图 名	建筑设计说明
比 例：	
项目负责	
专业负责	
设 计	
校 对	
审 核	
审 定	
图 别	
图 号	建施01
总 数	
日 期	

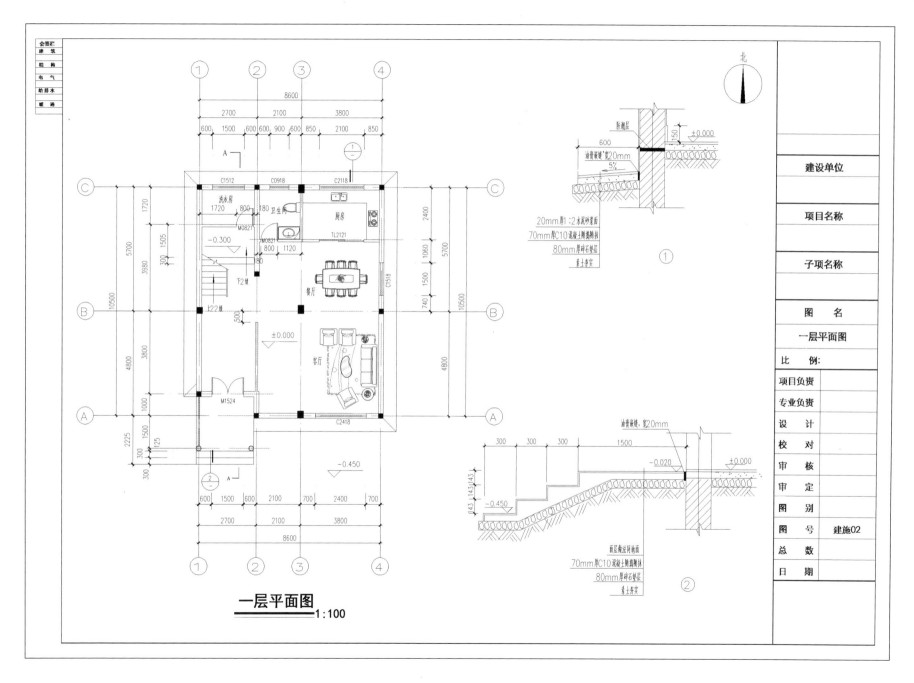

一层平面图 1:100

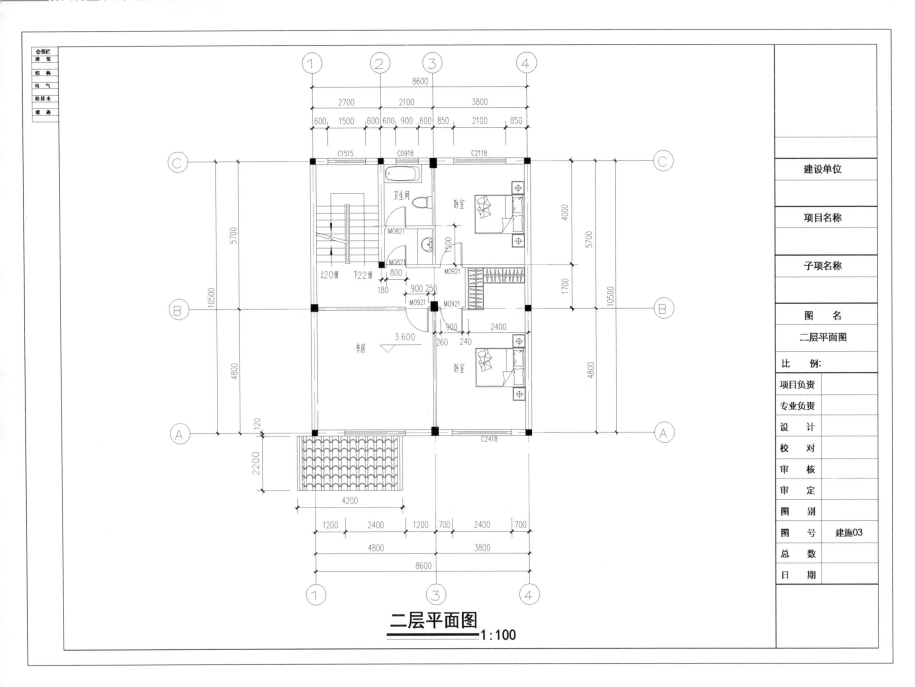

二层平面图

1:100

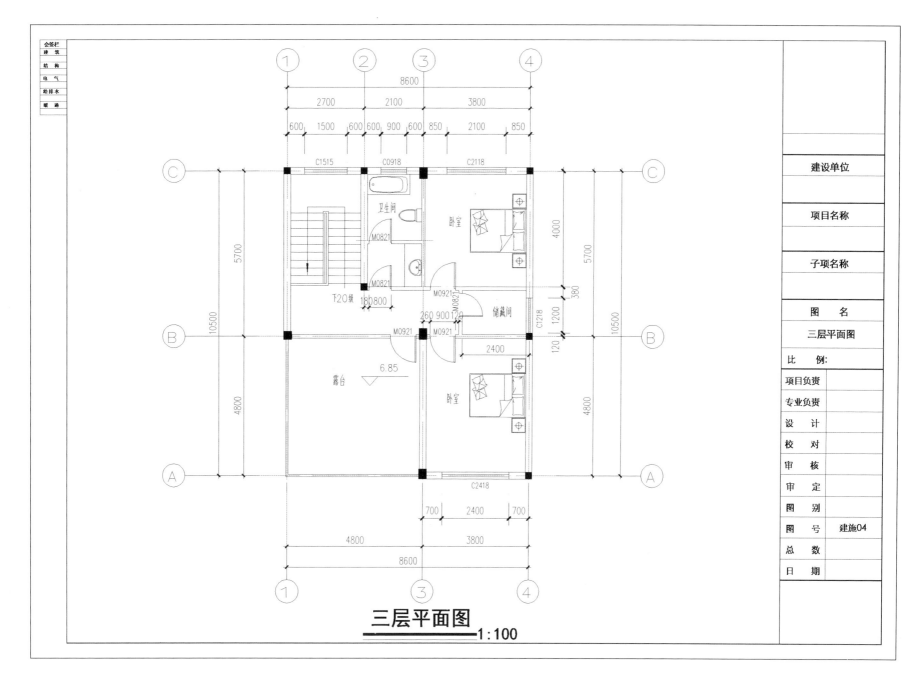

三层平面图

1:100

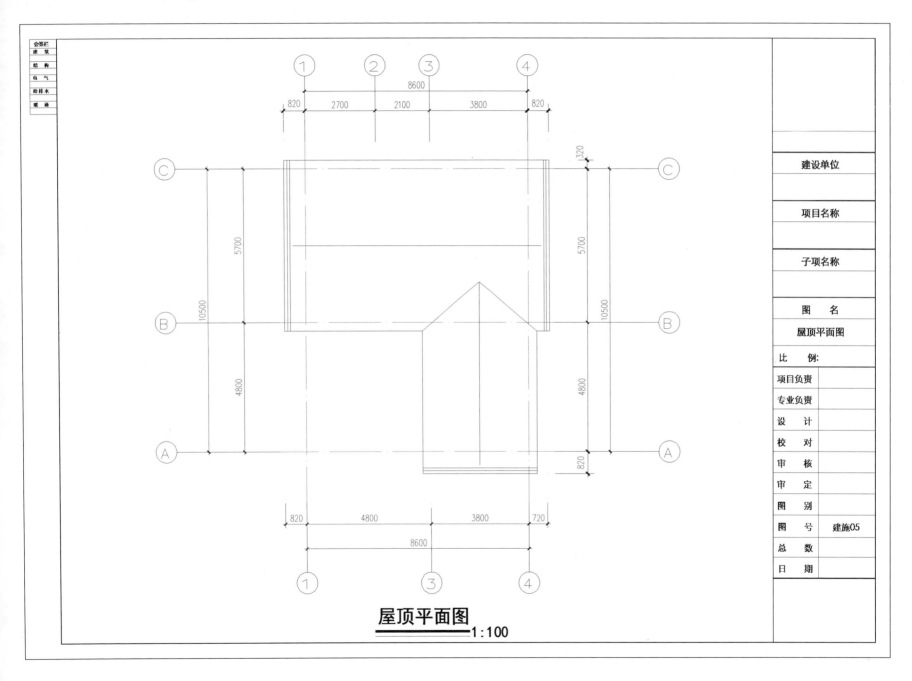

屋顶平面图
1:100

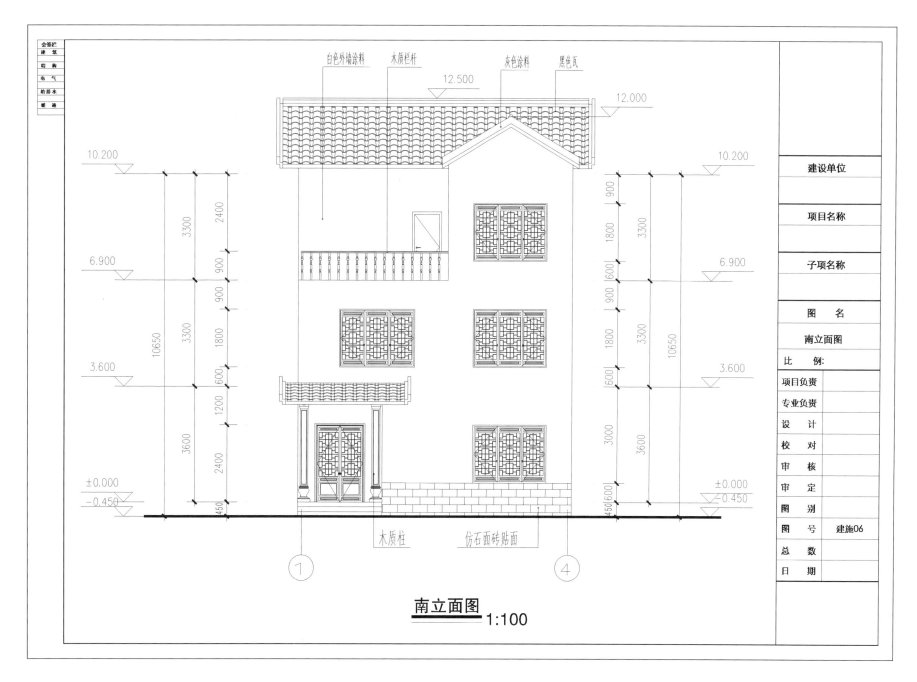

南立面图 1:100

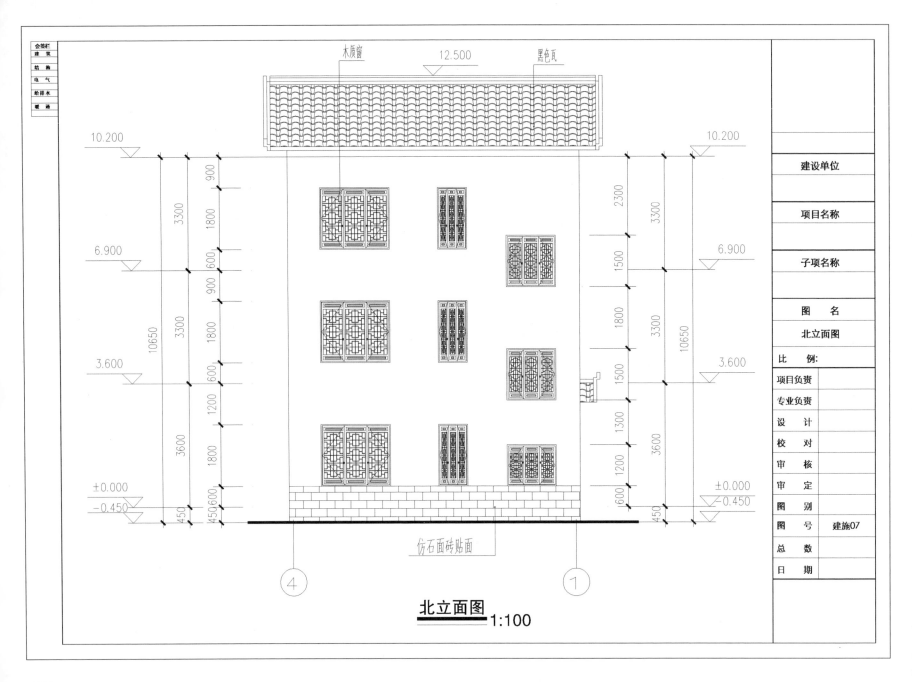

北立面图 1:100

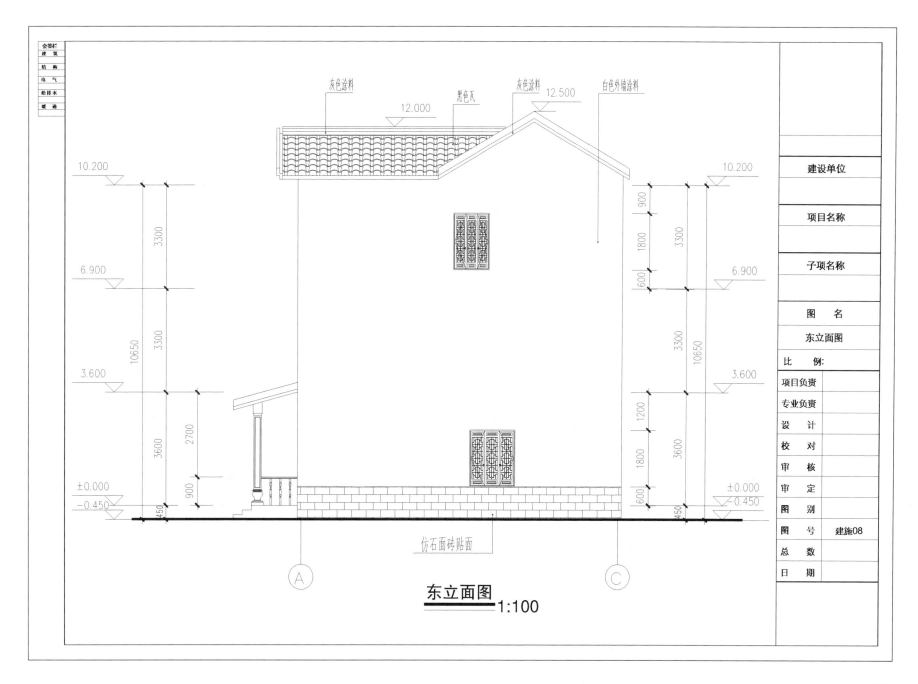

东立面图 1:100

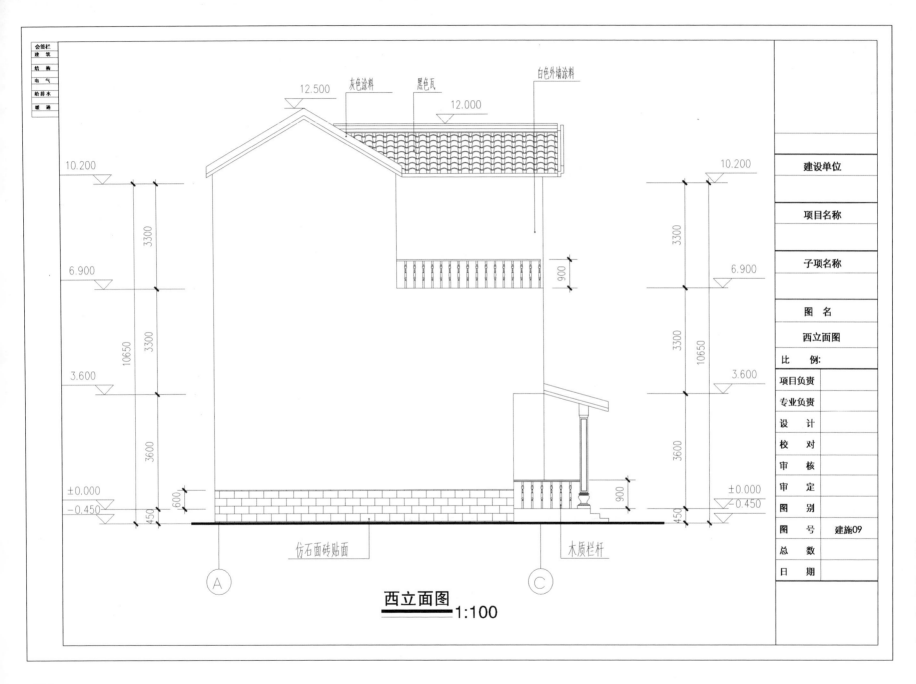

西立面图 1:100

会签栏
建　筑
结　构
电　气
给排水
暖　通

12.500
灰色涂料
黑色瓦
白色外墙涂料
12.000

10.200

3300

6.900

10650

3300

900

3.600

3300

3600

900

±0.000
−0.450

600

450

仿石面砖贴面
木质栏杆

A
C

10.200

3300

6.900

10650

3300

3.600

3600

±0.000
−0.450

900

450

建设单位

项目名称

子项名称

图　名
西立面图

比　　例:

项目负责
专业负责
设　　计
校　　对
审　　核
审　　定
图　别
图　号　建施09
总　数
日　期

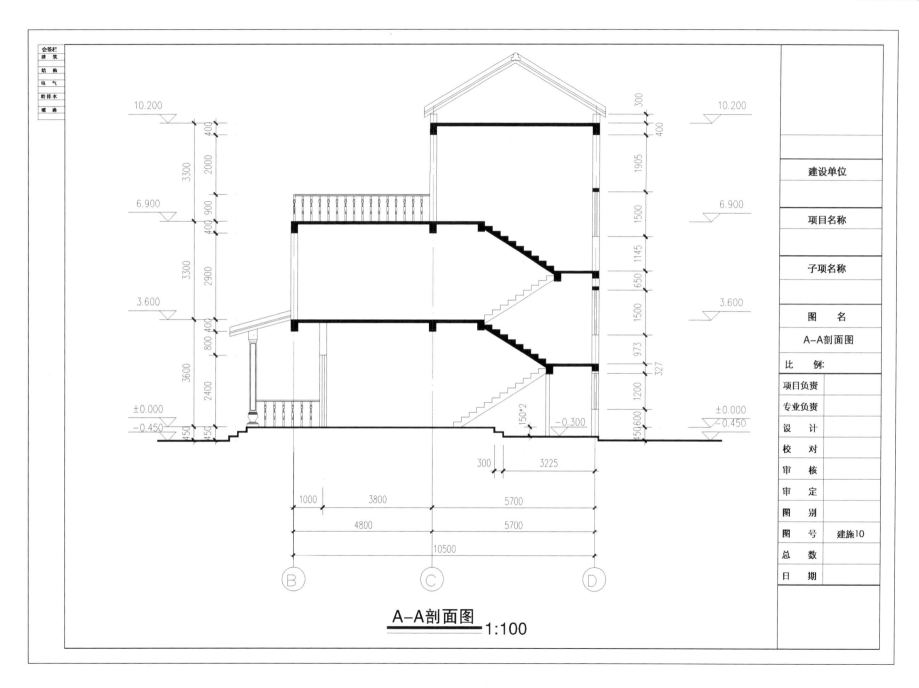

A-A剖面图 1:100

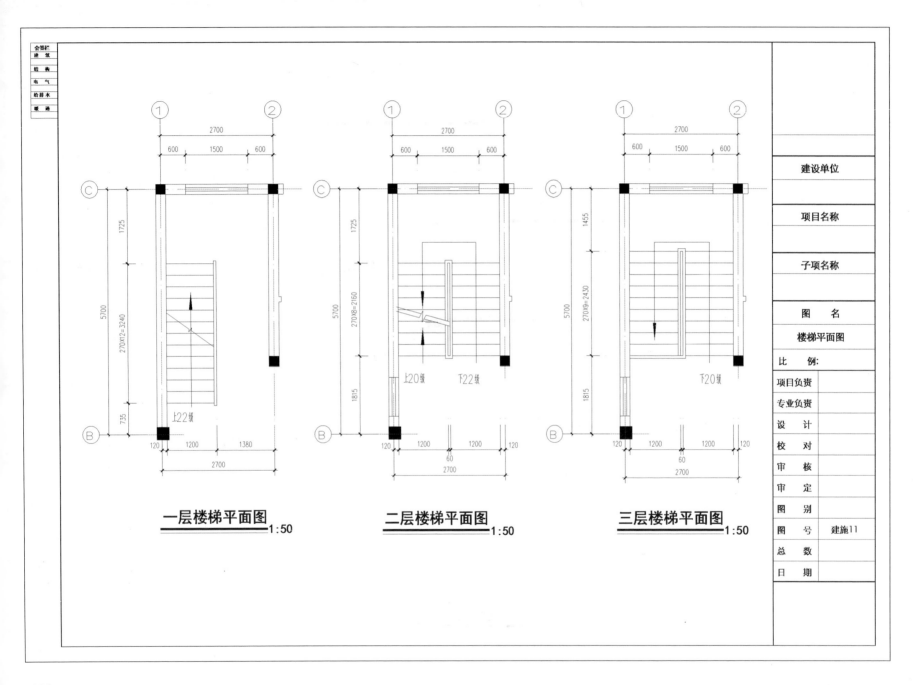

一层楼梯平面图 1:50

二层楼梯平面图 1:50

三层楼梯平面图 1:50

会签栏
建 筑
结 构
电 气
给排水
暖 通

建设单位

项目名称

子项名称

图 名

楼梯平面图

比 例:

项目负责

专业负责

设 计

校 对

审 核

审 定

图 别

图 号 建施11

总 数

日 期

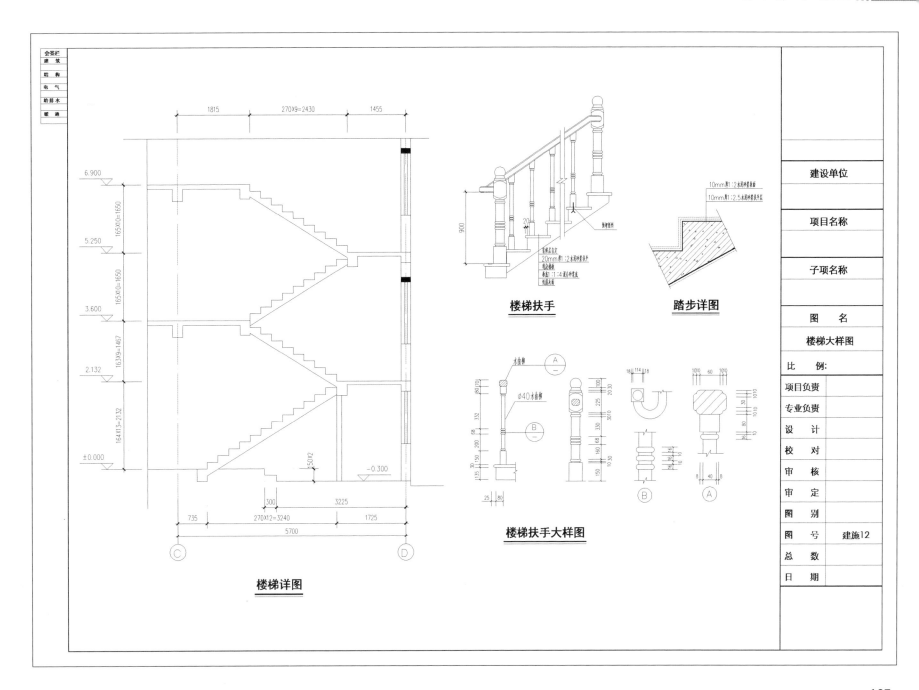

楼梯扶手

踏步详图

楼梯详图

楼梯扶手大样图

会签栏	
建 筑	
结 构	
电 气	
给排水	
暖 通	

建设单位	
项目名称	
子项名称	
图 名	楼梯大样图
比 例:	
项目负责	
专业负责	
设 计	
校 对	
审 核	
审 定	
图 别	
图 号	建施12
总 数	
日 期	

8.2 结构施工图

结构设计说明

一、设计依据

1. 场地类别：3类。

2. 抗震设计烈度为6度，抗震等级为框架4级。

3. 基本风压：0.50kPa。

4. 基本雪压：0.30kPa。

5. 本工程安全等级：二级。

6. 主要规范：

《混凝土结构设计规范》（GB 50010—2010）。

《建筑地基基础设计规范》（GB 50007—2011）。

《建筑抗震设计规范》（GB 50011—2010）。

《建筑结构荷载规范》（GB 50009—2012）。

《建筑桩基技术规范》（JGJ 94—2008）。

二、楼面设计活荷载

楼面：2.0kN/m²。

楼梯间：2.5kN/m²。

三、标高

本工程建筑内地坪标高以±0.000m计算，室内外高差450mm。

四、结构概况

本工程主体高3层，框混结构，楼层均为现浇梁板结构，基础采用筏基础。

五、材料说明

1. 混凝土。

（1）混凝土采用C20。

（2）混凝土采用普通硅酸盐水泥，砂石要求干净，拌和水质要求无污染。

（3）混凝土骨料最大粒径不得大于结构截面最小尺寸的1/4，同时不得大于钢筋最小净距的3/4。

（4）混凝土实心板，允许采用的最大粒径为1/2板厚的颗粒级配，但最大粒径不得超过50mm。

2. 钢材。

HPB235钢筋用Φ表示，fy＝210N/mm²；HRB335钢筋用Φ表示，fy＝300N/mm²。

3. 墙体。

240mm墙包括粉刷≤4.2kN/m²，轻质隔墙≤0.5kN/m²，120mm墙包括粉刷≤2.5kN/m²。

4. 焊条。

Ⅰ级钢与Ⅰ级钢焊、Ⅰ级钢与A3型钢、Ⅱ级钢与A3钢焊接采用E43，Ⅱ级钢与Ⅱ级钢焊接采用E50。

六、基础说明

1. 基础垫层做法：100mm厚C15素混凝土垫层。在−0.030m处做60mm厚C20防潮带（内配2Φ8、Φ4@300，掺用量3‰的防水剂）。

2. 基坑挖至原土时，如发现异常应及时与设计人员联系。在挖土去净填土后，地基土必需用细堆渣分层回填至基底。

七、上部结构

1. 本套结构图按《混凝土结构施工图平面整体表示方法制图规则和构造详图》（03G101—1）表示。施工单位在施工前必须仔细阅读，所有的梁、柱、墙节点构造应套用该图集。

2. 所有柱钢筋宜采用焊接。

3. 悬挑梁除符合03G101—1图集的要求外，对于悬挑大于等于1500mm的，设附加筋抽箍筋。

4. 梁上集中力处附加筋的形状及肢数均与梁的箍筋相同，在次梁等侧各加3组，间距@50。鸭筋、吊筋与弯起钢筋，除标明外弯起角度为45°，其直锚直线长度为20d。当梁跨度大于4m时，模板应按跨度的1‰～3‰起拱。

八、其他说明

1. 凡钢筋混凝土柱与砖墙连接处用拉结筋2Φ6@500，伸入墙身1/5且墙长不小于700mm。

2. 屋面落水及卫生间管道等预留洞孔点按建筑及水道图不位置进行预留。

3. 凡设备专业在楼层面上留孔，必须经过结构加筋处理后才可进行预留，不允许后凿。当现浇板洞口尺寸≤250mm时，洞口可不设加强筋，受力筋绕洞口而过，不得切断。现浇板洞口加强做时，厚有钢筋在洞口处切断设弯钩锚在加强筋上，板上部筋切断后直钩弯至板底。

4. 受力钢筋的保护层厚度：普通梁为25mm，柱为30mm，普通板为15mm，基础底板为40mm，基础梁为45mm，桩承台为50mm。

5. 填充墙体的高度超过4m时，在门窗顶设置圈梁一道，断面为240（120）mm×200mm内配4Φ12、Φ6@200。当填充墙体的长度超过5m时，墙端部与梁宜设有拉结措施。当屋面女儿墙高度超过5m时，屋中增设构造柱断面，即250mm×250mm内配4Φ14、Φ6@200。填充墙应在主体结构全部施工完毕后由上而下逐层砌筑。

6. 门窗洞口无梁通过时的情况。

当洞口不大于900mm时，则板厚为90mm，配3Φ8、Φ6@200；

当洞口为1200～1500mm时，则板厚为120mm，配3Φ10、Φ6@200；

当洞口为1500～2100mm时，则板厚为180mm，上配2Φ10、下配3Φ12、Φ6@200；

当洞口为2400～3000mm时，则板厚为250mm，上配2Φ10、下配2Φ18、Φ6@200。

梁均同墙宽，L＝洞口+2×250mm。

7. 结构施工图需与其他专业图纸配合使用。

8. 本说明未详处均按现行施工及验收规范和有关标准执行。

会签栏	
建 筑	
结 构	
电 气	
给排水	
暖 通	

建设单位	
项目名称	
子项名称	
图 名	结构设计说明
比 例：	
项目负责	
专业负责	
设 计	
校 对	
审 核	
审 定	
图 别	
图 号	结施01
总 数	
日 期	

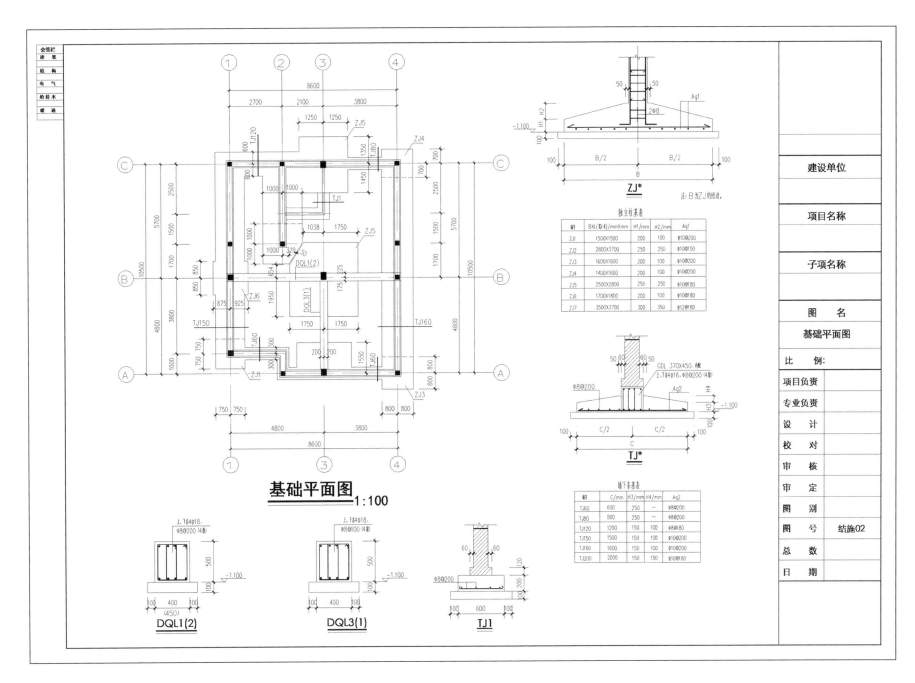

基础平面图 1:100

独立柱基表

编号	BXL(宽×长)/mm×mm	H1/mm	H2/mm	Ag1
ZJ1	1500×1500	200	100	φ10@200
ZJ2	2800×3700	250	100	φ10@150
ZJ3	1600×1600	200	100	φ10@200
ZJ4	1400×1600	200	100	φ10@200
ZJ5	2500×2800	250	250	φ10@180
ZJ6	1700×1800	200	100	φ10@180
ZJ7	3500×3700	300	350	φ12@180

墙下条基表

编号	C/mm	H3/mm	H4/mm	Ag2
TJ60	600	250	—	φ8@200
TJ80	800	250	—	φ8@200
TJ120	1200	150	100	φ8@180
TJ150	1500	150	100	φ10@200
TJ160	1600	150	100	φ10@200
TJ200	2000	150	150	φ10@180

建设单位	
项目名称	
子项名称	
图　名	基础平面图
比　例	
项目负责	
专业负责	
设　计	
校　对	
审　核	
审　定	
图　别	
图　号	结施02
总　数	
日　期	

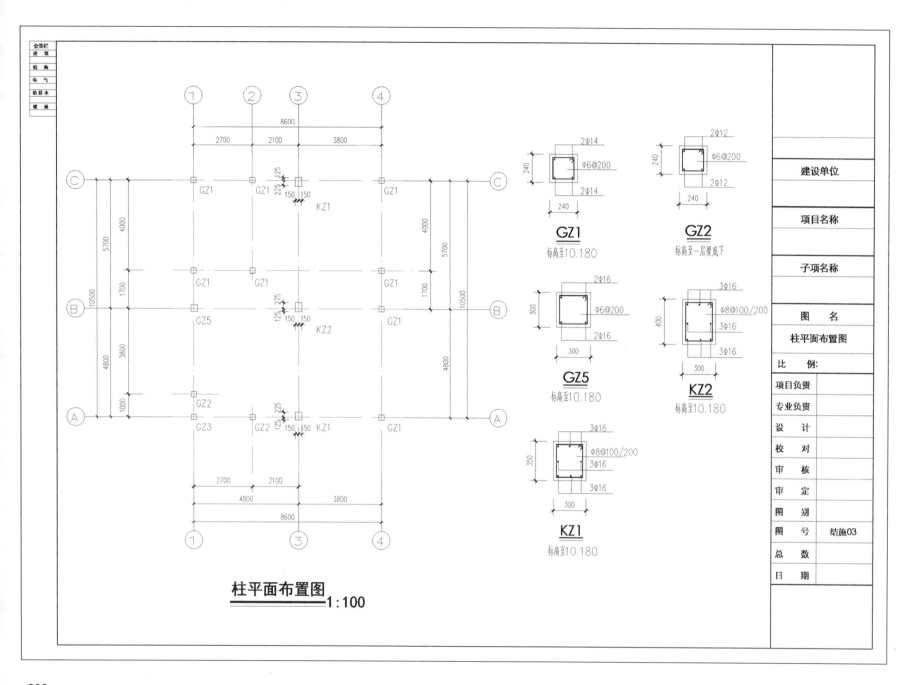

柱平面布置图 1:100

会签栏
建　筑
结　构
电　气
给排水
暖　通

GZ1
2Φ14
Φ6@200
2Φ14
240
240
GZ1
标高至10.180

GZ2
2Φ12
Φ6@200
2Φ12
240
240
GZ2
标高至一层梁底下

GZ5
2Φ16
Φ6@200
2Φ16
300
300
GZ5
标高至10.180

KZ2
3Φ16
Φ8@100/200
3Φ16
3Φ16
400
300
KZ2
标高至10.180

KZ1
3Φ16
Φ8@100/200
3Φ16
3Φ16
350
300
KZ1
标高至10.180

建设单位

项目名称

子项名称

图　名
柱平面布置图

比　例:

项目负责
专业负责
设　计
校　对
审　核
审　定
图　别
图　号　结施03
总　数
日　期

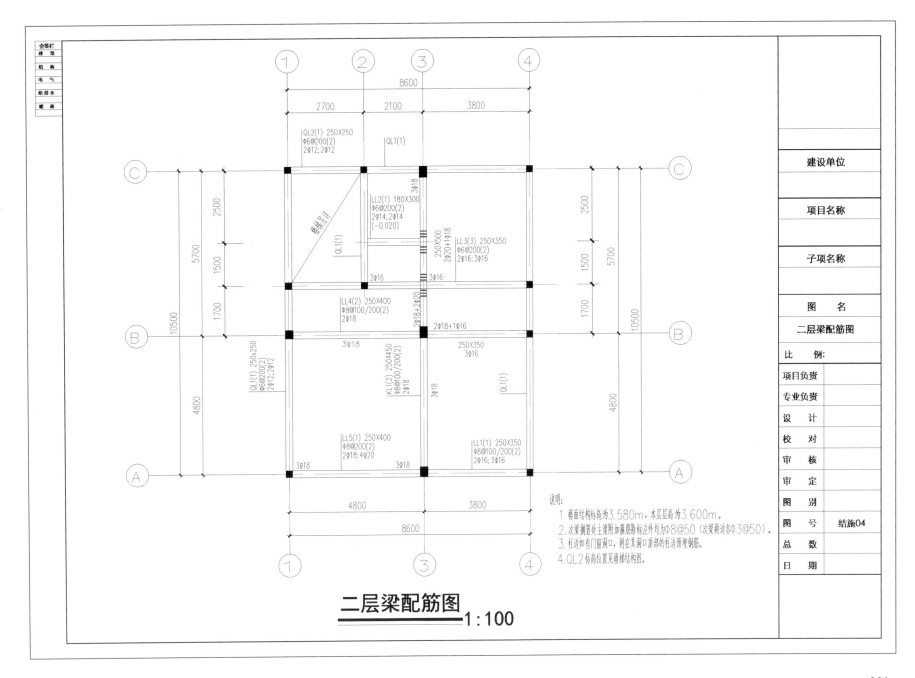

二层梁配筋图
1:100

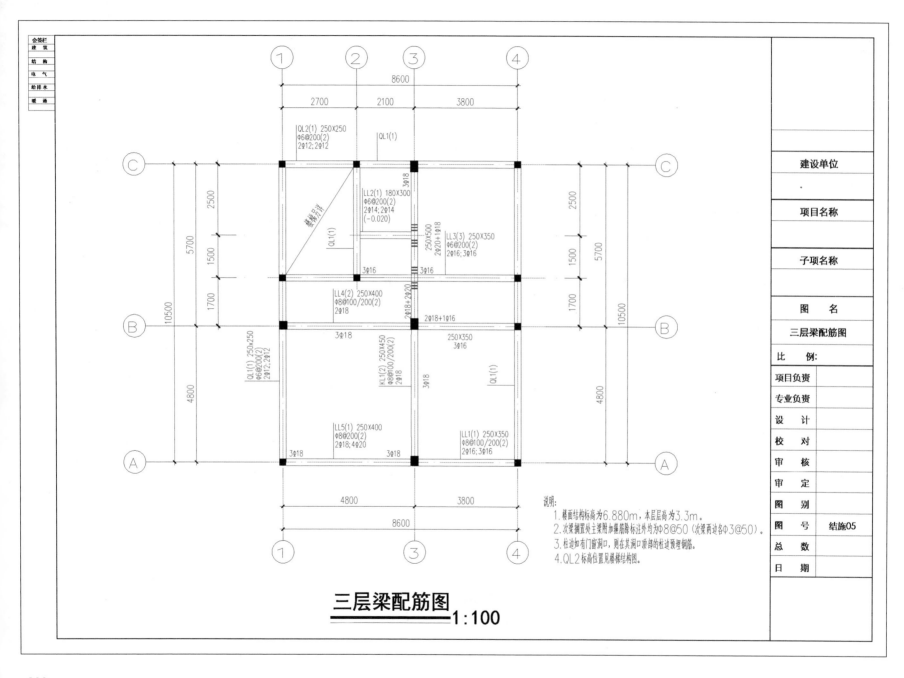

说明:
1. 楼面结构标高为6.880m,本层层高为3.3m。
2. 次梁搁置处主梁附加箍筋腋标注外均为Φ8@50(次梁两边各Φ3@50)。
3. 柱边如有门窗洞口,则在其洞口顶部的柱边预埋钢筋。
4. QL2标高位置见楼梯结构图。

三层梁配筋图 1:100

建设单位	
.	
项目名称	
子项名称	
图 名	
三层梁配筋图	
比 例:	
项目负责	
专业负责	
设 计	
校 对	
审 核	
审 定	
图 别	
图 号	结施05
总 数	
日 期	

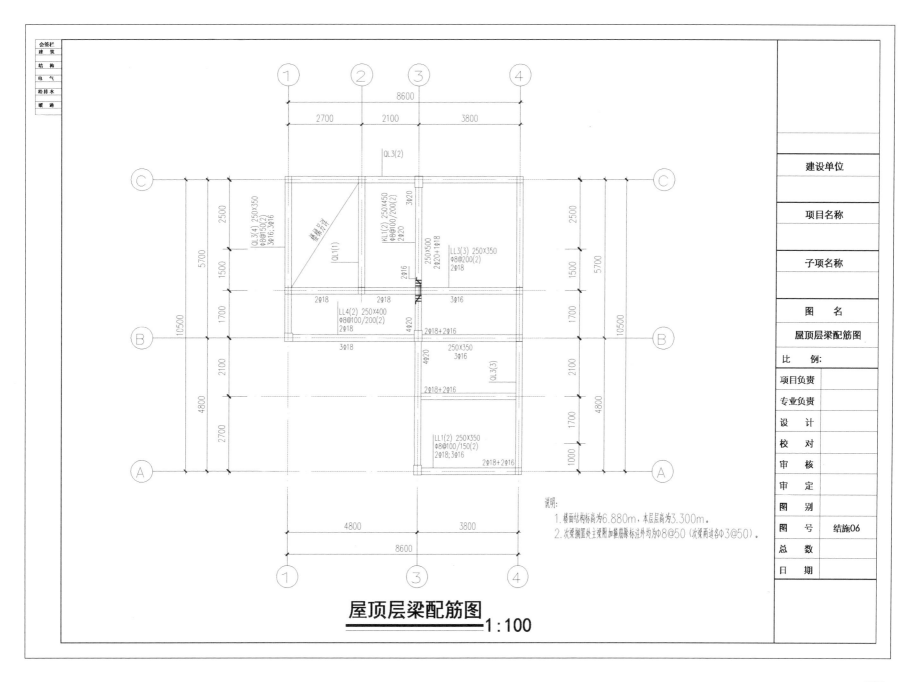

屋顶层梁配筋图
1:100

说明:
1. 楼面结构标高为6.880m, 本层层高为3.300m。
2. 次梁搁置处主梁附加箍筋除标注外均为Φ8@50 (次梁两边各Φ3@50)。

建设单位

项目名称

子项名称

图　名
屋顶层梁配筋图

比　例:

项目负责
专业负责
设　计
校　对
审　核
审　定
图　别
图　号　结施06
总　数
日　期

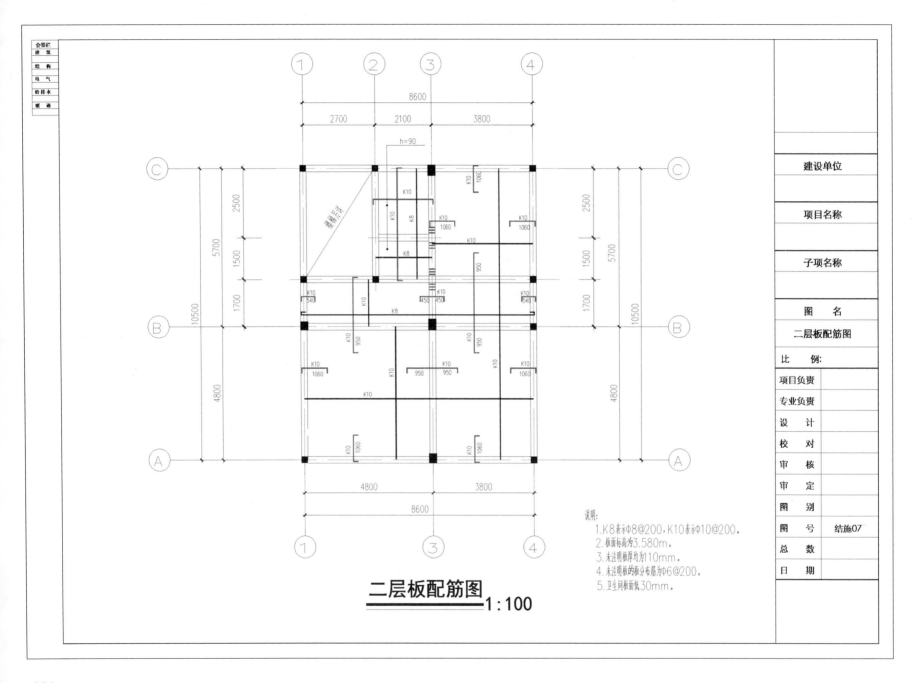

二层板配筋图 1:100

说明:
1. K8表示Φ8@200,K10表示Φ10@200。
2. 板面标高为3.580m。
3. 未注明板厚均为110mm。
4. 未注明板的板分布筋为Φ6@200。
5. 卫生间板面低30mm。

会签栏
建 筑
结 构
电 气
给排水
暖 通

建设单位

项目名称

子项名称

图 名
二层板配筋图

比 例:

项目负责

专业负责

设 计

校 对

审 核

审 定

图 别

图 号 结施07

总 数

日 期

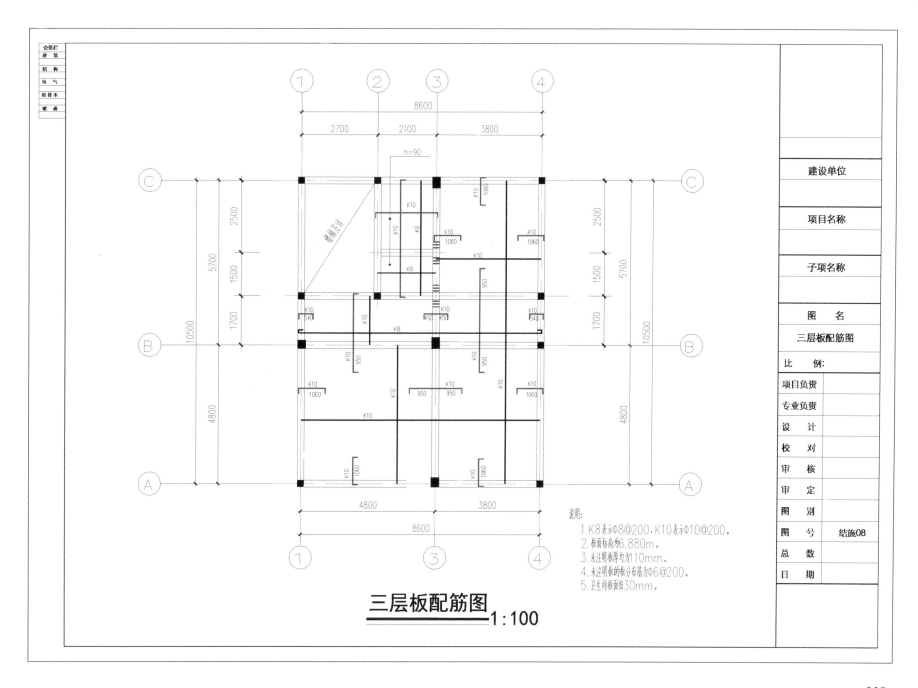

三层板配筋图 1:100

说明:
1. K8表示Φ8@200，K10表示Φ10@200。
2. 板面标高为6.880m。
3. 未注明板厚均为110mm。
4. 未注明板的板分布筋为Φ6@200。
5. 卫生间板面低30mm。

建设单位

项目名称

子项名称

图　名
三层板配筋图

比　例:
项目负责
专业负责
设　计
校　对
审　核
审　定
图　别
图　号　结施08
总　数
日　期

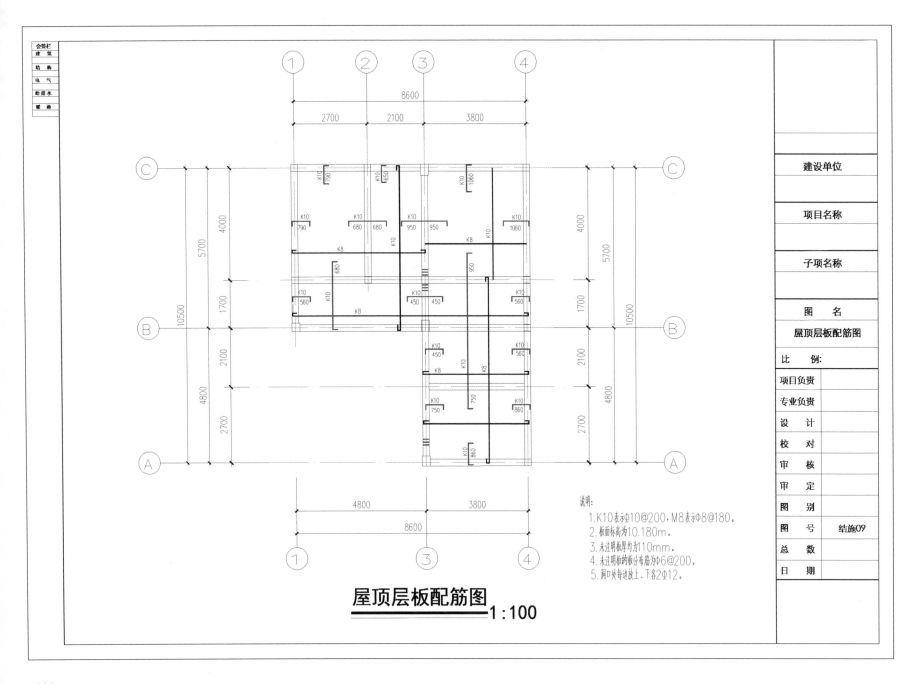

屋顶层板配筋图 1:100

说明:
1. K10表示Φ10@200, M8表示Φ8@180。
2. 板面标高为10.180m。
3. 未注明板厚均为110mm。
4. 未注明板的板分布筋为Φ6@200。
5. 洞口处每边放上、下各2Φ12。

会签栏
建 筑
结 构
电 气
给排水
暖 通

建设单位

项目名称

子项名称

图 名
屋顶层板配筋图

比 例:
项目负责
专业负责
设 计
校 对
审 核
审 定
图 别
图 号 结施09
总 数
日 期

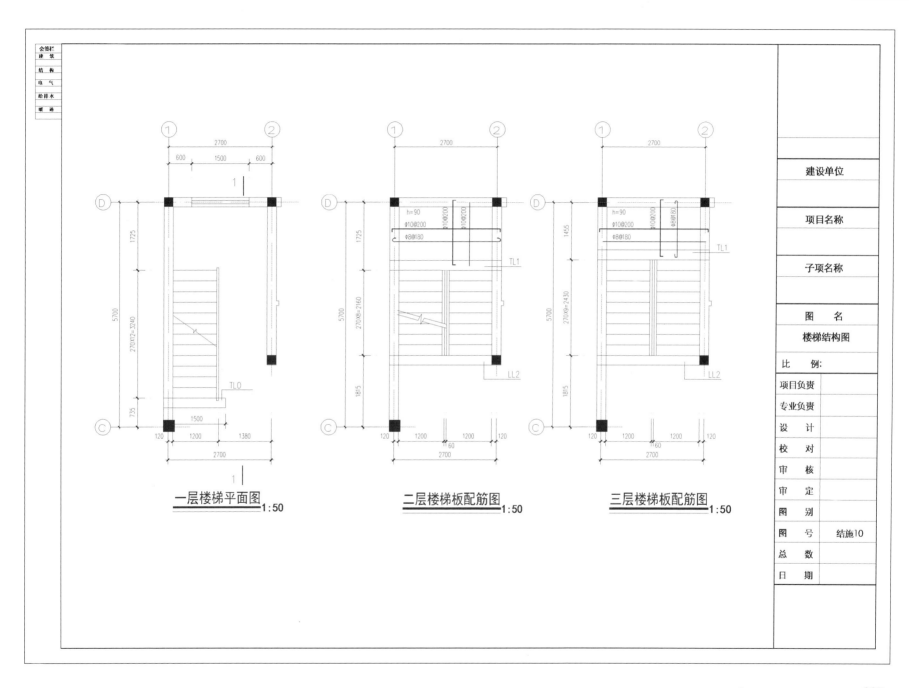

一层楼梯平面图 1:50

二层楼梯板配筋图 1:50

三层楼梯板配筋图 1:50

会签栏
建 筑
结 构
电 气
给排水
暖 通

建设单位

项目名称

子项名称

图 名
楼梯结构图

比 例:

项目负责
专业负责
设 计
校 对
审 核
审 定
图 别
图 号 结施10
总 数
日 期

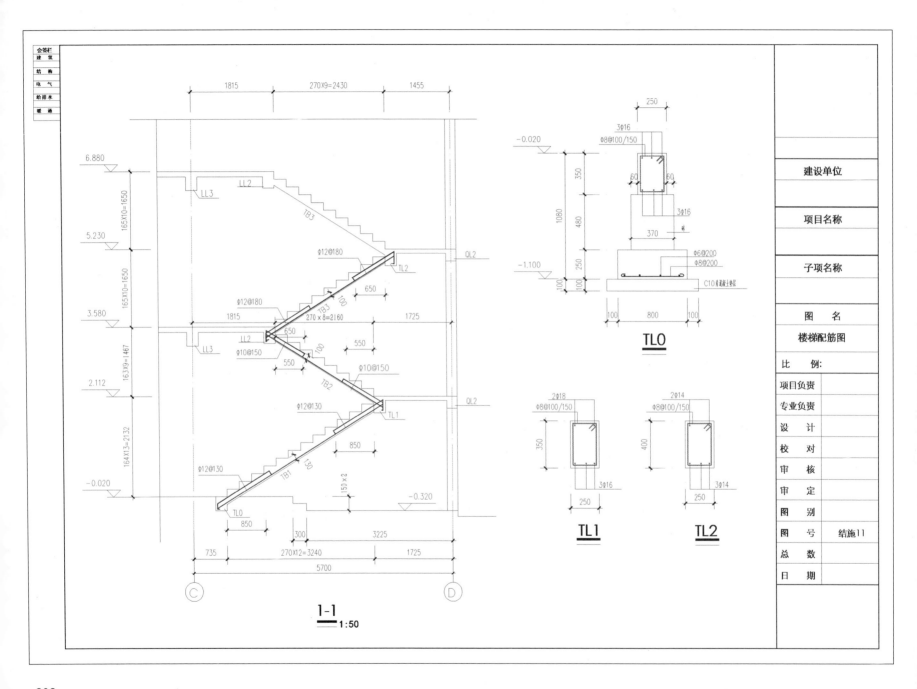

楼梯配筋图

1-1
1:50

TL0

TL1

TL2

会签栏
建　筑
结　构
电　气
给排水
暖　通

建设单位

项目名称

子项名称

图　名
楼梯配筋图

比　例:

项目负责
专业负责
设　计
校　对
审　核
审　定
图　别
图　号　结施11
总　数
日　期

第 9 章 乡 村 别 墅

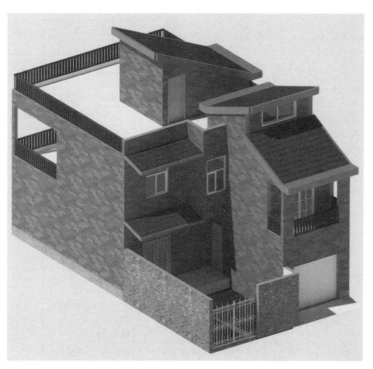

三维模型图

渲染效果图

9.1 建筑施工图

会签栏
建筑
结构
电气
给排水
暖通

建筑设计说明

一、总则
1. 本工程为框架结构，总建筑面积为248m²。
2. 图中所标注尺寸数标高以米（m）计外，其余均以毫米（mm）计，室内外高差450mm。

二、砌体工程
1. ±0.000m以下用MU10水泥砖、M7.5水泥砂浆砌筑，±0.000m以上用MU10多孔砖、M5.0混合砂浆砌。
±0.000m以下基础做1：3水泥砂浆双面粉刷。
2. 墙体与柱连接处均按设结箍筋2Φ6@500，伸入墙体1000mm或至门窗洞。

三、墙面工程
1. 外墙做法：15mm厚1：3水泥砂浆，10厚1：0.3：3混合砂浆面层、窗台、窗顶、雨蓬、压面等做法同外墙。
2. 内墙：18mm厚1：1：6混合砂浆（分两层做）、3mm厚纸筋灰面层、白色内墙涂料二度。150mm高墙脚，1：2.5水泥砂浆底，1：2.5水泥砂浆面层。卫生间内墙2700mm高以上采用1：3水泥砂浆底，1：3水泥砂浆面、200mm×300mm带花白瓷砖，2700mm吊顶以上做其他。凡门窗洞口均用1：3水泥砂浆护角，高至窗口顶，每边宽100mm。
3. 所有卫生间、厨房及各层外墙挑出与楼面的侧面外水线，与屋面相交的外墙底、窗台、窗顶、雨蓬、女儿墙、线脚等同外墙均做滴水线或顺水坡。

四、楼地面工程
1. 地面做法：素土夯实，100mm厚大片垫层，150mm厚C20混凝土垫层，30mm厚C20细石混凝土随捣随抹。
卫生间地面：15mm厚1：2.5水泥砂浆找平，300mm×300mm防滑地砖贴面。
2. 楼面构造做法：混凝土现浇板，20mm厚1：3水泥砂浆找平并压光。

五、门窗
1. 本工程外窗气密性等级为3级。
2. 外门窗应由具有行业专业资质的单位承担设计和施工，门窗的材质以及具体尺寸见门窗表。

六、基础工程
本工程地基标准值见结构设计说明，垫层为100mm厚C15素混凝土，防潮层设于-0.030m处，为60mm厚C20细石混凝土。

七、其他
室外散水（自上而下），70mm厚C15素混凝土随捣随抹，80mm厚碎石垫层，素土夯实，坡度为5%，净宽为600mm，沿墙边每隔6m和转角处均做20mm宽油膏嵌缝。

八、使用设计规范
《民用建筑通用规范》（GB 55031—2022）。
《建筑设计防火规范（2018年版）》（GB 50016—2014）。
《建筑内部装修设计防火规范》（GB 50222—2017）。

九、验收规范
《建筑地基基础工程施工质量验收标准》（GB 50202—2018）。
《砌体结构工程施工质量验收规范》（GB 50203—2011）。
《混凝土结构工程施工质量验收规范》（GB 50204—2015）。
《建筑地面工程施工质量验收规范》（GB 50209—2010）。
《建筑装饰装修工程施工质量验收规范》（GB 50210—2018）。

门窗表

名称	规格/mm×mm	材质	数量/个	类型
C-1	2100×1800	断桥铝	1	推拉窗
C-2	1200×1600	断桥铝	3	推拉窗
C-3	1500×1800	断桥铝	4	推拉窗
C-4	1800×800	断桥铝	2	推拉窗
C-5	1500×1600	断桥铝	1	推拉窗
C-6	900×1500	断桥铝	1	推拉窗
C-7	1000×1600	断桥铝	2	推拉窗
M-1	900×2100	木质	5	单扇
M-2	700×2100	木质	2	单扇
M-3	1500×2400	断桥铝	1	双扇
M-4	1500×2100	钛镁合金	3	推拉
M-5	750×2100	木质	3	推拉
M-6	2400×2100	不锈钢	1	卷帘门
M-7	2400×2000	铁	1	铁艺大门

建设单位	
项目名称	
子项名称	
图　名	建筑设计说明
比　例：	
项目负责	
专业负责	
设　计	
校　对	
审　核	
审　定	
图　别	
图　号	建施01
总　数	
日　期	

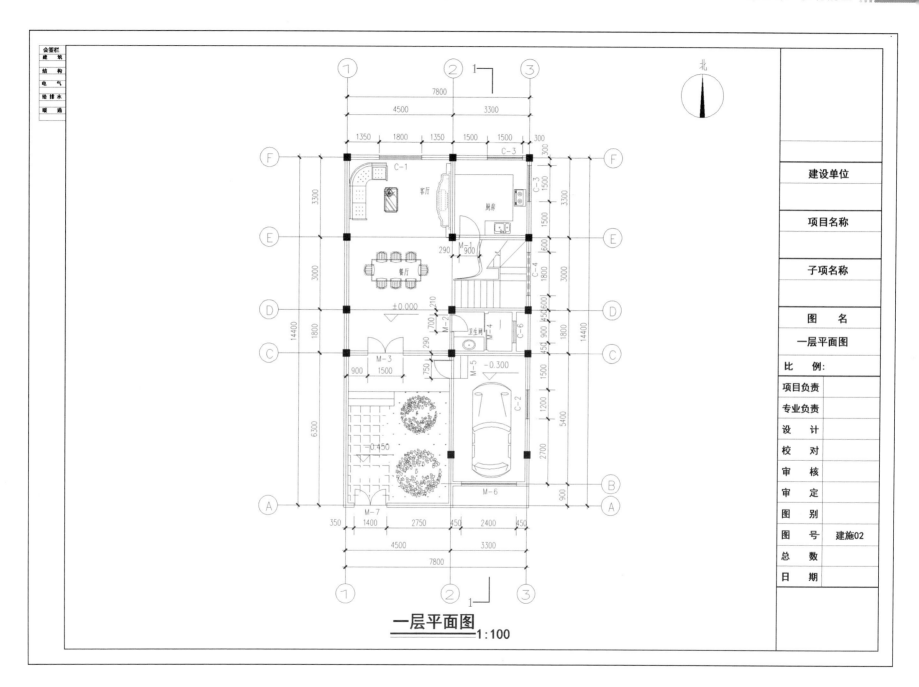

一层平面图 1:100

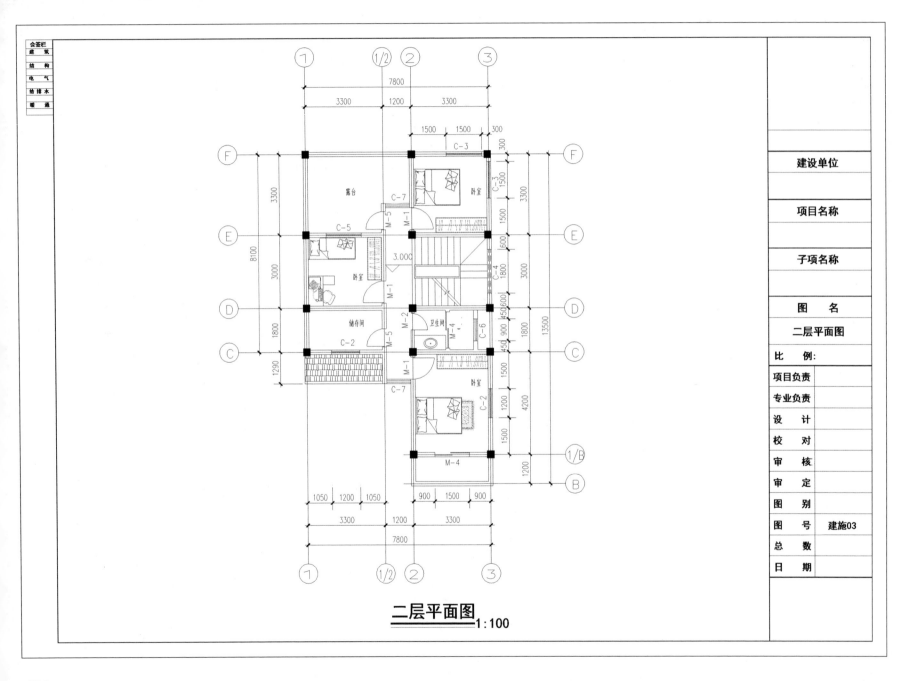

二层平面图
1:100

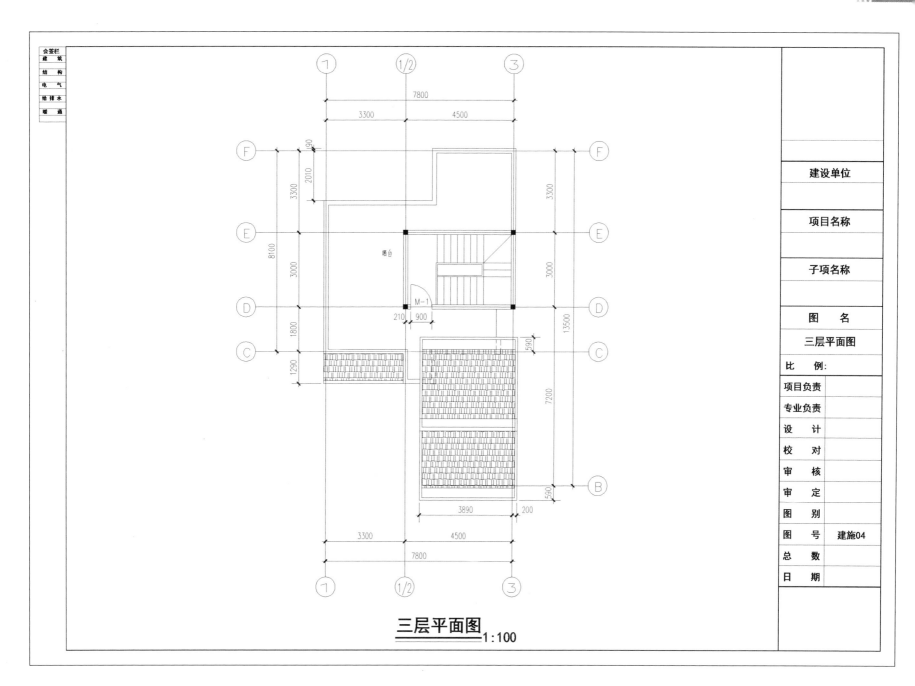

三层平面图 1:100

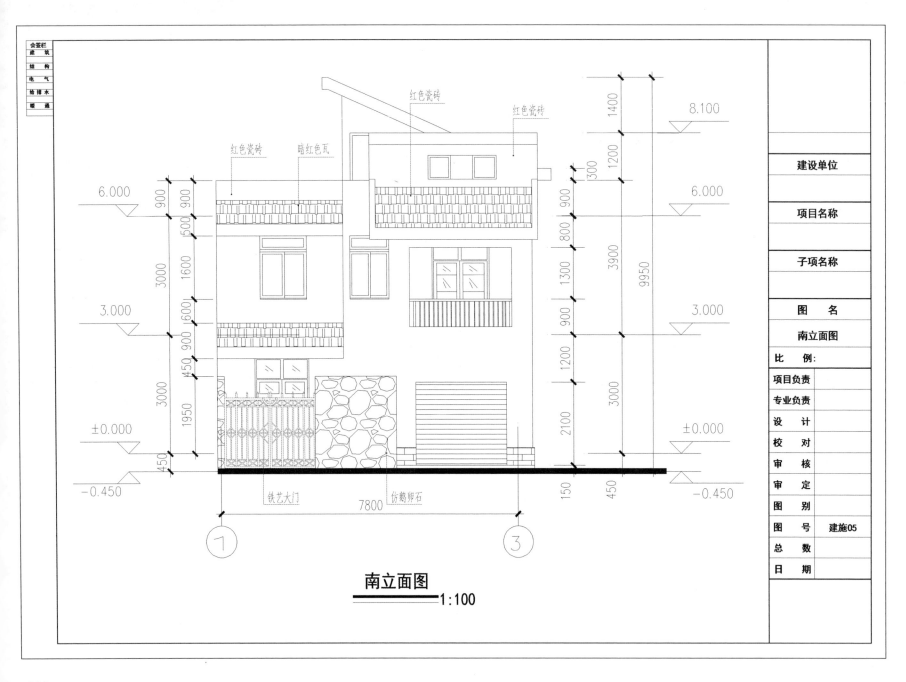

南立面图

1:100

会签栏
建 筑
结 构
电 气
给排水
暖 通

红色瓷砖
红色瓷砖
红色瓷砖
红色瓷砖
暗红色瓦

铁艺大门
仿鹅卵石

建设单位

项目名称

子项名称

图 名
南立面图

比 例:

项目负责
专业负责
设 计
校 对
审 核
审 定
图 别
图 号　建施05
总 数
日 期

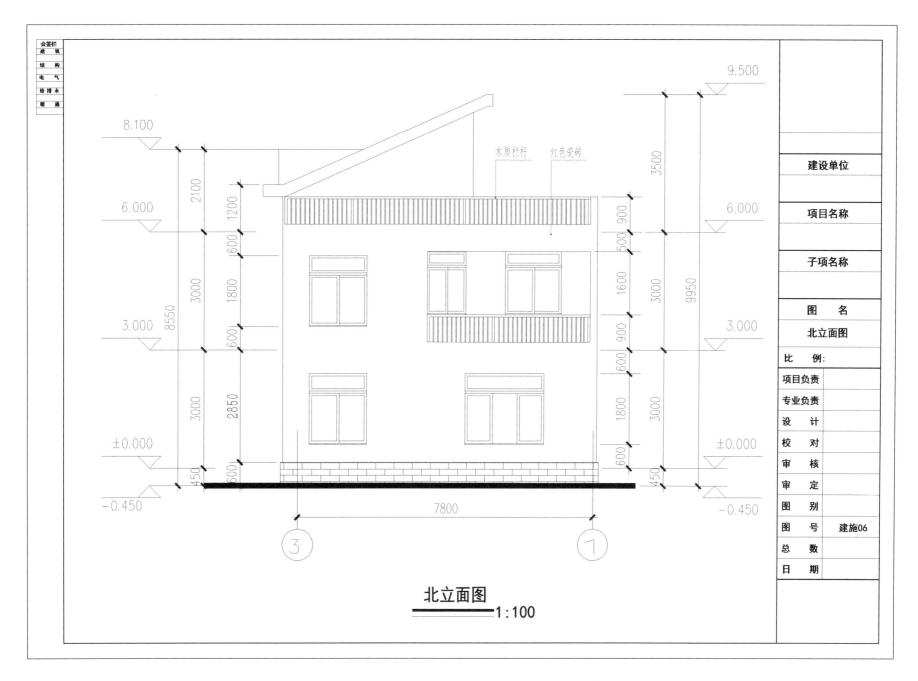

北立面图 1:100

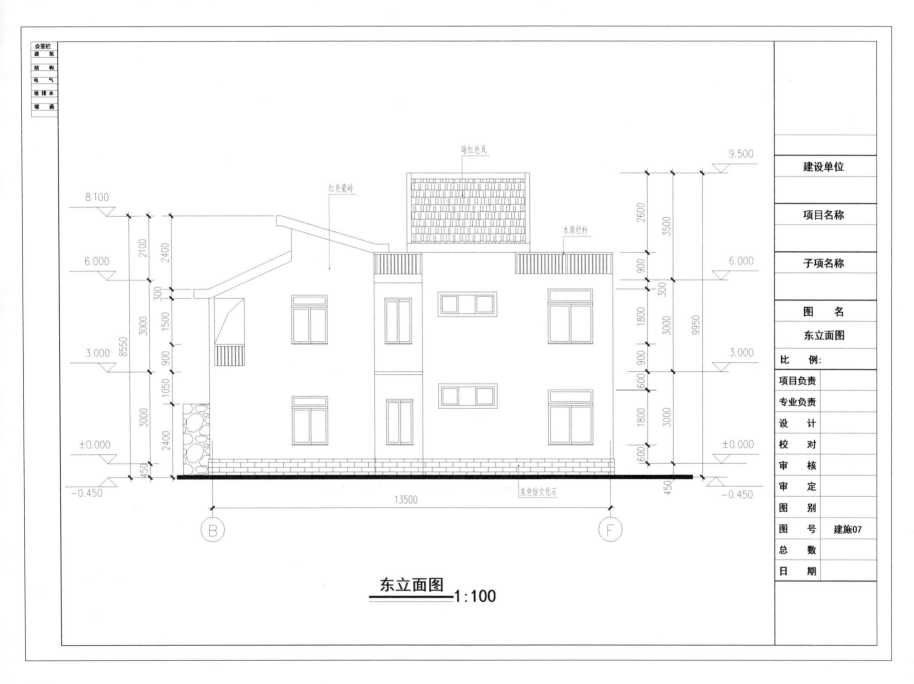

东立面图 1:100

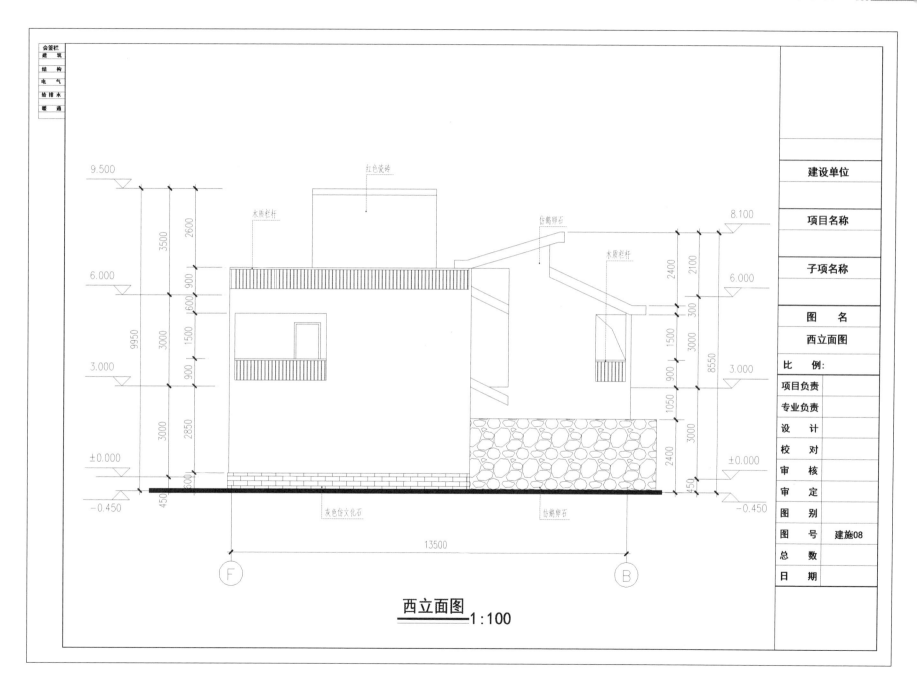

会签栏
建 筑
结 构
电 气
给 排 水
暖 通

9.500

红色瓷砖

木质栏杆

仿鹅卵石

8.100

3500
2600

木质栏杆

2400
2100

6.000

6.000

900

9950

300

1600

1500

3000

1500

3.000

3000

8550

900

900

3000

1050

3000
2850

灰色仿文化石

2400

±0.000

±0.000

600
450

-0.450

仿鹅卵石

-0.450

13500

F

B

建设单位

项目名称

子项名称

图 名
西立面图

比 例：

项目负责

专业负责

设 计

校 对

审 核

审 定

图 别

图 号 建施08

总 数

日 期

西立面图 1:100

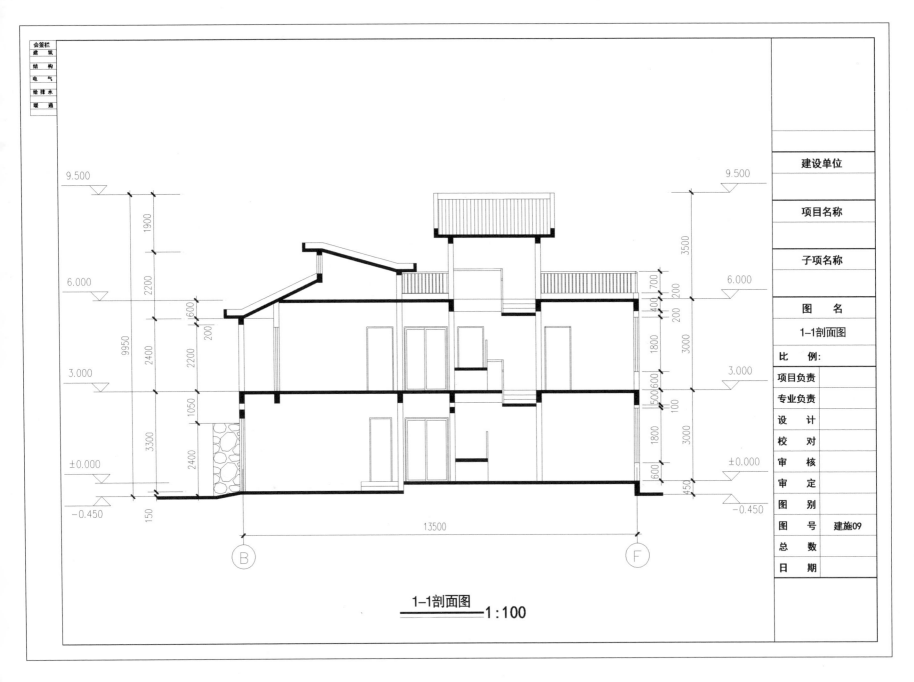

1-1剖面图　　1:100

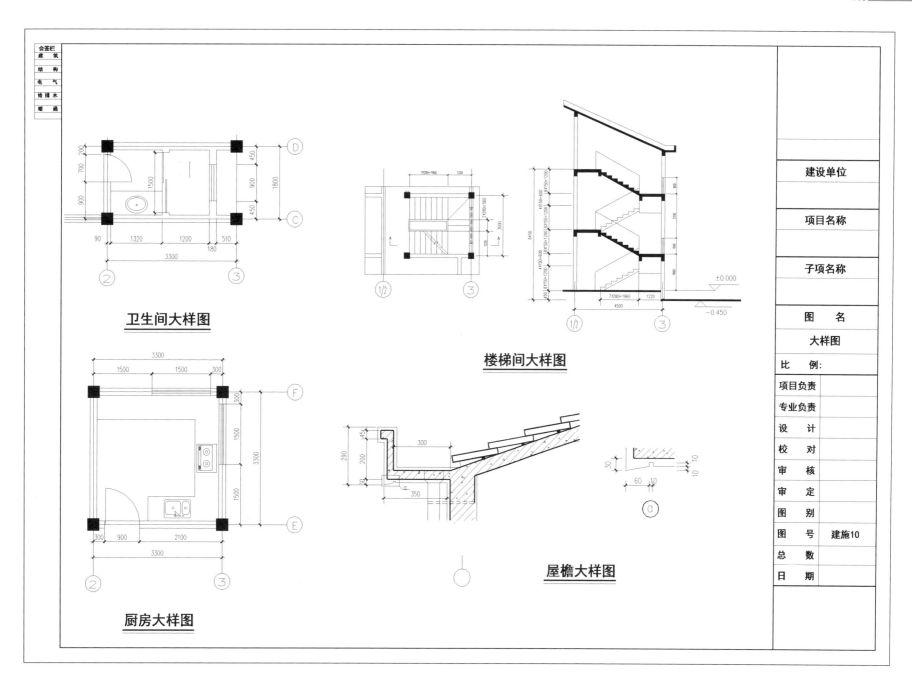

会签栏
建　筑
结　构
电　气
给排水
暖　通

卫生间大样图

楼梯间大样图

厨房大样图

屋檐大样图

建设单位

项目名称

子项名称

图　名
大样图

比　例:

项目负责

专业负责

设　计

校　对

审　核

审　定

图　别

图　号　建施10

总　数

日　期

9.2 结构施工图

结构设计说明（一）

一、一般说明

1. 本工程为框架结构。

2. 尺寸单位：标高以米（m）为单位，其他均以毫米（mm）为单位。

3. 本建筑安全等级为二级，使用年限为50年，防火耐火等级为二级，砌体结构施工质量控制等级为B级。

4. 设计依据。

《建筑抗震设计规范》（GB 50011—2010）。

《混凝土结构设计规范》（GB 50010—2010）。

《建筑地基基础设计规范》（GB 50007—2011）。

《砌体结构设计规范》（GB 50003—2011）。

《建筑结构荷载规范》（GB 50009—2012）。

二、抗震设计

本工程的抗震设防烈度为7度。

三、地基基础

1. 天然地基。

（1）本工程采用天然地基。

（2）条形基础埋置深度变化时，应做成1:2梯级连接。除特殊情况外，施工时一般按图1处理。

2. 若施工时发现实际地质情况与设计要求不符，请通知勘察、设计、监理、业主等单位共同研究处理。

3. 防潮层（DQL）以下砌体用MU10砖、M10水泥砂浆砌筑。

4. 地基基础设计等级为丙级。

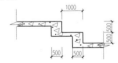

图1 条形地基

四、钢筋混凝土结构： 混凝土环境类别为一类

（一）现浇部分

1. 混凝土。

结构部分	混凝土强度等级	钢筋净保护层厚度为：
基础垫层	C10	基础为40mm
基础	C20	
地梁、梁、柱	C25	梁、柱为30mm
板	C20	板为20mm
圈梁、构造柱	C20	

2. 钢筋。

（1）基础、梁、柱等构件主钢筋采用Ⅱ级（Φ）螺纹钢，设计强度fy=fy'=300MPa。

（2）板主钢筋采用Ⅰ级（Φ）圆钢，设计强度fy=fy'=210MPa。

（3）当梁、板钢筋过长时，上部钢筋应在跨中处搭接，下部钢筋应在支座处搭接。同一截面接头数上部不超过总数的50%，下部不超过总数的25%，相邻接头截面间的最小距离为45d。

（4）钢筋锚固长度及搭接长度见下表。

混凝土强度等级抗震等级		C20	C25	C30
锚固长度	HPB235 三	33d	28d	25d
	HRB335 三	40d	35d	31d
	HRB400 三	49d	42d	37d
搭接长度	HPB235 三	40d	34d	30d
	HRB335 三	48d	42d	38d
	HRB400 三	59d	51d	45d

3. 全部单向板、双向板支座的分布筋，除在图上特别注明者外，楼面采用Φ6@200，屋面及外露结构采用Φ8@200。

4. 各楼层的端跨板端角处，或者短向跨度>4m的中间板四角，应加设Φ8@200双向面筋，见图2。另外，板的跨度>4m时应起拱l/1000。

5. 全部双向板的底筋，短向筋放置在底层，长向筋放置在短向筋上。

6. 板负筋处伸入跨内的长度为净跨的1/4。

图2 端跨板端角处

会签栏	
建筑	
结构	
电气	
给排水	
暖通	

建设单位	
项目名称	
子项名称	
图 名	
结构设计说明（一）	
比 例：	
项目负责	
专业负责	
设 计	
校 对	
审 核	
审 定	
图 别	
图 号	结施01
总 数	
日 期	

结构设计说明（二）

7. 钢筋混凝土圈梁：层层设置圈梁，纵筋为4Φ12，箍筋为Φ6@200，尺寸为240mm×240mm，屋顶为240mm×300mm。纵筋搭接长度为56d，在转角、丁字交叉处，加设连结筋，见图3。

8. 钢筋混凝土柱与砖墙连接处，均需每隔500mm高由柱内伸出2Φ6钢筋与砖墙连接，钢筋伸入墙内的长度为1000mm。如拉墙筋遇门窗洞时，自行切断。

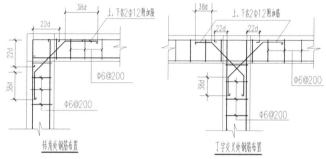

图3 圈梁钢筋布置

9. 砌体结构的钢筋混凝土构造柱GZ位置见平面图，构造柱须先砌墙后浇柱，砌墙时，墙与构造柱连接处要砌成马牙槎（见图4），沿墙高每隔500mm设2Φ6拉墙筋，每边伸入墙内不短于1m，如拉墙筋遇门窗洞时自行切断。

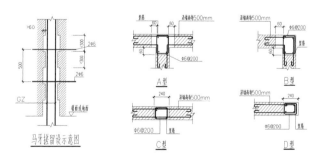

图4 拉墙筋留设示意图

10. 构造柱支承于钢筋混凝土梁或基础上时，钢筋锚入梁或基础内按40d，见图5。

11. 除图中注明外，卫生间及厨房现浇板四周均做240mm厚素混凝土反边，反边高出楼面200mm。

12. 所有主梁中有次梁处均按图5施工。

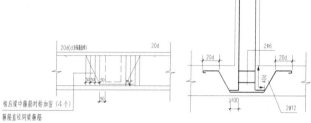

图5 GZ底部与基础或梁的连接

13. 所有挑梁外伸端部钢筋均按图6施工，挑梁伸入墙内2L（L为挑梁挑出长度）。

图6 挑梁外伸端部钢筋

14. 当相邻跨梁梁标高不同时，标高低的梁用砖砌，砌至与标高高的梁同一标高，再在砖上面搁置梁或板。

15. 所有箍筋端头应做成135°弯钩，钩长6d（d为箍筋直径）。

（二）预制部分

1. 预制构件制作时，上、下管道或其他设备孔洞，均须按图示位置预留，不得后凿。

2. 全部预制构件安装就位，应先座座用水泥擦透，再用1：3水泥砂浆20mm厚坐砌。

3. 结构平面布置图中凡空心板或平板未标注做法处，采用现浇板补缺，补缺板主筋为Φ10@100，分布筋为Φ6@200，板厚同相应开间的空心板或平板。

建设单位

项目名称

子项名称

图 名	结构设计说明（二）
比 例	
项目负责	
专业负责	
设 计	
校 对	
审 核	
审 定	
图 别	
图 号	结施02
总 数	
日 期	

结构设计说明（三）

五、砖砌体

（一）砌体用的材料

1. 承重结构部分。

层别	墙体			备注	
	厚度/mm	砖强度等级	混合砂浆强度等级	砌体材料	砌筑方式
一层	180	MU10	M7.5	烧结多孔砖	眠砌（三顺一丁）
二层	180	MU10	M7.5	烧结多孔砖	眠砌（三顺一丁）
三层	180	MU10	M5.0	烧结多孔砖	眠砌（三顺一丁）

2. 非承重结构部分。

（1）用60mm厚砖隔墙采用M10混合砂浆砌筑，120mm厚隔墙采用M5混合砂浆砌筑。

（2）后砌的非承重墙与承重墙或柱交叉处，沿墙高每500mm在灰缝内设置2Φ6钢筋，与承重墙拉结，每边伸入墙内1000mm。

（3）阳台栏板及女儿墙未注明的均用MU10砖、M5混合砂浆砌240mm厚眠墙，高为1.05m；另设240mm×80mm钢筋混凝土压顶，内配3Φ8纵筋，Φ6@240分布筋。转折处及跨度大于3m处设240mm×240mm钢筋混凝土构造柱，纵筋4Φ12，箍筋Φ6@200，纵筋分别锚入下卧梁内和上部压顶内30d。压顶内配3Φ8，Φ6@200。

（二）过梁

凡在各层结构平面门窗洞顶或其他洞顶位置处未注明过梁（GL）编号时，按下列规定处理。

1. 采用中南标准图集过梁，过梁型号：承重为GLXX244，非承重为GLXX242（XX表示门窗洞口宽）。当过梁端部与混凝土柱相碰时，过梁处须与柱一起现浇。当过梁与圈梁一起现浇时，必须按照图7进行施工。

2. 配电箱、消防箱及小于500mm的墙洞采用3Φ8钢筋砖过梁，钢筋入墙不小于240mm，砂浆层厚度不小于30mm。

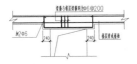

图7 过梁与结构梁连成整体

3. 门窗洞顶离高梁底距离小于150mm时，按图8处理。

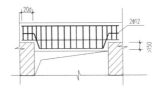

图8 过梁在门窗洞顶的处理

六、本工程楼屋面的活荷载标准值

室内均为2.0kN/m²，上人屋面为2.5kN/m²，不上人屋面为0.7kN/m²。

七、其他要求

1. 防止和减轻墙体开裂的构造措施。

（1）在顶层墙山墙圈梁下1.0m处的墙体水平灰缝内设置5道2Φ6钢筋。

（2）在底层窗合下墙体水平灰缝内设置3道2Φ6钢筋，钢筋伸入两边窗间墙内600mm。

（3）在顶层墙体门窗洞顶过梁上的水平灰缝内设置3道2Φ6钢筋，钢筋伸入过梁两端墙体内600mm。

2. 本工程施工时所有混凝土构件凡出现蜂窝麻面、露筋等施工缺陷超过验收规范规定时，应通知设计等单位进行处理。

3. 跨度大于3m的梁，直接搁在墙上时，设240mm×700mm混凝土墙垫，垫高同梁高，梁垫底设置2Φ14筋，与圈梁现浇成整体。

4. 客厅顶板中央预理1Φ10钢筋，外露150mm长，用于固定吊灯。

5. 地面回填土须采用砂性土或碎石土，并分层夯实，密实度>0.9，回填土干容重为16kN/m³。

6. 其他未说明之处，严格按照图纸标注及现行国家施工规范、规程等进行施工。

会签栏	
建 筑	
结 构	
电 气	
给 排 水	
暖 通	

建设单位	
项目名称	
子项名称	
图　名	
结构设计说明（三）	
比　例：	
项目负责	
专业负责	
设　计	
校　对	
审　核	
审　定	
图　别	
图　号	结施03
总　数	
日　期	

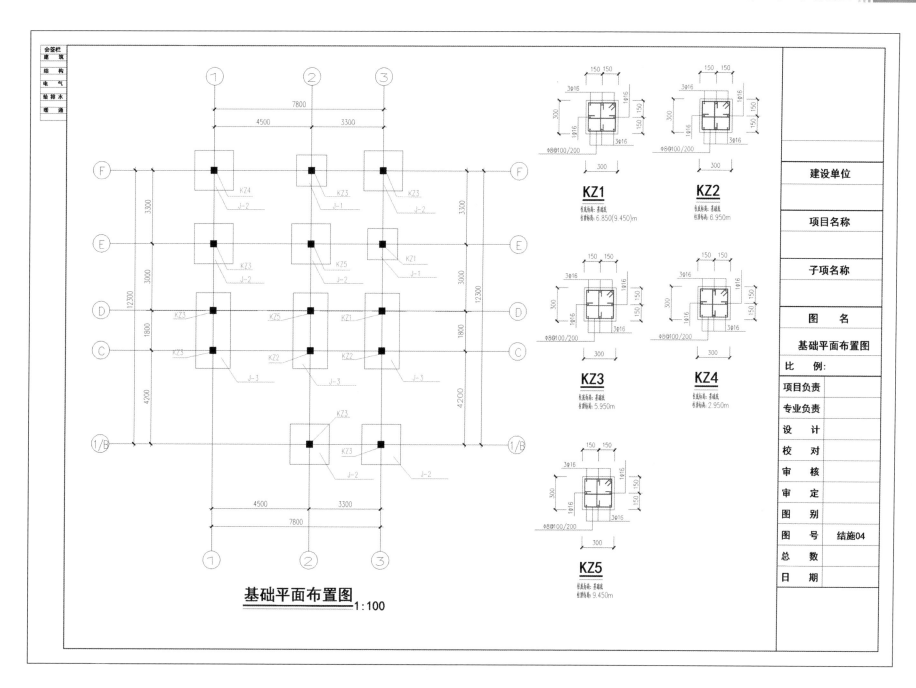

基础平面布置图 1:100

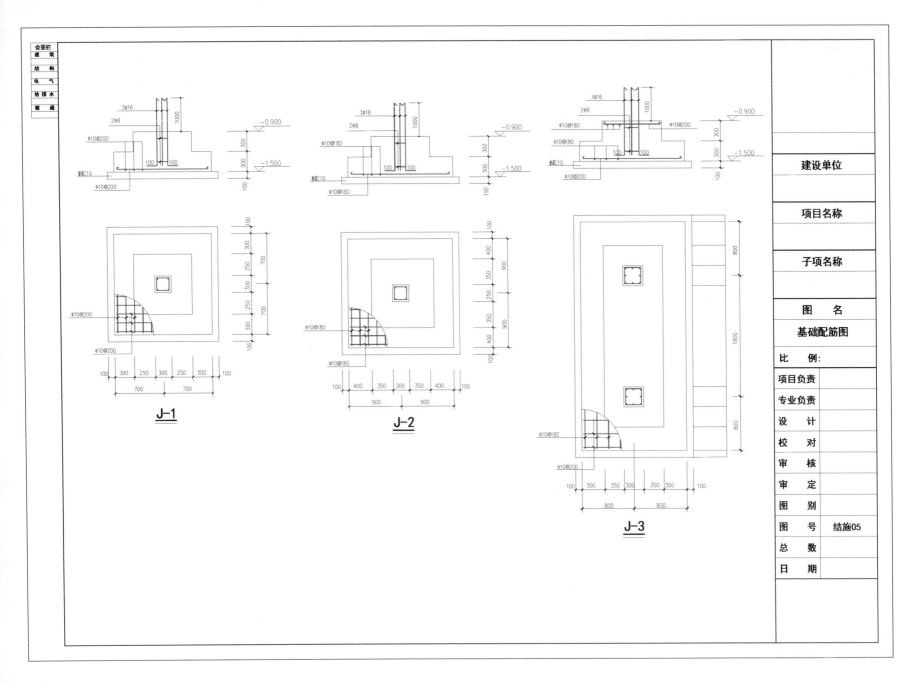

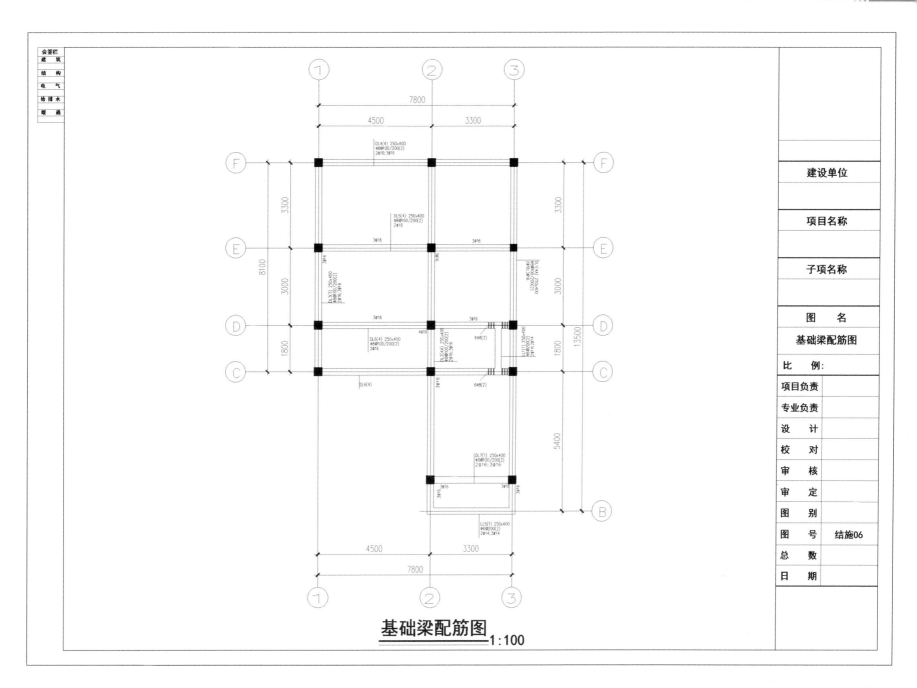

基础梁配筋图 1:100

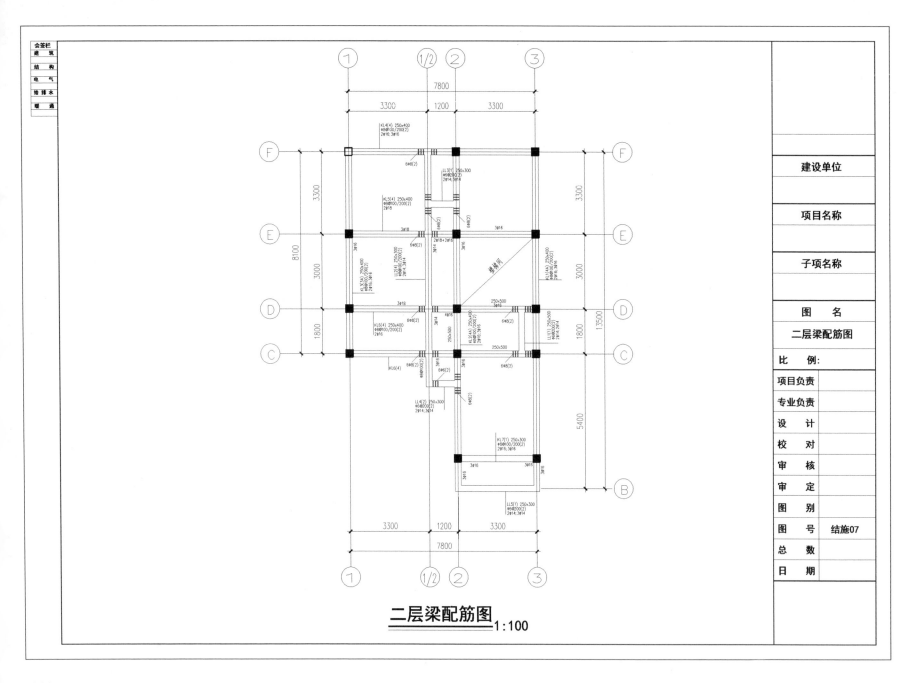

二层梁配筋图
1:100

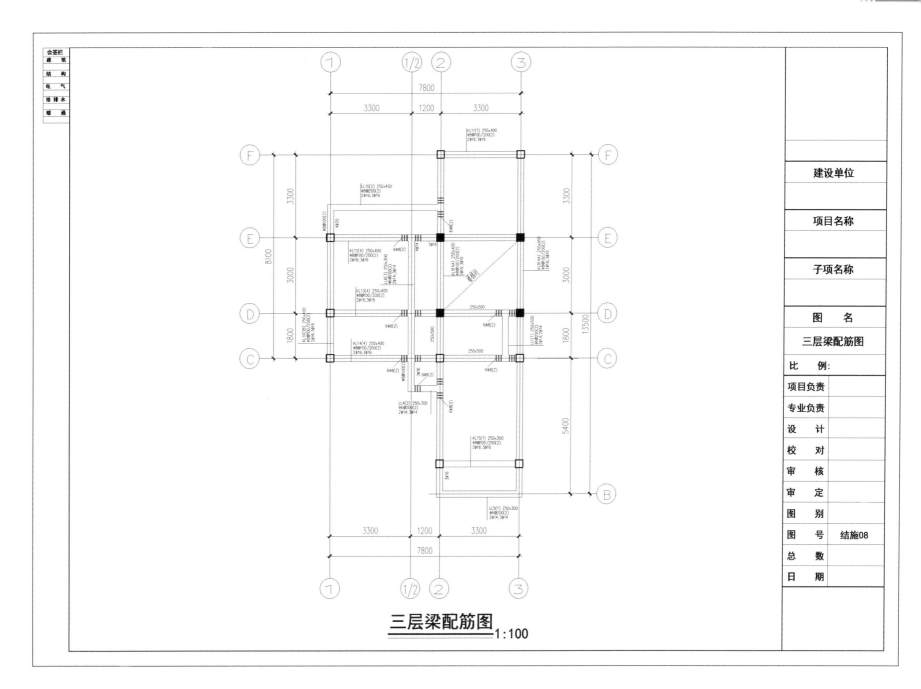

三层梁配筋图 1:100

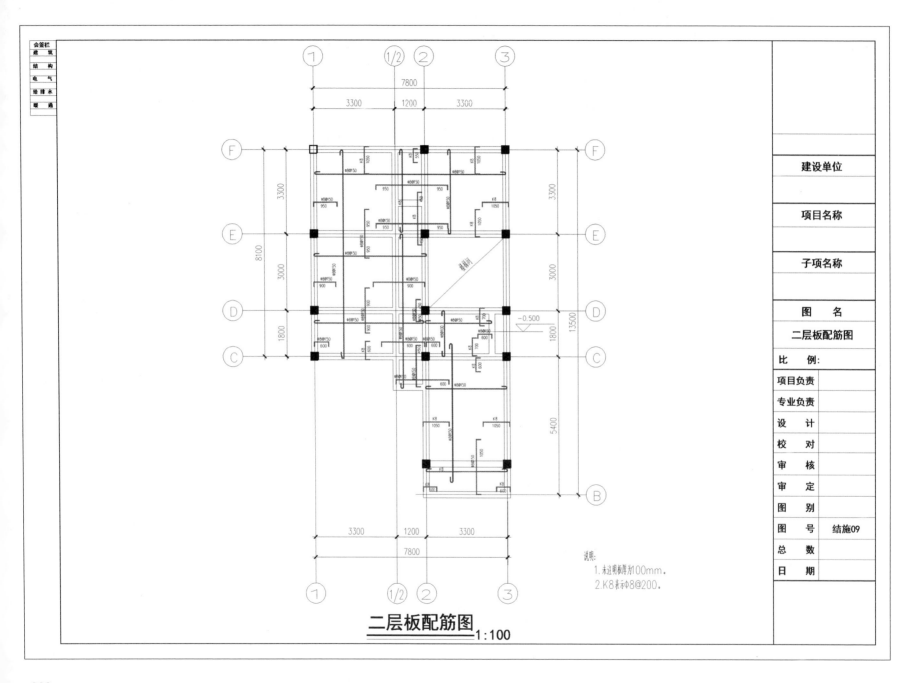

二层板配筋图
1:100

说明：
1. 未注明板厚为100mm。
2. K8表示Φ8@200。

建设单位

项目名称

子项名称

图	名
二层板配筋图	

比	例:	
项目负责		
专业负责		
设 计		
校 对		
审 核		
审 定		
图 别		
图 号	结施09	
总 数		
日 期		

会签栏
建 筑
结 构
电 气
给排水
暖 通

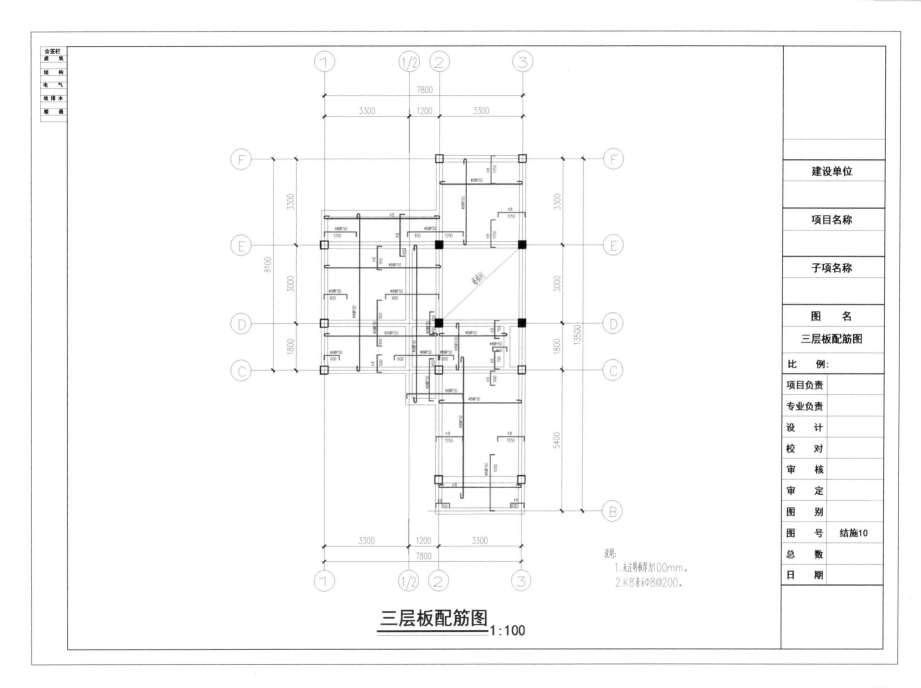

三层板配筋图 1:100

说明:
1. 未注明板厚为100mm。
2. K8表示Φ8@200。

建设单位	
项目名称	
子项名称	
图　名	
三层板配筋图	
比　例:	
项目负责	
专业负责	
设　计	
校　对	
审　核	
审　定	
图　别	
图　号	结施10
总　数	
日　期	

会签栏
建　筑
结　构
电　气
给排水
暖　通

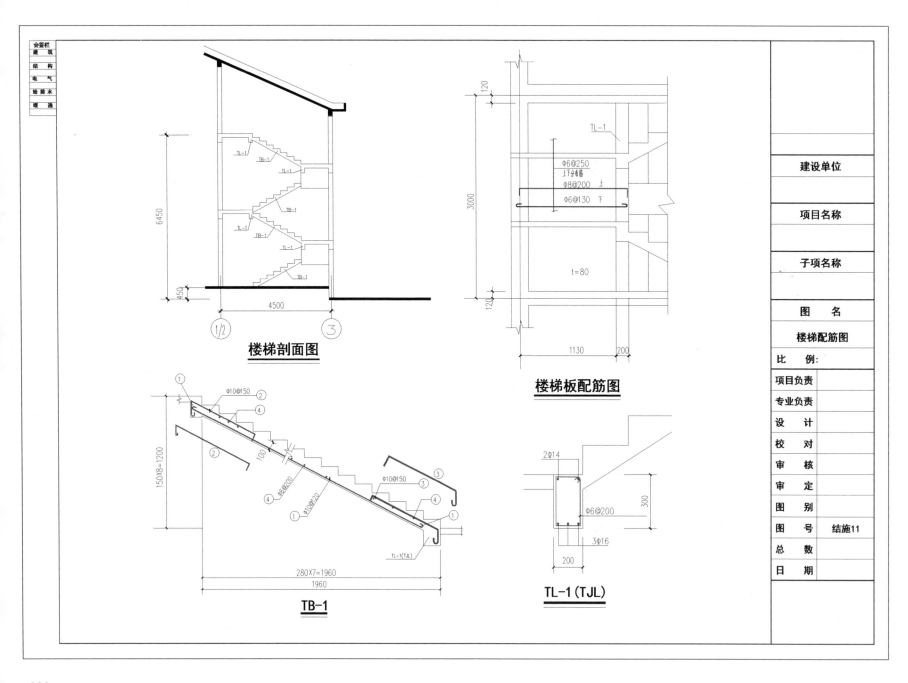

楼梯剖面图

楼梯板配筋图

TB-1

TL-1(TJL)

会签栏	
建 筑	
结 构	
电 气	
给 排 水	
暖 通	

建设单位	
项目名称	
子项名称	
图　名	
楼梯配筋图	
比　例:	
项目负责	
专业负责	
设　计	
校　对	
审　核	
审　定	
图　别	
图　号	结施11
总　数	
日　期	